PANORAMAS ET SYNTHÈSES 8

DYNAMIQUE ET GÉOMÉTRIE COMPLEXES

Dominique Cerveau

Étienne Ghys

Nessim Sibony

Jean-Christophe Yoccoz

(avec la collaboration de Marguerite Flexor)

Société Mathématique de France 1999

Dominique Cerveau
IRMAR, Université de Rennes I, Campus de Beaulieu, 35042 Rennes cedex, France.

Étienne Ghys
Unité de Mathématiques Pures et Appliquées de l'ENS Lyon, CNRS UMR 5669, École Normale Supérieure de Lyon, 46 Allée d'Italie, 69364 Lyon Cedex 07, France.
E-mail : ghys@umpa.ens-lyon.fr

Nessim Sibony
Université Paris-Sud, CNRS UMR 8628, Bâtiment 425, Mathématiques, 91405 Orsay Cedex, France.
E-mail : Nessim.Sibony@math.u-psud.fr

Jean-Christophe Yoccoz
Collège de France, 3 rue d'Ulm, 75005 Paris, France.
Université Paris-Sud, CNRS UMR 8628, Bâtiment 430, Mathématiques, 91405 Orsay Cedex, France.
Marguerite Flexor
Université Paris-Sud, CNRS UMR 8628, Bâtiment 430, Mathématiques, 91405 Orsay Cedex, France.
E-mail : Marguerite.Flexor@math.u-psud.fr

***Classification mathématique par sujets* (1991).** — 58F03, 58F15, 58F18, 58F23, 30D05, 30D03, 34A20, 57R30.

Mots clefs. — Dynamique holomorphe, dynamique de dimension 1, équations différentielles ordinaires dans le domaine complexe, feuilletages, singularités de champs de vecteurs.

DYNAMIQUE ET GÉOMÉTRIE COMPLEXES

Dominique Cerveau, Étienne Ghys, Nessim Sibony, Jean-Christophe Yoccoz
(avec la collaboration de Marguerite Flexor)

Résumé. — Depuis une vingtaine d'années, la théorie des systèmes dynamiques holomorphes a connu un regain d'activité en particulier autour de l'étude fine des ensembles de Julia des polynômes ou fractions rationnelles en une variable complexe. Parallèlement, des théories voisines se sont développées de manière importante pendant la même période ; comme par exemple l'étude qualitative des équations différentielles dans le domaine complexe. La session « État de la recherche » qui s'est tenue à l'ENS de Lyon en janvier 1997 se proposait de faire le point sur ce genre de problèmes, tout en essayant d'insister sur l'unité qui relie ces divers domaines de recherche. Ce volume contient la rédaction des conférences présentées lors de cette session et il est constitué de quatre articles de type « survey ».

L'article de D. Cerveau décrit la structure des équations différentielles polynomiales dans le plan complexe en insistant sur l'analyse locale au voisinage des singularités. Le deuxième article, par É. Ghys, propose un survol de la théorie des laminations par surfaces de Riemann qui interviennent dans de nombreux problèmes de dynamique ou de géométrie. N. Sibony présente l'état actuel de la généralisation de la théorie de Fatou et Julia aux applications polynomiales ou rationnelles en dimension complexe au moins 2. Enfin, la conférence de J.-C. Yoccoz, rédigée par M. Flexor, considère les polynômes de degré 2 en une variable complexe et se consacre en particulier aux propriétés hyperboliques de ces polynômes, autour du théorème de Jakobson. Une introduction générale présente les rudiments de l'histoire des systèmes dynamiques holomorphes dans le but de montrer au lecteur que ces domaines sont très liés et que les interactions sont nombreuses et fécondes.

Dans l'esprit des « États de la recherche de la Société Mathématique de France », les textes qui constituent cet ouvrage ne sont pas destinés aux experts mais aux étudiants ou aux mathématiciens non spécialistes.

***Abstract* (Complex dynamics and geometry).** — In the last twenty years, the theory of holomorphic dynamical systems has had a resurgent activity, in particular concerning the fine analysis of Julia sets associated to polynomials and rational maps in one complex variable. Simultaneously, closely related theories have had a similar rapid development, for instance, the qualitative theory of differential equations in the complex domain.

The meeting "État de la recherche" held in the ENS Lyon in january 1997 aimed at a presentation of the present state of the art in this area, emphasizing the unity linking the various sub-domains. This volume contains four survey articles, corresponding to the lectures presented at the meeting. The paper by D. Cerveau describes the structure of polynomial differential equations in the complex plane focusing on the local analysis around singular points. The second paper, by É. Ghys, is a survey of the theory of laminations by Riemann surfaces which occur in many dynamical or geometrical situations. N. Sibony describes the present state of the generalization of the Fatou-Julia theory for polynomials or rational maps in complex dimension at least 2. Finally, the lecture of J.-C. Yoccoz, written by M. Flexor, considers polynomials of degree 2 in one complex variable and in particular deals with hyperbolic properties of these polynomials centered around the Jakobson theorem. A general introduction gives the rudiments of the history of holomorphic dynamical systems, the aim being to show the reader that these questions are intimately linked and that their interactions are numerous and fruitful.

In the spirit of the meetings "États de la recherche de la Société Mathématique de France", these articles are not written for experts but rather for students or mathematicians working in different fields.

TABLE DES MATIÈRES

RÉSUMÉS DES ARTICLES

Feuilletages holomorphes de codimension 1. Réduction des singularités en petites dimensions et applications
DOMINIQUE CERVEAU 11

Ce texte est une introduction à la résolution des singularités des feuilletages holomorphes de codimension 1. Après quelques rappels et exemples concernant la désingularisation des courbes et des hypersurfaces, nous énonçons le théorème de réduction des singularités de feuilletages en dimension 2 et 3 avec une description précise des singularités finales. Nous appliquons ensuite cet outil à des problèmes classiques comme le théorème de Frobenius singulier ou la construction d'hypersurfaces invariantes.

Laminations par surfaces de Riemann
ÉTIENNE GHYS 49

La théorie des feuilletages tire en grande partie son origine de l'étude qualitative des équations différentielles ordinaires dans le domaine complexe. Depuis quelques années, le concept de lamination par surfaces de Riemann semble au cœur de la théorie des systèmes dynamiques holomorphes. Il s'agit de feuilletages généralisés dans le sens où l'espace ambiant n'est pas nécessairement une variété. Les feuilles, quant à elles, sont des surfaces de Riemann typiquement non compactes. Cet article se propose de décrire ce type d'objet, en insistant sur l'analogie avec les surfaces de Riemann compactes. On étudie en particulier le type conforme des feuilles et l'existence de fonctions méromorphes.

Dynamique des applications rationnelles de $\mathbb{P}^k$
NESSIM SIBONY 97

On se propose d'exposer les premiers éléments d'une théorie de Fatou-Julia pour les applications rationnelles dans $\mathbb{P}^k$. On considère essentiellement les aspects utilisant la théorie du pluripotentiel.

Étant donnée une application rationnelle dominante $f : \mathbb{P}^k \to \mathbb{P}^k$, on définit l'ensemble de Julia associé à f. On introduit ensuite un courant T de bidegré $(1,1)$ positif fermé dont les propriétés : invariance, support, régularité, donnent des informations sur la dynamique de f.

Le second chapitre est consacré à l'étude des biholomorphismes polynomiaux réguliers de $\mathbb{C}^k$: points périodiques, entropie, mesure ergodique définie comme intersection de courants, variétés stables, domaines de Fatou-Bieberbach.

Au dernier chapitre on traite du cas des endomorphismes holomorphes de $\mathbb{P}^k$. Le support de T coïncide avec l'ensemble de Julia. La mesure $\mu := T^k$ est mélangeante et maximise l'entropie.

Décrire le système dynamique défini par une fonction holomorphe, c'est étudier le comportement des orbites obtenues après itération de cette fonction et décrire comment celles-ci sont distribuées dans le plan. Le cas le plus simple non trivial est le cas des polynômes d'une variable complexe de degré 2 qui est l'objet de ce texte. Cet article comporte trois paragraphes. Le premier est un survol de la théorie élémentaire du plan dynamique d'un polynôme et de l'espace des paramètres de la famille des polynômes quadratiques. Le second paragraphe est consacré aux aspects hyperboliques, autour du théorème de Jakobson. Le troisième paragraphe décrit les aspects quasi-périodiques, liés à des problèmes de petits diviseurs.

ABSTRACTS

The goal of this text is to give an introduction to the resolution of singularities of codimension one holomorphic foliations. After recalling the statements concerning desingularization for curves and hypersurfaces, we state the theorem of reduction of singularities for foliations, including a precise description of terminal singularities. Some applications are given : in particular the Frobenius Theorem and the construction of invariant hypersurfaces.

The theory of foliations has its main roots in the qualitative study of ordinary differential equations in the complex domain. In recent years, the concept of laminations by Riemann surfaces seems to be at the heart of the theory of holomorphic dynamical systems. These laminations are generalized foliations, meaning that the ambiant space is not necessarily a manifold. As for the leaves, they are Riemann surfaces, typically non compact. This paper describes these kinds of objects, emphasizing the analogy with compact Riemann surfaces. We study in particular the conformal type of leaves and the existence of meromorphic functions.

We present the basics of a Fatou-Julia theory for rational maps on $\mathbb{P}^k$. We essentially consider the aspects involving pluripotential theory.

Let $f : \mathbb{P}^k \to \mathbb{P}^k$ be a dominant rational map. After defining the Julia set of f, we introduce a positive closed current T of bidegree $(1,1)$ associated to f.

The properties of T : invariance, support, regularity give informations on the dynamics of f.

Chapter 2 is devoted to the study of regular polynomial automorphisms of $\mathbb{C}^k$: periodic points, entropy, ergodic measure obtained as an intersection of positive closed currents, stable manifolds, Fatou-Bieberbach domains.

In the last chapter we consider the case of holomorphic endomorphisms of $\mathbb{P}^k$. The support of T coincides with the Julia set and the measure $\mu := T^k$ is mixing and of maximal entropy for f.

The study of the dynamical system associated to a holomorphic function consists of two aspects : behaviour of the orbits under iteration of this function and description of their distribution in the complex plane. The simplest nontrivial case is the case of quadratic polynomials in one complex variable. These form a family, the study of which is the subject of this article. The text is divided in three parts. The first one is a survey of the elementary theory of the dynamical plane of a polynomial and of the parameter space of quadratic polynomials. The second one is devoted to hyperbolic aspects, around Jakobson's Theorem. The third one is a description of quasiperiodic aspects, linked to small divisors problems.

LES SYSTÈMES DYNAMIQUES HOLOMORPHES

Étienne Ghys

Ce volume contient quatre articles traitant de dynamique holomorphe. Dans cette introduction, nous décrivons quelques racines historiques de la théorie. Il ne s'agit cependant pas d'une analyse historique détaillée du développement des systèmes dynamiques holomorphes depuis les origines. Notre seul but est de présenter un point de vue et d'aider le lecteur à comprendre l'unité du sujet.

L'apport du dix-neuvième siècle : la monodromie

> « Après l'invention du Calcul intégral, le problème qui s'imposa aux mathématiciens fut l'intégration des *équations différentielles* (à une ou plusieurs variables indépendantes). Les premiers efforts eurent pour but de représenter l'intégrale à l'aide de fonctions et de symboles élémentaires connus. Quand on eut compris qu'une telle représentation était impossible en général, il fallut bien se résoudre à étudier directement, sur l'équation différentielle elle-même, les propriétés de l'intégrale.
>
> Le développement naturel de cette étude conduisit bientôt les géomètres à embrasser dans leurs recherches les valeurs imaginaires de la variable aussi bien que les valeurs réelles. La théorie de la série de Taylor, celle des fonctions elliptiques, la vaste doctrine de Cauchy firent éclater la fécondité de cette généralisation. Il apparut que, entre deux vérités du domaine réel, le chemin le plus facile et le plus court passe bien souvent par le domaine complexe. »

Ainsi s'exprimait Painlevé, à la fin du dix-neuvième siècle [**8**]. Il avait raison ! Il n'est pas possible ici de faire une analyse précise de l'apport des variables complexes en mathématiques, mais on peut cependant insister sur une découverte fondamentale,

« invisible » d'un point de vue réel, celle du *phénomène de monodromie*, au cœur de la dynamique holomorphe.

L'étude des fonctions algébriques, c'est-à-dire des fonctions « multiformes » $y(x)$ d'une variable x vérifiant une relation polynomiale $P(x,y) = 0$, conduisit Riemann à son point de vue génial des « surfaces de Riemann étalées au dessus du plan des x » et sur lesquelles des fonctions algébriques deviennent uniformes. Si l'on considère un point (x_0, y_0), si l'on fait décrire à x un lacet γ issu de x_0 évitant les « points singuliers » et si l'on suit « par continuité » la valeur de $y(x)$, la valeur obtenue par y lorsque x est « revenu » à son point de départ x_0 est en général différente de y_0. Pour chaque chemin, on obtient donc une permutation de l'ensemble des solutions de $P(x_0, y) = 0$; c'est un « groupe de monodromie », (fini dans ce cas). Il a fallu beaucoup de temps et de travail pour donner un sens précis à tous ces guillemets...

Du point de vue des équations différentielles, les exemples les plus anodins mènent à des solutions multiformes : les solutions de l'équation différentielle linéaire $xdy = \lambda ydx$ sont $y = \text{const} \cdot x^\lambda$ et ne sont pas des fonctions uniformes de la variable x dès que λ n'est pas entier. Lorsque x fait « un tour » autour du « point singulier » 0, une solution est multipliée par $\exp(2i\pi\lambda)$. Dans ce cas, le « groupe de monodromie », agissant sur l'espace des solutions est le groupe monogène engendré par $\exp(2i\pi\lambda)$, en général infini. Bien sûr, cet exemple est trop élémentaire. Considérons une équation de Riccati :

$$P(x)\frac{dy}{dx} = A(x) + B(x)y + C(x)y^2.$$

Ici, P, A, B, C sont des polynômes en une variable complexe x. Partons d'une condition initiale (x_0, y_0) pour laquelle x_0 n'est pas un point singulier (*i.e.* $P(x_0) \neq 0$). Il existe une solution locale de l'équation, définie dans un voisinage de x_0. Choisissant un chemin γ issu de x_0 et ne rencontrant aucun point singulier, on peut montrer qu'il est possible de prolonger cette solution le long du chemin, comme une solution *méromorphe*. Si γ est un lacet issu de x_0, la valeur y_1 de la solution y lorsque γ revient en x_0 est en général différente de y_0. La transformation qui associe cette nouvelle valeur y_1 à la valeur initiale y_0 est une homographie $y_1 = (ay_0 + b)/(cy_0 + d)$ qui ne dépend que de la classe d'homotopie du lacet γ (évitant les points singuliers). Ceci définit donc un homomorphisme du groupe fondamental du plan complexe privé des points singuliers vers le groupe des homographies agissant sur la sphère de Riemann $\mathbb{C} \cup \{\infty\}$. Puisque ce groupe fondamental est un groupe libre non commutatif (dès que P a au moins trois racines), le groupe de monodromie, image de cet homomorphisme, peut être extrêmement compliqué, par exemple dense dans le groupe homographique. Les « solutions » de l'équation de Riccati sont alors « très multiformes », ce qui effrayait beaucoup nos prédécesseurs...

Si l'on considère une équation du type précédent mais où l'on remplace le polynôme $A(x) + B(x)y + C(x)y^2$ par $A(x) + B(x)y + C(x)y^2 + D(x)y^3$, il apparaît un nouveau phénomène : lorsqu'on prolonge analytiquement une solution le long d'un chemin γ, on rencontre en général des singularités (de type ramification) en des points qui ne sont pas singuliers pour l'équation. Par exemple, l'équation $-2dy/dx = y^3$ a comme solutions $y = 1/\sqrt{x - \mathrm{const}}$ qui présente une « singularité mobile » au point $x = \mathrm{const}$. Autrement dit, on ne peut même plus définir de groupe de monodromie puisqu'on ne peut plus suivre les valeurs d'une solution le long d'un chemin qui évite les points singuliers de l'équation. Comment analyser les « solutions » d'une telle équation si on ne peut mesurer leur défaut d'uniformité par un groupe ? Lorsque l'on considère des équations non résolues en dy/dx, ou des équations d'ordre supérieur, d'autres phénomènes (encore pires) apparaissent, comme l'existence de points singuliers transcendants mobiles : par exemple $y^2y'' + 2yy'^2 + 1 = 0$ a comme solutions $y = 1/(\mathrm{const} + \ln(x - \mathrm{const}'))$.

La réaction des mathématiciens du dix-neuvième siècle devant cet « excès de monodromie » des solutions des équations différentielles algébriques fut d'essayer de classifier les équations différentielles ayant peu de monodromie, dans l'espoir que ces équations soient suffisamment riches pour produire des « transcendantes nouvelles qui enrichiraient l'analyse ». Le choix était clair : négliger l'étude des équations différentielles « génériques », trop compliquées, pour se consacrer aux rares exemples où la monodromie est contrôlée. Voici quelques exemples. Briot-Bouquet, puis Fuchs et Poincaré cherchent parmi les équations polynomiales de la forme $P(y', y, x) = 0$ celles dont les solutions sont uniformes ou, au pire, ne prennent qu'un nombre fini de valeurs : outre les fonctions algébriques, ils montrent que seules les fonctions elliptiques peuvent vérifier ce critère. Schwarz décrit les équations hypergéométriques dont le groupe de monodromie est *fini*, c'est-à-dire dont les solutions sont des fonctions algébriques. Painlevé étudie dans le même esprit les équations du second ordre dont les solutions sont uniformes : il découvre ainsi ses fameuses « transcendantes de Painlevé ». Pour une étude historique de ces questions, on pourra consulter avec intérêt le livre remarquable de Gray [**3**].

Ainsi, au tournant du siècle, l'immense majorité des équations différentielles restait inexplorée.

Parallèlement à cette riche théorie des équations différentielles dans le domaine complexe, une théorie plus modeste de l'itération des fonctions holomorphes, et tout particulièrement des fractions rationnelles, voyait le jour vers la fin du dix-neuvième siècle. Un livre passionnant de Alexander retrace cette histoire [**1**]. On y apprend notamment que les motivations des précurseurs (comme Schröeder, Koenigs, Leau) étaient bien éloignées des équations différentielles ; l'analogie entre les itérations en temps discrets et continus (comme dans une équation différentielle) ne leur apparaissant pas clairement. L'objet d'étude était plutôt la « théorie des équations fonctionnelles ». Un exemple est l'équation d'Abel : étant donnée une fonction analytique $\phi(z)$, peut-on trouver une autre fonction analytique f telle que $f(\phi(z)) = f(z) + 1$?

C'est l'occasion de développer des concepts comme ceux de conjugaison entre deux systèmes dynamiques mais aussi d'ébaucher une description qualitative de l'itération au voisinage d'un point fixe. Un point commun avec les équations différentielles est cependant à noter. L'objet de base n'est pas l'étude de la dynamique (d'une équation différentielle ou d'une fonction analytique) mais plutôt la recherche de transcendantes nouvelles et intéressantes qu'on peut définir par ce procédé. Comme pour les équations différentielles, au début du siècle, aucune étude générale n'a été tentée : au mieux quelques jolis exemples ont été analysés. Cependant, cette théorie primitive de l'itération des fractions rationnelles ne peut en aucun cas être comparée *en volume* à celle des équations différentielles qui a déjà une longue tradition : les résultats importants sont encore peu nombreux.

Le début du vingtième siècle : Poincaré, Painlevé, Fatou et Julia

Il est temps de passer au vingtième siècle ! Trichons un peu en considérant les travaux de Poincaré sur les groupes fuchsiens et kleinéens comme datant du vingtième siècle (ils sont si révolutionnaires !). Voici au moins trois idées fondamentalement nouvelles.

Poincaré se lance dans une étude systématique des groupes (discrets mais infinis) de transformations homographiques de la sphère de Riemann : ce sont les groupes kleinéens. Il prend conscience de leur richesse dynamique, des ensembles limites compliqués qu'ils engendrent, et il montre leur intérêt fondamental : grâce aux fonctions fuchsiennes et kleinéennes, on peut « résoudre » et « uniformiser » les solutions des équations différentielles algébriques linéaires (ou, ce qui revient presque au même, des équations de Riccati). La chose importante est qu'il s'agit ici d'étudier les équations générales. Les groupes fuchsiens s'avèrent remarquablement puissants : le théorème d'uniformisation de Koebe-Poincaré montre par exemple que *toute* surface de Riemann connexe est isomorphe à la sphère de Riemann, à un quotient de $\mathbb{C}$ par un groupe discret de translations ou bien au quotient du disque unité par un groupe fuchsien (cas « générique »).

Pour les équations différentielles non linéaires, Poincaré comprend l'importance de l'analyse locale au voisinage des points singuliers. Son théorème de linéarisation au voisinage de l'origine de l'équation $(ax + by + \cdots)\,dx = (cx + dy + \cdots)\,dy$ sous une condition *générique* sur la partie linéaire, est un bon exemple de l'importance qu'il accorde aux équations les plus générales.

Dans le domaine de la dynamique réelle, par exemple dans ses travaux de mécanique céleste, il met en évidence des phénomènes appelés aujourd'hui *chaotiques*. Pour un système générique, il ne faut plus chercher à « intégrer » l'équation, ce qui serait le plus souvent impossible, mais il faut au contraire s'efforcer de décrire qualitativement leur comportement.

Toujours dans le domaine de la dynamique réelle, il définit le concept d'*application de premier retour* sur une section de Poincaré. Par cet artifice, on peut (parfois) remplacer l'étude d'une équation différentielle par celle de l'itération d'une transformation. Il ne semble pas cependant que ceci lui ait permis d'entrevoir un lien entre la dynamique des équations différentielles complexes et la théorie de l'itération des fractions rationnelles, encore balbutiante (et qui ne semble pas l'avoir intéressé). Il est vrai que les applications de premier retour introduites par Poincaré sont injectives par définition alors qu'une fraction rationnelle ne l'est pas !

Painlevé, que nous avons cité plus haut, commence une étude de la nature des singularités des solutions des équations différentielles générales. Il a l'intuition de la notion de *structure feuilletée* et comprend qu'il est préférable de considérer les « solutions » comme des surfaces de Riemann non paramétrées qui sont en général non singulières mais dont les projections sur les axes de coordonnées présentent des singularités. La porte est ouverte pour une étude globale du comportement qualitatif, indépendamment des coordonnées utilisées.

Du côté de l'itération des polynômes et des fractions rationnelles, entre 1917 et 1923, Fatou et Julia développent une théorie remarquablement intéressante. Ils analysent la dynamique à la fois localement, au voisinage des points périodiques par exemple, et globalement, en dégageant la dichotomie entre l'*ensemble de Julia* (« chaotique ») et son complémentaire. Ils perçoivent également la nécessité de comprendre la dynamique d'une fraction rationnelle générique et découvrent l'incroyable richesse des possibilités. On peut penser que cette dynamique devint l'objet prioritaire d'étude et que les équations fonctionnelles finirent par passer au second plan dans l'esprit de Fatou et Julia.

Après Fatou et Julia, la théorie de l'itération des fractions rationnelles semble s'endormir... Il y a cependant une exception notable : en 1942, Siegel démontre son fameux théorème de linéarisation d'un germe de transformation holomorphe au voisinage d'un point fixe, lorsque la dérivée à l'origine est de module 1 et satisfait une condition diophantienne. L'existence des *disques de Siegel* dans la dynamique des polynômes avait été discutée par Fatou et Julia ; la réponse positive apportée par Siegel ajoutait encore de la richesse à la théorie. La difficulté présentée par les *petits diviseurs* avait été mise en évidence par Poincaré dans ses travaux de mécanique céleste.

De la même manière, les travaux de Poincaré concernant les groupes kleinéens ou l'étude qualitative des équations différentielles complexes n'eurent pas beaucoup d'écho parmi ses successeurs immédiats. Dans un degré moindre, c'est également le cas en ce qui concerne la dynamique réelle, avec d'importantes exceptions telles que Birkhoff ou Denjoy.

Ainsi, le domaine des systèmes dynamiques holomorphes, qui n'est pas encore unifié, entre dans une période assez longue sans grande activité. Comme on le sait, les mathématiciens ne restaient pas inactifs pour autant. C'est l'époque du développement de la topologie, de la géométrie algébrique, de la théorie des fonctions d'une ou plusieurs variables complexes, de la théorie ergodique, qui sont bien utiles pour les systèmes dynamiques holomorphes d'aujourd'hui...

Les années 1960-1980

La situation allait changer dans les années 60. Reeb, dans la lignée de Painlevé, commence l'étude systématique des *feuilletages*. Il s'agit d'objets de nature dynamique où les feuilles, remplaçant les trajectoires, ne sont pas supposées a priori paramétrées par un temps, qu'il soit réel ou complexe. L'exemple de base pourrait être celui des courbes intégrales d'une forme différentielle $P(x,y)dx + Q(x,y)dy = 0$ où l'on renonce à penser aux solutions comme des fonctions $y(x)$ mais comme à des surfaces de Riemann dans un espace (projectif par exemple). La théorie des feuilletages n'est cependant pas destinée uniquement au cas complexe. Parmi les apports fondamentaux de cette théorie, il faut surtout signaler la notion d'*holonomie*, version élaborée de la monodromie. Étant donné un chemin dans les feuilles, on essaye de suivre ce chemin dans les feuilles voisines. Dans un premier temps, toujours à cause de la « peur de la monodromie », on cherche à comprendre les cas où il y a peu d'holonomie : c'est l'époque où l'on étudie les feuilletages sans holonomie, ou presque sans holonomie, ou dont toutes les feuilles sont compactes etc...

C'est à Haefliger que l'on doit l'idée que l'étude d'un feuilletage se ramène en grande partie à celle de son *pseudogroupe d'holonomie*. Il s'agit d'une collection d'homéomorphismes entre des ouverts de $\mathbb{R}^n$ dont on étudie les compositions *là où elles sont définies*. C'est un cadre naturel parfaitement adapté aux problèmes de monodromie que nous avons rencontrés plus haut. Les outils sont enfin disponibles pour une étude générale des feuilletages holomorphes, ou même simplement différentiables. Toute une école commence à se développer autour de cette thématique. Il faut cependant noter que ce groupe de mathématiciens, extrêmement actifs et productifs, n'a pas (ou peu) de connexions avec les travaux de Poincaré sur les groupes kleinéens. L'histoire des *minimaux exceptionnels* illustre ce fait. Pendant plus de dix ans, ce groupe cherche à savoir s'il est vrai qu'un feuilletage (assez différentiable) de codimension 1 réelle, sur une variété compacte, ne peut être que de deux types : ou bien toutes les feuilles sont denses ou bien il existe une feuille compacte. Il aurait suffi d'observer, comme l'a fait Raymond en 1972, que les textes de Poincaré sur les groupes fuchsiens regorgent de contre-exemples !

L'étude locale des singularités n'est pas oubliée. Les progrès de la géométrie algébrique permettent d'aborder avec succès la *désingularisation* des points singuliers d'équations différentielles holomorphes en dimension 2 (théorème de Seidenberg). C'est également le début d'une riche théorie dynamique *locale*. Après désingularisation, le point singulier est devenu un diviseur au voisinage duquel on cherche à comprendre le germe de dynamique, en particulier à travers l'holonomie du diviseur, qui peut être très compliquée.

Pendant ce temps, et assez indépendamment, la dynamique réelle faisait des progrès fantastiques, en particulier sous l'impulsion de Smale qui proposait le programme ambitieux de comprendre la dynamique d'un difféomorphisme générique (ou d'un champ de vecteurs générique puisque l'analogie est maintenant familière à tous). C'est l'époque glorieuse où se dégagent des concepts aussi importants que ceux de la *stabilité structurelle* ou d'*hyperbolicité* des difféomorphismes. Un difféomorphisme est structurellement stable si tout difféomorphisme suffisamment proche lui est topologiquement conjugué (*i.e.* a la même dynamique topologique). Pour simplifier, un difféomorphisme est hyperbolique si le fibré tangent à la variété ambiante peut se décomposer, au moins au dessus de la partie non errante, en une somme de deux sous-fibrés, l'un étant contracté et l'autre étant dilaté par la différentielle du difféomorphisme. Une telle propriété d'hyperbolicité entraîne (presque) la stabilité structurelle. Une grande activité se développe autour de ce genre de difféomorphismes : étude topologique, ergodique, etc. L'espoir qu'un difféomorphisme générique soit hyperbolique et structurellement stable a été malheureusement déçu... Il n'en reste pas moins que ces difféomorphismes hyperboliques sont fréquents et que leur étude était préliminaire à celle des difféomorphismes *partiellement hyperboliques* qui est en cours actuellement.

Parmi les exemples de difféomorphismes non hyperboliques mais dont la dynamique mérite une analyse approfondie, il faut citer l'exemple de Hénon : il s'agit d'une bijection polynomiale du plan réel de la forme $(x, y) \in \mathbb{R}^2 \mapsto (y + x^2 + c, ax)$. En se limitant à certaines valeurs des réels a, c, ces exemples présentent un *attracteur non hyperbolique*, c'est-à-dire un compact invariant Λ (non réduit à une orbite périodique) tel que toute trajectoire issue d'un point proche de Λ s'accumule sur Λ. Par ailleurs, même si cette dynamique n'est pas stable, l'existence de cet attracteur est persistante : elle subsiste dans « beaucoup » de petites perturbations, même en sortant de la famille des applications de Hénon.

Du côté de l'itération des fractions rationnelles, cette période est très calme... Il faut toutefois noter le travail de Brolin qui établit un lien avec la théorie du potentiel qui sera si fécond après 1980.

La théorie des groupes kleinéens, quant à elle, se développe dans le cadre de l'analyse complexe et de ses liens avec les surfaces de Riemann. On entreprend en particulier l'étude approfondie de leurs espaces de déformations. Il faut signaler à cette époque le remarquable *théorème de finitude d'Ahlfors* : si un groupe kleinéen possède une partie génératrice finie et si l'on considère le quotient du domaine de discontinuité dans la sphère de Riemann par l'action du groupe, on obtient une surface de Riemann *de type fini*, c'est-à-dire isomorphe à une surface de Riemann compacte à laquelle on a ôté un nombre fini de points.

Depuis 1980, l'unification ?

L'artisan principal de cette unification est Sullivan. Dès le début des années 1980, il propose un « dictionnaire » entre plusieurs théories : les groupes kleinéens, l'itération des fractions rationnelles, les équations différentielles algébriques et, plus généralement, les feuilletages transversalement holomorphes. Le point commun est un pseudogroupe de transformations holomorphes. Pour une fraction rationnelle, transformation non inversible de la sphère de Riemann, il faut penser au pseudogroupe engendré par toutes les branches de l'« inverse ». Pour les groupes kleinéens, ce pseudogroupe est un groupe global : il n'y a plus de point critique et donc de ramification pour l'inverse, mais par contre, au lieu d'itérer une seule transformation, on doit considérer les orbites d'un groupe en général très « gros ». Pour les feuilletages algébriques, il s'agit du pseudogroupe d'holonomie de Reeb-Haefliger, les difficultés étant alors doubles puisque, d'une part, on a affaire à plusieurs transformations qu'il faut composer et, d'autre part, les transformations en question ne sont pas globalement définies. On trouve par exemple dans le dictionnaire l'analogie (enfin établie clairement) entre l'ensemble limite d'un groupe kleinéen et l'ensemble de Julia d'une fraction rationnelle. Ces analogies vont s'avérer fructueuses. L'exemple le plus célèbre est celui du théorème de Sullivan des composantes non errantes du complémentaire de l'ensemble de Julia, analogue au théorème de finitude de Ahlfors. L'étude comparée fractions rationnelles/groupes kleinéens est maintenant naturelle pour les experts. L'apport est immense, chaque théorie apportant sa contribution à l'autre. L'usage des applications quasiconformes passe des groupes kleinéens aux fractions rationnelles où il rencontre des succès remarquables avec la chirurgie holomorphe sur les fractions rationnelles. Réciproquement, la problématique stabilité structurelle/ hyperbolicité passe des fractions rationnelles vers les groupes kleinéens. Mañé, Sad et Sullivan démontrent que la stabilité structurelle est générique parmi les fractions rationnelles mais le problème de la généricité de l'hyperbolicité est encore au centre des recherches d'aujourd'hui.

Malheureusement, il ne semble pas que le dictionnaire de Sullivan ait eu beaucoup d'influence sur la théorie des équations différentielles. C'est dommage mais nous sommes persuadés que les techniques des groupes kleinéens/fractions rationnelles sauront bientôt se rendre utiles dans ce contexte des équations différentielles algébriques...

À vrai dire, le dictionnaire va plus loin et propose en fait une analogie avec la dynamique *réelle* de dimension 1, le mot clé étant en fait celui de *pseudogroupe conforme* : un difféomorphisme local de $\mathbb{R}$ est évidemment conforme puisque sa différentielle en chaque point est une similitude (en dimension 1 réelle !). Les lemmes de distorsion de Koebe, si utiles dans l'étude des fractions rationnelles, trouvent alors leurs analogues réels et on obtient toute une série de résultats remarquables sur la dynamique des applications différentiables d'un intervalle dans lui-même. On obtient par exemple des analogues précis du théorème de finitude d'Ahlfors pour la dynamique réelle de dimension 1. En fait, des techniques semblables avaient déjà été développées dans les années 70 par les spécialistes des feuilletages de codimension 1 réelle, tels que Sacksteder, par exemple autour de la notion de minimal exceptionnel citée plus haut. On peut regretter que ces points de vue nouveaux en provenance des groupes kleinéens et des fractions rationnelles n'aient pas encore permis de repenser cette théorie des minimaux exceptionnels ; la théorie dite « des niveaux » est bien développée mais un grand nombre de problèmes essentiels en dynamique réelle des feuilletages de codimension 1 restent inexplorés (peut-être simplement par manque de communication entre les spécialistes de ces sujets...)

Cette étude comparée dynamique réelle/complexe de dimension 1 est en grande partie la cause des succés obtenus dans la compréhension des « phénomènes de renormalisation et d'universalité » d'abord découverts expérimentalement et dont la justification finale est obtenue par un savant dosage de dynamique, de théorie de Teichmüller et de chirurgie holomorphe...

Il faut encore citer un développement récent. On savait depuis longtemps que l'étude des attracteurs de Hénon était plus compliquée mais assez proche de celle des polynômes quadratiques réels. Il était tentant de complexifier le difféomorphisme polynomial de Hénon et d'étudier la dynamique de l'automorphisme polynomial de $\mathbb{C}^2$ ainsi obtenu. On cherche alors à mimer autant que possible les résultats de Fatou et Julia mais de nombreuses surprises apparaissent, ce qui ne surprendra pas le lecteur habitué aux phénomènes associés à la théorie de plusieurs variables complexes. On peut en particulier utiliser la belle théorie des courants dans les variétés complexes ainsi que la théorie du pluri-potentiel pour obtenir des analogues de la théorie ergodique des polynômes. Cette théorie récente de la dynamique holomorphe en plusieurs variables semble pleine d'avenir et ne manquera probablement pas de retombées en dynamique réelle.

En cette fin de vingtième siècle, il y a donc lieu d'être optimiste pour l'avenir des systèmes dynamiques holomorphes. D'une part, l'objet d'étude s'est considérablement élargi puisque nous avons maintenant l'ambition de comprendre les systèmes dynamiques génériques et non plus seulement quelques exemples très particuliers. D'autre part, les objets étudiés et les techniques utilisées se sont généralisés, regroupant aussi bien l'étude « classique » des équations différentielles, des feuilletages holomorphes, des groupes kleinéens ou encore celle de l'itération des polynômes ou des fractions rationnelles, en une ou plusieurs variables complexes ou même... réelles !

Nous espérons donc avoir convaincu le lecteur de la cohérence entre les quatre textes qui constituent ce volume.

Nous proposons ci-dessous quelques références utiles sur l'histoire de la dynamique holomorphe.

Références

[1] D. ALEXANDER – *A history of complex dynamics, from Schröder to Fatou and Julia*, Vieweg & Sohn, 1994.

[2] C. GODBILLON – *Feuilletages. Études géométriques*, Progress in Math., vol. 98, Birkhäuser Verlag, Basel, 1991, avec une préface de G. Reeb.

[3] J. GRAY – *Linear differential equations and group theory from Riemann to Poincaré*, Birkhäuser, 1986.

[4] E. HILLE – *Ordinary differential equations in the complex domain*, John Wiley & Sons, 1976.

[5] K. IWASAKI, H. KIMURA, S. SHIMOMURA & M. YOSHIDA – *From Gauss to Painlevé. A modern theory of special functions*, Aspects of Mathematics, vol. E16, Friedr. Vieweg & Sohn, Braunschweig, 1991.

[6] A. KOLMOGOROV & A. YUSHKEVICH – *Mathematics of the 19th century, Geometry, analytic function theory*, Birkhäuser, 1996.

[7] J. MILNOR – *Dynamics in one complex variable : introductory lectures*, Inst. Math. Sci., SUNY Stony Brook, 1990.

[8] P. PAINLEVÉ – *Œuvres de Paul Painlevé, tome 1*, CNRS, 1972, voir en particulier les « leçons de Stockholm ».

[9] H. POINCARÉ – *Œuvres de Henri Poincaré, tomes I, II et III*, Gauthier Villars, 1951,1952 et 1965, voir en particulier l'« Analyse des travaux scientifiques ; équations différentielles » dans le tome I.

[10] G. REEB – *Feuilletages : résultats anciens et nouveaux (Painlevé, Hector et Martinet)*, vol. 55, Les Presses de l'Université de Montréal, Montreal, Que., 1974.

Panoramas & Synthèses
8, 1999, p. 11–47

FEUILLETAGES HOLOMORPHES DE CODIMENSION 1. RÉDUCTION DES SINGULARITÉS EN PETITES DIMENSIONS ET APPLICATIONS

par

Dominique Cerveau

Résumé. — Ce texte est une introduction à la résolution des singularités des feuilletages holomorphes de codimension 1. Après quelques rappels et exemples concernant la désingularisation des courbes et des hypersurfaces, nous énonçons le théorème de réduction des singularités de feuilletages en dimension 2 et 3 avec une description précise des singularités finales. Nous appliquons ensuite cet outil à des problèmes classiques comme le théorème de Frobenius singulier ou la construction d'hypersurfaces invariantes.

Introduction

Soit X une variété analytique complexe lisse de dimension n. Comme d'habitude, on note Ω_X^p le faisceau des p formes holomorphes sur X, $\mathcal{O}_X = \Omega_X^0$. Un feuilletage holomorphe $\mathcal{F}$ de codimension 1 sur X se définit par la donnée d'un recouvrement $\mathcal{U} = (U_i)_{i\in I}$ par des ouverts U_i et de 1-formes holomorphes $\omega_i \in \Omega^1(U_i)$ satisfaisant aux conditions :

(i) $\omega_i \wedge d\omega_i = 0$ (intégrabilité).

(ii) $\operatorname{Sing}\omega_i := \{m \in U_i \mid \omega_i(m) = 0\}$ est de codimension ≥ 2.

(iii) Sur $U_i \cap U_j$, $\omega_i = g_{ij}\omega_j$ où $g_{ij} \in \mathcal{O}^*(U_i \cap U_j)$ = unités holomorphes sur $U_i \cap U_j$.

Évidemment on peut synthétiser cette définition de manière faisceautique. L'ensemble singulier $\operatorname{Sing}\mathcal{F}$ est l'ensemble analytique de codimension ≥ 2 défini par $(\operatorname{Sing}\mathcal{F}) \cap U_i = \operatorname{Sing}\omega_i$. Un point non singulier est dit aussi régulier. La structure locale de $\mathcal{F}$ près d'un point régulier $m \in U_i$ est décrite par le théorème de Frobenius classique qui assure l'existence d'une submersion locale x_i et d'une unité g_i telles que $\omega_i = g_i dx_i$. On a alors la notion de feuilles locales (les niveaux de x_i) et par recollement maximal de feuilles globales. Sur certaines variétés, tout feuilletage $\mathcal{F}$ de codimension 1 aura un ensemble singulier non vide alors que, sur d'autres, tous les feuilletages

***Classification mathématique par sujets* (1991).** — 32L30, 32S70, 34A20.
Mots clefs. — Feuilletages holomorphes, réduction des singularités.

seront non singuliers. Comme nous le verrons dans les exemples qui suivent, dans cette histoire non seulement la topologie mais aussi la structure complexe interviennent. Il semble donc utile d'avoir une description raisonnable des singularités de feuilletages et nous nous appliquerons à montrer comment les énoncés de réduction des singularités peuvent être exploités en ce sens. Le discours étant censé s'adresser en particulier aux non spécialistes, nous avons rappelé des énoncés classiques bien souvent anciens, mais qui restent en pratique incontournables. Un certain nombre de thèmes importants sont tout juste effleurés, prétexte à indiquer la bibliographie ; en particulier tout ce qui touche aux problèmes globaux dont l'introduction nécessite un matériel beaucoup plus conséquent.

1. Exemples de feuilletages (avec ou sans singularités)

1.1. Sur les tores. — Considérons un tore complexe $\mathbb{T}^n(\Lambda) = \mathbb{C}^n/\Lambda$ où Λ est un réseau de $\mathbb{C}^n$: $\Lambda = \oplus\mathbb{Z}e_i$, (e_i) $\mathbb{R}$-base de $\mathbb{C}^n$. Si L est une forme linéaire sur $\mathbb{C}^n$, le feuilletage donné par la forme globale $\omega = dL$ passe au quotient et définit un feuilletage sans singularités $\mathcal{F}(L,\Lambda)$ sur $\mathbb{T}^n(\Lambda)$. Ses feuilles sont les projections des hyperplans $L =$ constante. Si le réseau Λ est suffisamment général il n'y a pas de fonctions méromorphes sur $\mathbb{T}^n(\Lambda)$ non constantes. Un feuilletage $\mathcal{F}$ sur $\mathbb{T}^n(\Lambda)$ (avec ou sans singularités) se relève en un feuilletage $\widetilde{\mathcal{F}}$ sur $\mathbb{C}^n$ que l'on peut définir par une 1-forme $\omega = dx_1 + \sum_{i\geq z} a_i dx_i$ où les a_i sont méromorphes Λ-périodiques, donc constants. Ainsi sur de tels tores les feuilletages sont de types $\mathcal{F}(L,\Lambda)$ et, en particulier sans singularités. Ce raisonnement s'effondre sur les tores algébriques (par exemple un produit de courbes elliptiques). Dans **[22]**, E. Ghys donne en particulier la classification des feuilletages sur les tores.

1.2. Sur les espaces projectifs. — Un feuilletage $\mathcal{F}$ sur l'espace projectif $\mathbb{CP}(n)$ induit via la projection $p : \mathbb{C}^{n+1} \setminus \{0\} \to \mathbb{CP}(n)$ un feuilletage $p^*\mathcal{F}$ sur $\mathbb{C}^{n+1} \setminus \{0\}$; H. Cartan a démontré en 1938 dans **[14]** que $H^1(\mathbb{C}^{n+1} \setminus \{0\}, \mathcal{O}^*) = 0$ pour $n \geq 2$. Ceci implique notamment que $p^*\mathcal{F}$ se laisse définir par une 1-forme globale $\underline{\omega} \in \Omega^1(\mathbb{C}^{n+1} \setminus \{0\})$ qui s'étend par le théorème d'Hartogs (ici la formule de Cauchy) en un élément $\omega \in \Omega^1(\mathbb{C}^{n+1})$. Invoquant le fait que le noyau de ω au point m doit contenir la droite $[Om]$, on montre facilement que l'on peut choisir $\omega = \sum_{i=0} a_i dx_i$ homogène intégrable projective (*i.e.* les a_i sont des polynômes homogènes de même degré et $\sum x_i a_i = 0$). C'est l'analogue pour les feuilletages du théorème de Chow qui affirme qu'un sous ensemble analytique de $\mathbb{CP}(n)$ est en fait algébrique. Le théorème de Bezout ou le théorème de division de de Rham-Saito (dont nous reparlerons) montrent qu'un tel feuilletage a un lieu singulier non vide de codimension ≥ 2. Il y a actuellement toute une activité concernant les feuilletages sur les espaces projectifs qui sont bien loin d'être compris, en particulier sur $\mathbb{CP}(2)$ qui est finalement le cas le plus difficile. Faut-il rappeler que l'étude des feuilletages sur $\mathbb{CP}(2)$ s'identifie à celles des équations différentielles $y' = R(x,y)$ où $R \in \mathbb{C}(x,y)$; si $R = A/B$, $A, B \in \mathbb{C}[x,y]$, on remarque en effet que les solutions $x \mapsto y(x)$ de notre équation différentielle produisent des paramétrisations (locales) des feuilles du feuilletage défini en coordonnées affines par $\omega = Adx - Bdy$.

Voici trois problèmes classiques concernant les feuilletages de $\mathbb{CP}(n)$.

1.2.1. Problème de Poincaré ([38], tome III, pages 35 et 59). — Soit $\mathcal{F}$ un feuilletage de $\mathbb{CP}(2)$ et Γ une courbe algébrique ; Γ est dite $\mathcal{F}$-invariante si $\Gamma \setminus \operatorname{Sing}\mathcal{F}$ est feuille de $\mathcal{F}$. Si $\mathcal{F}$ possède une infinité de courbes algébriques invariantes, alors $\mathcal{F}$ possède une intégrale première rationnelle : il existe des polynômes homogènes P et Q tels que les feuilles de $\mathcal{F}$ soient précisément les courbes $\lambda P + \mu Q = 0, \lambda, \mu \in \mathbb{C}$. C'est un résultat connu de Darboux, dont on trouve la démonstration dans **[25]**. Si $\mathcal{F}$ est définie par la forme homogène $\omega = \sum a_i dx_i$ le degré de $\mathcal{F}$ est par définition $\deg \mathcal{F} = \deg a_i - 1$. Géométriquement $\deg \mathcal{F}$ est le nombre de tangences de $\mathcal{F}$ avec une droite générale L, *i.e.* le nombre de points de L où $\mathcal{F}$ n'est pas transverse à L en un sens évident. Le problème de Poincaré consiste, dans le cas où $\mathcal{F}$ ne possède pas d'intégrale première rationnelle, à estimer le degré des courbes algébriques invariantes Γ en fonction du degré de $\mathcal{F}$. Ce problème est résolu dans des cas spéciaux contenant par exemple les courbes lisses ou plus généralement nodales (**[13]** et **[15]**) : $\deg \Gamma \leq \deg \mathcal{F} + 2$, et l'on conjecture que cette estimation est générale. Il ne faut pas croire pour autant que tout feuilletage de $\mathbb{CP}(2)$ possède une courbe algébrique invariante ; pour tout $n \geq 2$, Jouanolou construit dans **[25]** un feuilletage de degré n sur $\mathbb{CP}(2)$ ne possédant pas de courbe algébrique invariante (voir § 5.1). Ceci implique **[13]** que, dans l'ensemble $\mathcal{F}(2,n)$ des feuilletages de degré n sur $\mathbb{CP}(2)$ ($\mathcal{F}(2,n)$ est un ouvert de Zariski d'un espace projectif puisque à chaque $\mathcal{F} \in \mathcal{F}(2,n)$ est associé une 1-forme ω de degré $n+1$, $\omega = \sum a_i dx_i$, $\operatorname{pgcd}(a_0, a_2, a_3) = 1$ définie à scalaire multiplicatif près), l'ensemble de ceux qui ne possèdent pas de courbes algébriques invariantes contient un ouvert dense (pour la topologie ordinaire, celle des coefficients des polynômes a_i).

1.2.2. Problème du « minimal » **[7]**. — Ce problème tourne autour de la question suivante : si $\mathcal{L}$ est une feuille d'un feuilletage $\mathcal{F}$ sur $\mathbb{CP}(2)$, l'adhérence $\overline{\mathcal{L}}$ de $\mathcal{L}$ contient-elle un point singulier de $\mathcal{F}$? Par exemple si Γ est une courbe algébrique invariante de $\mathcal{F}$, alors Γ contient au moins un point singulier de $\mathcal{F}$ **[25]**. À ce jour la question ci-dessus reste ouverte ; elle en amène une autre, elle aussi ouverte : existe-t-il une hypersurface (réelle) $\Sigma \subset \mathbb{CP}(2)$ lisse qui soit plate au sens de Levi (si $m \in \Sigma$, l'espace tangent $T_m\Sigma \subset T_m\mathbb{CP}(2)$ contient une unique droite complexe E_m ; dire que Σ est plate au sens de Levi, c'est dire que le champ de plan $m \mapsto \Sigma_m$ est Frobenius intégrable). Les hypersurfaces plates au sens de Levi de $\mathbb{CP}(2)$, si elle existent, sont en effet, aux yeux des spécialistes, des candidats naturels à être adhérence de feuilles.

1.2.3. Problème des composantes. On note $\Omega^1(n,d)$ l'espace vectoriel des 1-formes $\omega = \sum_{i=0}^n a_i dx_i$ sur $\mathbb{C}^{n+1}$ qui sont homogènes de degré $d+1$ et satisfont la condition

$\sum x_i a_i = 0$. La condition d'intégrabilité $\omega \wedge d\omega = 0$ définit un sous ensemble algébrique $\Sigma(n,d)$:

$$\Sigma(n,d) := \{\omega \in \Omega^1(n,d) \mid \omega \wedge d\omega = 0\}$$

de $\Omega^1(n,d)$; c'est une intersection de quadriques. L'espace $\mathcal{F}(n,d)$ des feuilletages de degré d sur $\mathbb{CP}(n)$ s'identifie naturellement à un sous ensemble du projectivisé $\mathbb{P}\Sigma(n,d) \subset \mathbb{P}\Omega^1(n,d)$:

$$\mathcal{F}(n,d) \cong \mathbb{P}\{\omega \in \Sigma(n,d) \mid \omega = \sum a_i dx_i, \ \mathrm{pgcd}(a_0, \dots, a_n) = 1\}.$$

Pour obtenir une description raisonnable de l'espace $\mathcal{F}(n,d)$ (par exemple pour parler de déformations) il serait raisonnable de connaître la décomposition en facteurs irréductibles de $\Sigma(n,d)$; pour $n = 2$, $\Sigma(2,d) = \Omega^1(2,d)$ et la question est non triviale pour $n \geq 3$. Cette décomposition n'est connue ($n \geq 3$) que pour $d = 0, 1$ et 2. Pour $d = 0$, il y a une seule composante : tout feuilletage de degré 0 est linéairement conjugué au feuilletage donné par $x_0 dx_1 - x_0 dx_1$ (livre ouvert ou pinceau d'hyperplans). En degré 1, il y a deux composantes Σ_0 et Σ_1 ; un point générique de Σ_0 produit, à conjugaison près, un feuilletage donné en coordonnées affines par $x_0 dx_1 - \lambda x_1 dx_0$, $\lambda \neq 1$. Un point générique de Σ_1 est toujours, à conjugaison linéaire près, donné en coordonnées affines par dQ où Q est la forme quadratique standard $Q = \sum_0^n x_i^2$. En degré 2, il y a six composantes et nous renvoyons le lecteur à **[16]**.

On sait exhiber une certaine liste de composantes en tout degré mais cette liste est incomplète ; toutes les composantes connues sont unirationnelles *i.e.* paramétrées par un morphisme dominant $\mathbb{C}^N \to \Omega^1(n,d)$ **[16]**.

1.3. Sur l'espace affine $\mathbb{C}^n$. — Considérons une 1-forme *fermée* rationnelle α sur l'espace affine $\mathbb{C}^n$. L'ensemble des pôles $\mathrm{Pol}(\alpha)$ de α est une hypersurface d'équation $P_1^{n_1+1} \cdots P_s^{n_s+1} = 0$ où les $P_i \in \mathbb{C}[x_1, \dots, x_n]$ et les $n_i + 1$ sont les multiplicités des pôles $P_i = 0$. L'analogue — un peu délicat — du théorème de décomposition des fonctions rationnelles en éléments simples assure l'existence de nombres complexes λ_i (les résidus de α) et d'un polynôme H tels que :

$$\alpha = \sum \lambda_i \frac{dP_i}{P_i} + d\frac{H}{P_1^{n_1} \cdots P_s^{n_s}} = d\Big[\sum \lambda_i \log P_i + \frac{H}{P_1^{n_1} \cdots P_s^{n_s}}\Big].$$

À la forme α est évidemment associé un feuilletage $\mathcal{F}(\alpha)$ (chasser les dénominateurs de α) qui en général a des singularités (les croisements $P_i = P_j = 0$ notamment). Les feuilles de $\mathcal{F}(\alpha)$ sont les composantes connexes des niveaux de la fonction multivaluée $\sum \lambda_i \log P_i + H/P_1^{n_1} \cdots P_s^{n_s}$. Même lorsque les P_i sont simples, par exemple sont de degré 1, la description qualitative de ces feuilles s'avère relativement complexe. Ce type d'exemple que l'on peut d'ailleurs voir sur $\mathbb{CP}(n)$ va jouer un rôle important dans la suite. Gardons en mémoire qu'une théorie de réduction des singularités de feuilletages devra contenir une théorie de réduction des singularités des formes fermées méromorphes.

1.4. Sur les variétés de Hopf. — Contentons-nous d'examiner le cas des variétés de Hopf les plus simples, *i.e.* le quotient $H(n,\lambda)$ de $\mathbb{C}^n \setminus \{0\}$ par une homothétie $x \mapsto \lambda x$ de rapport λ avec $|\lambda| \neq 1$.

Si $\mathcal{F}$ est un feuilletage de codimension 1 sur $H(n,\lambda)$ on peut relever $\mathcal{F}$ en un feuilletage $\widetilde{\mathcal{F}}$ sur $\mathbb{C}^n \setminus \{0\}$ équivariant sous l'action de λ. Comme dans la section 1.2, $\widetilde{\mathcal{F}}$ sera défini par une 1-forme globale $\underline{\omega} \in \Omega^1(\mathbb{C}^n \setminus \{0\})$ qui se prolonge en $\omega \in \Omega^1(\mathbb{C}^n)$. L'équivariance de $\widetilde{\mathcal{F}}$ par λ permet de choisir ω homogène à singularité isolée en 0, lorsque $\mathcal{F}$ n'a pas de singularités. La description que nous donnerons plus loin des formes homogènes permet de classifier les feuilletages sur $H(n,\lambda)$. Il est amusant de remarquer ici que certaines singularités de feuilletage permettent de construire des feuilletages sans singularités : pour $n = 2$, la forme homogène ω a pour unique singularité l'origine qui disparaît par projection sur la surface de Hopf.

1.5. Sur les surfaces. — Les feuilletages non singuliers des surfaces complexes ont été récemment classifiés par Brunella dans [**3**]. Cette classification utilise de façon profonde les travaux de Kodaira; les tores et variétés de Hopf y apparaissent bien sûr, le plan projectif non; mais le plan projectif éclaté en un point (*cf.* 3.1) porte un feuilletage sans singularités : on considère le feuilletage radial en un point $0 \in \mathbb{CP}(2)$, dont les feuilles sont les droites passant par 0 et on éclate le point 0.

2. Germes de feuilletages

C'est la version locale de la définition initiale. On se place à l'origine de $\mathbb{C}^n$ et l'on note $\mathcal{O}(\mathbb{C}^n,0)$ (*resp.* $\Omega^p(\mathbb{C}^n,0)$) l'anneau des germes de fonctions holomorphes (*resp.* le $\mathcal{O}(\mathbb{C}^n,0)$ module des germes de p-formes holomorphes) à l'origine de $\mathbb{C}^n$. Un germe de feuilletage $\mathcal{F}$ en 0 se définit par la donnée de $\omega \in \Omega^1(\mathbb{C}^n,0)$, $\omega = \sum a_i dx_i$, $a_i \in \mathcal{O}(\mathbb{C}^n,0)$, satisfaisant à :

(i) $\omega \wedge d\omega = 0$,
(ii) $\operatorname{Sing}\omega = \{a_1 = \cdots = a_n = 0\}$ est de codimension ≥ 2.

Deux telles formes ω et ω' définissent le même $\mathcal{F}$ si et seulement si il existe une unité $g \in \mathcal{O}^*(\mathbb{C}^n,0)$ telle que $\omega = g\omega'$. Ceci équivaut à la condition $\omega \wedge \omega' = 0$, comme l'assure le lemme de de Rham-Saito [**40**] :

Lemme. — *Soit* $\alpha \in \Omega^1(\mathbb{C}^n,0)$ *tel que* $\operatorname{codim}\operatorname{Sing}\alpha \geq p+1$ *; les assertions suivantes sont équivalentes pour* $\beta \in \Omega^q(\mathbb{C}^n,0)$ *avec* $q \leq p$ *:*

(i) $\alpha \wedge \beta = 0$.
(ii) *Il existe* $\gamma \in \Omega^{q-1}(\mathbb{C}^n,0)$ *tel que* $\beta = \alpha \wedge \gamma$.

L'ensemble $\operatorname{Sing}\mathcal{F}$ est par définition $\operatorname{Sing}\omega$. On localise aussi la notion de feuilles.

2.1. Frobenius singulier. — Établi par Malgrange en 1976 dans [**28**], ce théorème dit que, si Sing $\mathcal{F}$ est de codimension ≥ 3, alors $\mathcal{F}$ a une intégrale première holomorphe f (nécessairement irréductible). Ceci signifie que l'on peut définir $\mathcal{F}$ par df et les feuilles de $\mathcal{F}$ sont les fibres $f^{-1}(c)$ de f. Remarquons que le théorème de Malgrange est inopérant en dimension 2... sauf dans le cas régulier. Nous en donnons plus loin une démonstration reposant sur la réduction des singularités en dimension 2.

2.2. Feuilletages homogènes de $\mathbb{C}^n$. — Ce sont ceux qui sont invariants par homothétie ; un tel feuilletage $\mathcal{F}$ est donné par une 1-forme homogène intégrable

$$\omega_\nu = \sum a_i dx_i,$$

a_i polynômes homogènes de degré ν, $\mathrm{pgcd}(a_i) = 1$. Soit $R = \sum x_i \partial/\partial x_i$ le champ radial et $P_{\nu+1}$ le polynôme de degré $\nu + 1$:

$$P_{\nu+1}(x) = \sum x_i a_i = i_R \omega_\nu.$$

Si $P_{\nu+1} \equiv 0$, on dit que $\mathcal{F}$ est *dicritique* ($\mathcal{F}$ passe à $\mathbb{CP}(n-1)$) et *non dicritique* sinon. Supposons $\mathcal{F}$ non dicritique, alors la 1-forme rationnelle $\omega/P_{\nu+1}$ est fermée et comme dans 1.3 on a :

$$\frac{\omega_\nu}{P_{\nu+1}} = \sum \lambda_i \frac{dP_i}{P_i} + d\Big(\frac{H}{P_1^{n_1} \cdots P_p^{n_p}}\Big)$$

où les P_i et H sont homogènes, $\lambda_i \in \mathbb{C}$, $\sum \nu_i \lambda_i = 1$, $\nu_i =$ degré P_i et $P_{\nu+1} = P_1^{n_1+1} \cdots P_p^{n_p+1}$. On remarque que, si la dimension ambiante est plus grande que 3 et si le feuilletage homogène $\mathcal{F}$ a ses singularités de codimension ≥ 3, alors $P_{\nu+1}$ est nécessairement irréductible ; en effet les intersections $P_i = P_j = 0$, $i \neq j$, sont des singularités de $\mathcal{F}$. Par suite,

$$\frac{\omega_\nu}{P_{\nu+1}} = \lambda \frac{dP_{\nu+1}}{P_{\nu+1}}$$

et $P_{\nu+1}$ est intégrale première de $\mathcal{F}$: c'est la version homogène du Frobenius singulier de Malgrange. On obtient en particulier la description des feuilletages sur les variétés de Hopf $H(n, \lambda)$; pour $n \geq 3$, ils sont la projection de feuilletages homogènes avec intégrale première, ce qui n'interdit pas une certaine complication des feuilles !

Un des intérêts des feuilletages homogènes est le suivant. Considérons un germe de feuilletage $\mathcal{F}$ donné par

$$\omega = \omega_\nu + \omega_{\nu+1} + \cdots$$

où les ω_i sont homogènes de degré i ; visiblement ω_ν est intégrable. Introduisons l'homothétie $\varepsilon : x \mapsto \varepsilon \cdot x$; on a $\omega_\varepsilon = \dfrac{\varepsilon^* \omega}{\varepsilon^{\nu+1}} = \omega_\nu + \varepsilon \cdot \omega_{\nu+1} + \cdots$ et le chemin $\varepsilon \mapsto \omega_\varepsilon$ joint les formes ω_ν et ω dans les formes intégrables. Il arrive pour des ω_ν suffisamment généraux que ω_ν détermine $\mathcal{F}$. Donnons-en deux exemples.

Considérons à l'origine de $\mathbb{C}^3$ ω_ν dicritique telle que codim Sing $\omega_\nu \geq 2$ et Sing $d\omega_\nu \subset \{0\}$; cette dernière condition signifie qu'en chaque point singulier du feuilletage de

$\mathbb{CP}(2)$ induit par ω_ν, le résidu de Baum-Bott [**1**] est non nul (c'est une condition Zariski dense dans l'ensemble des ω_ν). Soit $\mathcal{F}_\omega$ défini à l'origine de $\mathbb{C}^3$ par $\omega = \omega_\nu + \cdots$. Alors $\mathcal{F}_\omega$ et $\mathcal{F}_{\omega_\nu}$ sont échangés par un difféomorphisme holomorphe [**5**]. La preuve est relativement simple. Si $\nu = 1$, ω_1 est du type $xdy - ydx$ et l'on considère le champ Z tel que $d\omega = i_Z \,\mathrm{vol}$; Z est non nul en 0 et tangent à $\mathcal{F}$. Rectifiant Z sur $\partial/\partial z$, on peut définir $\mathcal{F}$ par

$$\omega = a(x,y)dx + b(x,y)dy = xdy - ydx + h.o.t.$$

On invoque alors le théorème de linéarisation de Poincaré ([**38**] thèse Vol. I) appliqué à

$$X = b\frac{\partial}{\partial x} - a\frac{\partial}{\partial y} = x\frac{\partial}{\partial x} + y\frac{\partial}{\partial y} + \cdots.$$

Si $\nu > 1$, il existe, d'après de Rham-Saito, un champ de vecteur X tel que $\omega = i_X d\omega$; visiblement on a $X(0) = 0$ et $\omega_\nu = i_{X_1} d\omega_\nu$, où X_1 est le 1-jet de X. Puisque $\omega_\nu = i_{R/(\nu+1)} d\omega_\nu$ (identité d'Euler), on a $i_{R-(\nu+1)X_1} d\omega_\nu = 0$. Si $\nu \geq 3$, on aura $R - (\nu+1)X_1 = 0$ et l'on appliquera pour conclure le théorème de linéarisation de Poincaré à X. Si $\nu = 2$, on trouvera « à la main » un champ Y dans le noyau de ω tel que le 1-jet de Y soit R et l'on concluera de la même façon. Remarquons que le feuilletage associé à ω_ν est aussi donné par le couple de champs de vecteurs R et $Z_{\nu-1}$ avec $i_{Z_{\nu-1}} \mathrm{vol} = d\omega_\nu$; comme le crochet de Lie $[R, Z_{\nu-1}]$ est égal à $(\nu-2)Z_\nu$, il y a derrière un germe d'action de groupe ($\mathbb{C}^2$ si $\nu = 2$, groupe affine si $\nu \neq 2$) et l'on peut interpréter ce qui précède comme un résultat de détermination finie pour cette action de groupe.

Considérons maintenant $\mathcal{F}$ donné à l'origine de $\mathbb{C}^3$ (ou $\mathbb{C}^n$ plus généralement avec $n \geq 3$) par $\omega = \omega_\nu + \cdots$ et supposons ω_ν non dicritique logarithmique, *i.e.*

$$\frac{\omega_\nu}{P_{\nu+1}} = \sum \lambda_i \frac{dP_i}{P_i}, \quad \sum \lambda_i \nu_i = 1.$$

Si les $P_i = 0$ sont à croisements ordinaires (dans $\mathbb{CP}(n)$) et l'un des λ_i est non réel (ou irrationnel mal approché par les rationnels), il existe des $f_i = P_i + \cdots \in \mathcal{O}(\mathbb{C}^n, 0)$ tels que $\dfrac{\omega}{f_1 \cdots f_s} = \sum \lambda_i \dfrac{df_i}{f_i}$, *i.e.* $\mathcal{F}$ est donné aussi par une forme fermée logarithmique. La démonstration initiale de [**17**] fait appel au théorème de Deligne-Fulton assurant l'abélianité du groupe fondamental du complément d'une courbe nodale dans $\mathbb{CP}(2)$. Nous en donnerons à la fin une version différente, tout du moins dans un cas générique.

3. Réduction des singularités

Avant tout il faut introduire :

3.1. L'éclatement d'un point dans $\mathbb{C}^n$. — On note $\widetilde{\mathbb{C}^n}$ l'ensemble

$$\widetilde{\mathbb{C}^n} := \{(z, D) \in \mathbb{C}^n \times \mathbb{CP}(n-1) \mid z \in D\}.$$

C'est une variété analytique lisse de dimension n dont la construction produit deux projections $E : \widetilde{\mathbb{C}^n} \to \mathbb{C}^n$ et $\pi : \widetilde{\mathbb{C}^n} \to \mathbb{CP}(n-1)$. La seconde projection fait de $\widetilde{\mathbb{C}^n}$ un fibré en droites au-dessus de $\mathbb{CP}(n-1)$ (le fibré tautologique ou fibré de Hopf) ; la première s'appelle l'éclatement de l'origine. On remarque que $E^{-1}(0)$ s'identifie à l'espace projectif $\mathbb{CP}(n-1)$; $E^{-1}(0)$ s'appelle diviseur exceptionnel. Comme un élément (z, D) est uniquement déterminé par z lorsque $z \neq 0$, l'application E est un isomorphisme entre $\widetilde{\mathbb{C}^n} \setminus E^{-1}(0)$ et $\mathbb{C}^n \setminus \{0\}$. En pratique on utilise le système de cartes sur $\widetilde{\mathbb{C}^n}$ induit par les cartes standards de $\mathbb{CP}(n-1)$. Plus précisément on considère $U_i := \{(y_1, \ldots, y_n)\} \cong \mathbb{C}^n$ et $\delta_i : U_i \to \widetilde{\mathbb{C}^n}$ défini par :

$$(y_1, \ldots, y_i, \ldots, y_n) \longmapsto \big(y_i(y_1, \ldots, y_{i-1}, 1, y_{i+1}, \ldots, y_n), (y_1 : \ldots : y_{i-1} : 1 : y_{i+1} : y_n)\big).$$

Dans la carte U_i, l'éclatement E se décrit par $E_i = E \circ \delta_i$

$$E_i(y_1, \ldots, y_i, \ldots, y_n) = (y_1 y_i, \ldots, y_i, \ldots, y_n y_i).$$

Ainsi, en dimension 2, éclater l'origine consiste à poser $y = tx$; les équations différentielles homogènes $y' = f(y/x)$ que l'on étudie en première année d'université se traitent par éclatement...

Le discours qui précède permet d'éclater un point dans n'importe quelle variété complexe.

3.2. Réduction des singularités de courbes planes. — Un germe de courbe irréductible $\gamma \subset (\mathbb{C}^2, 0)$ est donné par l'annulation d'un germe de fonction holomorphe irréductible $f \in \mathcal{O}(\mathbb{C}^2, 0)$:

$$\gamma := \{f(x, y) = 0\}.$$

La courbe γ est non singulière si et seulement si f est submersive. L'irréductibilité de γ équivaut à la connexité de $\gamma \setminus \{0\}$. Le théorème de préparation nous permet de supposer que f est un polynôme de Weierstrass

$$f(x, y) = y^\nu + a_1(x) y^{\nu-1} + \cdots + a_0(x), \quad a_i \in \mathbb{C}\{x\}$$

avec $\nu = \nu(f) =$ multiplicité algébrique de f. La projection $(x, y) \mapsto x$ restreinte à $\gamma \setminus \{0\}$ est alors un revêtement à ν feuillets au-dessus d'un disque épointé D^*. On en déduit facilement qu'il existe une fonction holomorphe d'une variable $s \mapsto \phi_2(s)$ telle que l'image de $s \to (s^\nu, \phi_2(s)) = \phi(s)$ soit précisément la courbe γ. C'est le théorème de Puiseux qui identifie les courbes irréductibles et les courbes paramétrées. Il s'agit déjà d'un théorème de désingularisation, puisqu'il met en correspondance bi-univoque une courbe lisse (un disque) et γ. Nous allons voir qu'il produit une « désingularisation ambiante » par une suite finie d'éclatements. Développons ϕ_2 en série :

$$\phi_2(s) = a_q s^q + \cdots \quad \text{avec } a_q \neq 0.$$

Quitte à faire un difféomorphisme du type $(x, y) \mapsto (x, y - \varepsilon(x))$, on peut supposer que les a_i sont de multiplicité plus grande que $\nu - i + 1$ et donc que $q > \nu$. Éclatons l'origine ; dans la première carte où $E_1(y_1, y_2) = (y_1, y_1 y_2)$, on constate que l'application ϕ :

$(\mathbb{C},0) \to (\mathbb{C}^2,0)$ se relève en une application $\widetilde{\phi} : (\mathbb{C},0) \to (\widetilde{\mathbb{C}}^2,0)$ telle que $E \circ \widetilde{\phi} = \phi$. Précisément $\widetilde{\phi}$ s'écrit :

$$\widetilde{\phi}(s) = (s^\nu, a_q s^{q-\nu} + a_{q+1} s^{q-\nu+1} + \cdots)$$

et la multiplicité de la seconde composante a baissé. En itérant ce procédé on finira par rendre la multiplicité de la « seconde composante » strictement plus petite que ν.

Puis on continuera si besoin en échangeant le rôle des composantes jusqu'à ce que la multiplicité de l'une des composantes soit égale à un. Finalement on construit une surface lisse $M(\gamma)$, un morphisme $\underline{E}$ obtenu par composition d'une suite finie d'éclatements et une immersion $\psi : \mathbb{C}, 0 \to M(\gamma)$ tels que $\underline{E} \circ \psi = \phi$. On a alors désingularisé la courbe γ de façon ambiante. Le diviseur exceptionnel $\underline{E}^{-1}(0)$ est une union de « droites projectives » D_i à croisements normaux et $\underline{E}$ réalise un isomorphisme de $M \setminus \underline{E}^{-1}(0)$ sur $\mathbb{C}^2 \setminus \{0\}$. La courbe lisse $\widetilde{\gamma}$ paramétrée par ψ passe par un unique point $m \in \underline{E}^{-1}(0)$; en général on est plus exigeant : on demande que m soit un point lisse de $\underline{E}^{-1}(0)$ et que $\widetilde{\gamma}$ soit transverse à $\underline{E}^{-1}(0)$ en m. Ceci s'obtient sans difficultés en faisant, si nécessaire, un nombre fini d'éclatements de points. La courbe $\widetilde{\gamma}$ s'appelle transformée stricte de γ par $\underline{E}$ tandis que $\underline{E}^{-1}(\gamma)$ s'appelle transformée totale de γ ; cette dernière est donc une courbe à croisements ordinaires.

Traitons l'exemple classique du cusp $f(x,y) = y^2 - x^3 = 0$, dont une paramétrisation de Puiseux est $s \to (s^2, s^3)$. Par le premier éclatement $E_1(x,t) = (x, tx)$, on obtient $f \circ E_1(x,t) = x^2(t^2 - x)$ et le transformé strict du cusp est une parabole $x = t^2$. Il est bien lisse mais tangent au diviseur $x = 0$.

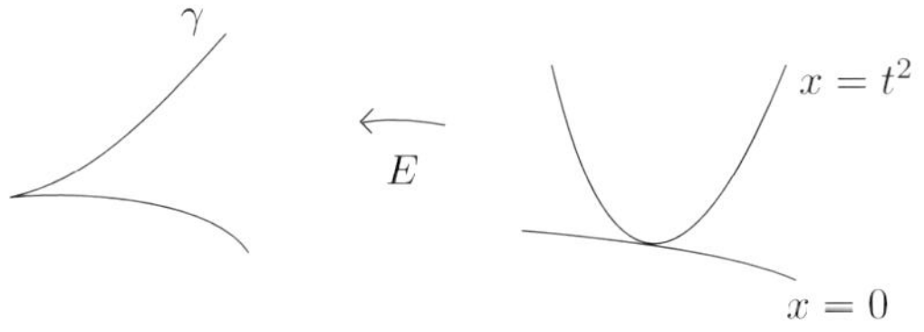

FIGURE 1

Il faut faire encore deux éclatements pour obtenir la transversalité en un point lisse du diviseur exceptionnel.

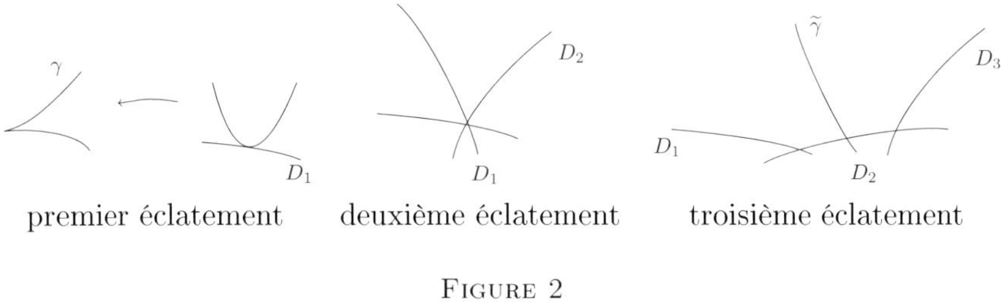

FIGURE 2

3.3. Courbes quelconques. — La réduction d'une courbe quelconque $\gamma = \gamma_1 \cup \cdots \cup \gamma_p$, où chaque γ_i est irréductible, s'obtient facilement ; il suffit en fait d'après 3.2 de savoir désingulariser une union de courbes lisses $\prod(y - \varepsilon_i(x)) = 0$. Ceci ne présente pas de difficulté : nous avons rencontré ce problème dans l'exemple du cusp où, après un éclatement, on est confronté à la courbe $x(x - t^2) = 0$. L'énoncé final est le suivant : *il existe une surface $M(\gamma)$ et $\underline{E} : M(\gamma) \to (\mathbb{C}^2, 0)$ obtenu par composition d'un nombre fini d'éclatements tel que la transformée totale $\underline{E}^{-1}(\gamma)$ soit une courbe à croisements ordinaires.* On dira que $\underline{E} : M(\gamma) \to (\mathbb{C}^2, 0)$ est une *réduction des singularités* de γ. Il y a une réduction minimale : celle qui « utilise le moins d'éclatements ». Deux réductions minimales sont isomorphes. Remarquons que les courbes pour lesquelles $M(\gamma) = \mathbb{C}^2$ (*i.e.* celles pour lesquelles il n'est pas utile d'éclater) sont les courbes lisses et les croisements ordinaires.

3.4. Fonctions de deux variables. — Soient $f \in \mathcal{O}(\mathbb{C}^2, 0)$ et $f = f_1^{n_1} \cdots f_p^{n_p}$ la décomposition en composantes irréductibles de f, γ_i les courbes $f_i = 0$ et $\gamma = \cup \gamma_i$. Soit $\underline{E} : M(\gamma) \to (\mathbb{C}^2, 0)$ la réduction minimale de γ comme dans 3.3. Si $m \in \underline{E}^{-1}(0)$, il existe un système de coordonnées (u, v) en m, des entiers p et q tels que $f \circ \underline{E}(u, v) = u^p v^q$. Les monômes $u^p v^q$ ne pouvant être simplifiés par éclatement (faire le test), la réduction de γ conduit à celle de la fonction et par là même du feuilletage associé à f, feuilletage donné par $f_1 \cdots f_p \sum n_i df_i / f_i$. On doit donc s'attendre à ce que les 1-formes $uv(p\dfrac{du}{u} + q\dfrac{dv}{v})$ fassent partie des modèles finaux pour la réduction des singularités de feuilletages en dimension 2.

3.5. Dimension quelconque : hypersurfaces et fonctions

Soient $f \in \mathcal{O}(\mathbb{C}^n, 0)$ et $X = f^{-1}(0) \subset (\mathbb{C}^n, 0)$. On désigne par $\operatorname{Sing} X \subset X$ l'ensemble singulier de X. Le théorème de réduction des singularités démontré en toute généralité par H. Hironaka s'énonce dans ce contexte comme suit :

Il existe une variété analytique lisse M et $\underline{E} : M \to (\mathbb{C}^n, 0)$ un morphisme propre réalisant un isomorphisme de $M \setminus \underline{E}^{-1}(\operatorname{Sing} X)$ dans $\mathbb{C}^n \setminus \operatorname{Sing} X$ tel que le transformé total $\underline{E}^{-1}(X)$ soit une hypersurface à croisements ordinaires. Si $m \in \underline{E}^{-1}(\operatorname{Sing} X)$ il existe un système de coordonnées locales $(u_1, \ldots, u_n)$ en m et des entiers $p_1, \ldots, p_n$ tels que $f \circ \underline{E}(u_1, \ldots, u_n) = u_1^{p_1} \cdots u_n^{p_n}$.

Cet énoncé produit donc ici encore la réduction des singularités du feuilletage par les niveaux de f. Il existe un énoncé plus coûteux — et qui, tout du moins pour ce qui est de la théorie des feuilletages, mène à des complications combinatoires inutiles et délicates — affirmant que, si $X = \cup X_i$ est la décomposition en composantes irréductibles de X, alors on peut supposer que les transformés stricts $\overline{\underline{E}^{-1}(X_i) \setminus \underline{E}^{-1}(\operatorname{Sing} X)}$ sont lisses et disjoints. Nous ne l'utiliserons pas.

3.6. Surfaces. — Alors que, pour les courbes, les ingrédients mis en jeu sont relativement simples, on voit déjà dans le cas des surfaces que le degré de complication est tout autre ; une des raisons est l'absence d'un théorème du type Puiseux. Pour désingulariser les courbes (de façon ambiante), nous n'avons fait que des éclatements de points dans l'espace ambiant. Ce n'est plus suffisant pour les surfaces qu'elles soient ou non irréductibles. L'exemple (non irréductible) d'une selle et de son plan tangent : $0 = z(z - xy) = f(x, y, z)$ est édifiant. Dans la première carte, l'éclatement $E_1(y_1, y_2, y_3) = (y_1, y_1y_2, y_1y_3)$ transforme f en $f \circ E_1(y_1, y_2, y_3) = y_1^2 f(y_1, y_2, y_3)$. Ainsi au point $(0, 0, 0)$, on retrouve une surface isomorphe à l'initiale accompagnée du diviseur $y_1 = 0$! On n'a donc rien simplifié du tout ! Par contre, si l'on éclate l'axe des x (*i.e.* on regarde $\mathbb{C}^3$ comme $\mathbb{C} \times \mathbb{C}^2$ et l'on éclate 0 dans $\mathbb{C}^2$), on constate que l'on a obtenu la réduction souhaitée. Dans la plupart des cas, pour obtenir la réduction d'une surface (de façon ambiante ou non), il faudra éclater des courbes lisses comme ci-dessus.

À dire vrai, dans le cas des feuilletages, on ne sait tirer en général (en grande dimension) des renseignements consistants d'un théorème de réduction qu'en présence d'une procédure d'éclatements relativement simple, *i.e.* où l'on peut contrôler de façon effective la topologie des différents diviseurs. En voici un exemple.

3.7. Un cas facile : la réduction des singularités des surfaces homogènes

On l'obtient à partir de celle des courbes. Soit $X \subset (\mathbb{C}^3, 0)$ un cône homogène, *i.e.* $X = (P_\nu = 0)$ où P_ν est un polynôme homogène de degré ν. Considérons le transformé total de X par l'éclatement $E : \widetilde{\mathbb{C}}^3 \to \mathbb{C}^3$. Il est donné par $P_\nu \circ E = 0$; dans la première carte, on obtient $P_\nu \circ E_1(y_1, y_2, y_3) = y_1^\nu (P_\nu(1, y_1, y_2))$. Le transformé strict de X est l'image réciproque par $\pi : \widetilde{\mathbb{C}}^3 \to \mathbb{CP}(2)$ de la courbe algébrique $C(X)$ associée à P_ν. Il est lisse et transverse au diviseur exceptionnel en tout point m tel que $\pi(m)$ soit un point régulier de $C(X)$ (figure 3).

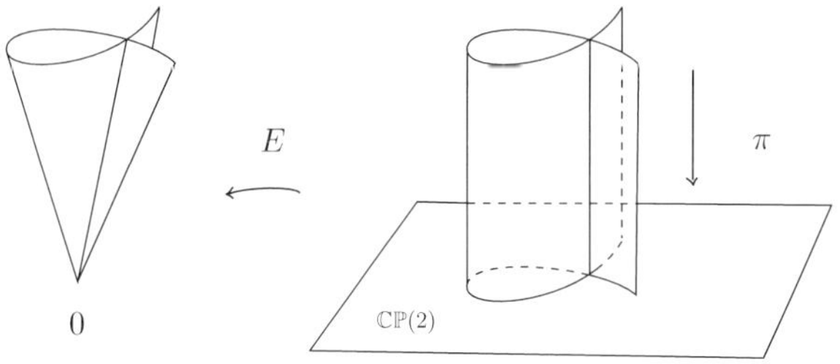

FIGURE 3

Visiblement les points qui ne sont pas réduits sont les images réciproques $\pi^{-1}(m)$ des points $m \in C(X)$ qui ne sont pas réduits pour la courbe $C(X)$. On imagine facilement comment fabriquer une réduction de X ou P_ν. On remarque simplement que le procédé de réduction d'un germe de courbe plane $\gamma \subset \mathbb{C}^2$ conduit naturellement à une réduction de la surface $\gamma \times \mathbb{C} \subset \mathbb{C}^3$; aux éclatements de points de type E :

$\widetilde{\mathbb{C}}^2 \to (\mathbb{C}^2, 0)$ sont substitués des éclatements de droites $E \times \mathrm{Id} : \widetilde{\mathbb{C}}^2 \times \mathbb{C} \to \mathbb{C}^2 \times \mathbb{C}$. Remarquons au passage qu'une surface homogène $X \subset \mathbb{C}^3$ comme ci-dessus, telle que $C(X) \subset \mathbb{CP}(2)$ soit lisse ou à croisements ordinaires, se réduit par l'éclatement de l'origine.

4. Réduction des singularités de feuilletages en dimension 2

Dans tout résultat de réduction des singularités, on introduit les objets finaux, ceux qui vont modéliser les singularités terminales. Par exemple, pour les hypersurfaces, ce sont les croisements ordinaires $x_1 \cdots x_p = 0$ (ou $x_1^{s_1} \cdots x_p^{s_p} = 0$ si l'on tient compte des multiplicités). Nous introduisons la classe des singularités simples d'abord en dimension 2. C'est une classe invariante par éclatement, *i.e.* l'éclatement d'une singularité simple produit des singularités qui sont toutes simples. Le théorème de réduction des singularités dira que tout feuilletage holomorphe sur une surface se laisse transformer après une suite finie d'éclatements en un feuilletage n'ayant que des singularités simples avec de plus une certaine condition de transversalité que nous préciserons. Une des grandes difficultés pour passer de la dimension 2 à la dimension 3 a été en fait de définir proprement la notion de singularité simple en dimension 3 ; pour cela, il a fallu oublier la définition standard en dimension 2 présentée en 4.1 dont on ne voyait pas de généralisation raisonnable. Le fait important expliqué en 4.7 est qu'une singularité simple possède un « facteur intégrant formel » qui se trouve être désingularisé au maximum, *i.e.* conjugué à un monôme $x^p y^q$.

4.1. Singularités simples. — Soit $\mathcal{F}$ un germe de feuilletage singulier à l'origine de $\mathbb{C}^2$ défini par la 1-forme $\omega = a dx + b dy$. On dit que $\mathcal{F}$ *est simple*, si la partie linéaire ω_1 de ω est, dans un système de coordonnées (x, y) bien choisi, de l'un des types

$(*)$ $\omega_1 = x dy - \lambda y dx$, $\lambda \notin \mathbb{Q}_{\geq 0}$,
$(**)$ $\omega_1 = x dy$ (selle-nœud).

En particulier, si $f \in \mathcal{O}(\mathbb{C}^2, 0)$, le feuilletage associé à f est simple si et seulement si $f = 0$ est à croisement ordinaire, *i.e.* f est conjugué à un monôme $x^p y^q$ (*cf.* 3.4).

4.2. Séparatrices ; théorème de Briot-Bouquet. — Soient $\mathcal{F}$ un germe de feuilletage et X une hypersurface à l'origine de $\mathbb{C}^n$; X est une *séparatrice* (ou hypersurface intégrale) de $\mathcal{F}$ si la partie lisse $X_{\text{lisse}} = X \setminus \operatorname{Sing} X$ de X est une union de feuilles de $\mathcal{F}$. Si $\mathcal{F}$ est défini par $\omega \in \Omega^1(\mathbb{C}^n, 0)$ et $X = \{f = 0\}$ où $f \in \mathcal{O}(\mathbb{C}^n, 0)$, alors X est séparatrice de $\mathcal{F}$ si et seulement si f divise $\omega \wedge df$. Il y a aussi une notion de séparatrice formelle : $\widehat{X}$ défini par $\{\widehat{f} = 0\}$ où $\widehat{f} \in \widehat{\mathcal{O}}(\mathbb{C}^n, 0) =$ complété formel de $\mathcal{O}(\mathbb{C}^n, 0)$ est séparatrice formelle de $\mathcal{F}$ si comme ci-dessus $\widehat{f}$ divise $\omega \wedge d\widehat{f}$.

Le théorème de Briot et Bouquet va nous permettre par une technique d'éclatement de construire des séparatrices pour les singularités simples. Il dit que l'équation différentielle :

$$xy' - \lambda y = ax + \phi(x, y),$$

où $\lambda \in \mathbb{C} \setminus \mathbb{N}$, $a \in \mathbb{C}$ et $\phi \in \mathcal{O}(\mathbb{C}^2, 0)$ de multiplicité ≥ 2, possède une unique solution holomorphe $x \to y_0(x)$ telle que $y_0(0) = 0$. C'est un exercice classique (Ince [**24**] ou Valiron [**42**]) de séries majorantes. En d'autres termes, le théorème de Briot-Bouquet assure que le feuilletage $\mathcal{F}$ défini par $xdy - (\lambda y + ax + \phi(x, y))dx$ possède une séparatrice lisse $\{y = y_0(x)\}$ unique, tangente à l'axe $y = 0$. L'existence de séparatrices pour les singularités simples va résulter selon Briot et Bouquet d'un éclatement effectif que nous présentons dans le cadre général.

4.3. Éclatement de $\mathcal{F}$. — Soit $\mathcal{F}$ défini par

$$\omega = \sum a_i dz_i, \quad a_i \in \mathcal{O}(\mathbb{C}^n, 0), \text{ codim}(\operatorname{Sing} \omega) \geq 2.$$

On note ν la multiplicité algébrique de ω : $\nu = \inf \nu(a_i)$, $\nu(a_i) =$ multiplicité de a_i, et $\operatorname{In}_\nu a_i$ les parties initiales (jets d'ordre ν) des a_i. On introduit le polynôme homogène $P_{\nu+1} = \sum z_i \cdot \operatorname{In}_\nu a_i$; si $P_{\nu+1} \equiv 0$, on dit comme dans 2.2 que ω est dicritique et non dicritique sinon. Ainsi ω, ou $\mathcal{F}$, est dicritique si et seulement si la partie initiale ω_ν de ω l'est au sens de 2.2.

4.3.1. Cas non dicritique. — Faisons le calcul dans la carte U_1 où l'éclatement s'écrit $E_1(y_1, \ldots, y_n) = (y_1, y_1 y_2, \ldots, y_1 y_n)$. On a :

$$\begin{aligned}
E_1^* \omega &= \Big[a_1(y_1, y_1 y_2, \ldots, y_1 y_n) + y_1 \sum_{i \geq 2} a_i(y_1, y_1 y_2, \ldots, y_1 y_n)\Big] dy_1 \\
&\quad + y_1 \sum_{i \geq 2} a_i(y_1, y_1 y_2, \ldots, y_1 y_n) dy_i \\
&= y_1^\nu \Big[P_{\nu+1}(1, y_2, \ldots, y_n) dy_1 + y_1 \sum_{i \geq 2} \operatorname{In}_\nu a_i(1, y_2, \ldots, y_n) dy_i\Big] + y_1^{\nu+1} \omega_1' \\
&= y_1^\nu \widetilde{\omega}_1
\end{aligned}$$

avec ω_1' et $\widetilde{\omega}_1$ 1-formes holomorphes au voisinage de $y_1 = 0$. La 1-forme $\widetilde{\omega}_1$ s'appelle *éclatée stricte* de ω et définit $E^{-1}\mathcal{F}$, *l'éclaté strict* de $\mathcal{F}$, dans la carte U_1. Les singularités de $E^{-1}\mathcal{F}$ contenues dans le diviseur exceptionnel $E^{-1}(0) = \{y_1 = 0\}$ coïncident avec l'hypersurface projective d'équation $(P_{\nu+1} = 0)$. C'est le *cône tangent* de ω. On note que le diviseur exceptionnel est séparatrice de $E^{-1}\mathcal{F}$.

On vérifiera que l'éclatement d'une singularité simple en dimension 2 produit un feuilletage avec deux singularités simples.

4.3.2. Cas dicritique. — C'est le même calcul, mais puisque $P_{\nu+1} = 0, E_1^*\omega$ est divisible par $y_1^{\nu+1}$. Ici le diviseur exceptionnel n'est plus séparatrice ; les singularités de $E^{-1}(\mathcal{F})$ sur $E^{-1}(0)$ sont données par $\{\operatorname{In}_\nu(a_i) = 0,\ \operatorname{In}_{\nu+1}(\sum x_i a_i) = 0\}$. Par exemple l'éclatement du feuilletage radial $xdy - ydx$ produit un feuilletage sans singularité dont les feuilles sont les fibres de la fibration de Hopf : $y/x =$ constante. On remarque tout de suite qu'un feuilletage dicritique en dimension deux possède une infinité de séparatrices. En effet, si $m \in E^{-1}(0)$ est non singulier pour $E^{-1}(\mathcal{F})$, la feuille par m est une courbe analytique (distincte de $E^{-1}(0)$) et sa projection par E donne une séparatrice de $\mathcal{F}$.

4.4. Briot-Bouquet de séparatrices. — Soit $\mathcal{F}$ une singularité simple à l'origine de $\mathbb{C}^2$ donnée par $\omega = \omega_1 + \cdots$ avec ω_1 de type $(*)$ ou $(**)$. On a, en prenant les notations traditionnelles $x = y_1$ et $t = y_2$ de la dimension 2, *à unité* multiplicative près :

$$\widetilde{\omega} = \frac{E_1^*(\omega)}{x} = ((1-\lambda)t + xA)dx + xdt$$

avec A holomorphe au voisinage de $x = 0$. On associe à $\widetilde{\omega}$ l'équation différentielle

$$\text{(B.B)} \qquad xt' - (\lambda - 1)t = xA(x,t)$$

qui est de type Briot-Bouquet puisque $\lambda \notin \mathbb{Q}_{>0}$. Soit $t_0(x)$ la solution holomorphe de (B.B) telle que $t_0(0) = 0$; alors $x \mapsto E_1(x, t_0(x)) = (x, xt_0(x))$ paramètre une séparatrice lisse de $\mathcal{F}$ tangente à l'axe des x. C'est d'ailleurs l'unique ayant cette propriété, et ceci vaut dans les cas $(*)$ et $(**)$. Dans le cas $(*)$, on construit de la même façon une autre séparatrice tangente à l'axe des y.

4.5. Divergence. — Dans le cas selle-nœud, on trouve par un calcul formel direct une séparatrice formelle lisse transverse à la séparatrice convergente. Elle est en général divergente, comme le prouve le fameux exemple de l'équation d'Euler

$$x^2dy - (y-x)dx,$$

qui possède la courbe formelle $y = \sum n!x^{n+1}$ comme séparatrice.

4.6. Exercice. — Les singularités simples ont seulement deux séparatrices (lisses ou non, formelles ou non).

4.7. Facteurs intégrants et formes normales formelles [29]. — Soit $\mathcal{F}$ défini par $\omega = adx + bdy$ présentant une singularité simple à l'origine de $\mathbb{C}^2$. D'après Briot et Bouquet, $\mathcal{F}$ possède deux séparatrices lisses et transverses, tout du moins formelles. Ainsi à difféomorphisme et unité multiplicative formels près, on supposera ω du type :

$$xdy - y(\lambda + B)dx, \quad \lambda \notin \mathbb{Q}_{>0}, \ B \in \mathfrak{m} \cdot \widehat{\mathcal{O}}(\mathbb{C}^2, 0)$$

où $\mathfrak{m}$ est l'idéal maximal de $\mathcal{O}(\mathbb{C}^2, 0)$.

Le champ de vecteur $X = x\dfrac{\partial}{\partial x} + (\lambda + B)y\dfrac{\partial}{\partial y}$ a pour partie linéaire $x\dfrac{\partial}{\partial x} + \lambda y\dfrac{\partial}{\partial y}$ et engendre le noyau de ω ; c'est la condition $\mathrm{pgcd}(a, b) = 1$. Considérant X comme une dérivation de l'anneau $\mathfrak{m} \cdot \widehat{\mathcal{O}}(\mathbb{C}^2, 0) = E$ et remarquant que $X(\mathfrak{m}^k) \subset \mathfrak{m}^k$, on récupère pour tout entier k une factorisation :

$$\begin{array}{ccc} E & \xrightarrow{X} & E \\ \downarrow & & \downarrow \\ E_k & \xrightarrow{X_k} & E_k \end{array}$$

où $E_k = E/\mathfrak{m}^{k+1}$; visiblement $X = \lim_k X_k$. Comme $\dim E_k < \infty$, on peut parler de la décomposition de Jordan $X_k = X_{kS} + X_{kN}$ en opérateurs semi-simple et nilpotent qui commutent et, par passage à la limite [**29**], on obtient

$$X = X_S + X_N$$

où X_S et X_N sont des champs de vecteurs formels (dérivations de $\widehat{\mathcal{O}}(\mathbb{C}^2, 0)$) commutants ; par constrution X_S est semi-simple, *i.e.* formellement linéarisable (plus précisément formellement conjugué au champ linéaire $x\partial/\partial x + \lambda y \partial/\partial y$) et X_N nilpotent [**29**]. Évidemment on se place dans les coordonnées où $X_S = x\partial/\partial x + \lambda y\partial/\partial y$ et l'on essaie de profiter de la commutation $[X_S, X_N] = 0$. Lorsque $\lambda \notin \mathbb{Q}$, le calcul formel direct montre que $X_N \equiv 0$ et dans ce cas bien sûr le feuilletage $\mathcal{F}$ est (formellement) conjugué au feuilletage linéaire donné par $\omega_1 = xdy - \lambda ydx = xy(\dfrac{dy}{y} - \lambda\dfrac{dx}{x})$; le monôme xy est alors un facteur intégrant de ω_1, *i.e.* la forme méromorphe ω_1/xy est fermée. En remontant les calculs, on constate que la forme ω de départ possède un facteur intégrant formel $\widehat{f} \in \mathfrak{m} \cdot \widehat{\mathcal{O}}(\mathbb{C}^2, 0)$, *i.e.* $\omega/\widehat{f}$ est fermée. Il se trouve qu'il s'agit d'un fait général comme nous allons le voir. Examinons donc le « cas résonnant » où $\lambda = -r/s$, $r, s \in \mathbb{N}$, $\operatorname{pgcd}(r, s) = 1$. On remarque que le monôme $x^r y^s$ est annulé par X_S et engendre en fait le noyau de X_S : $\operatorname{Ker} X_S = \mathbb{C}[\![x^r y^s]\!]$. La commutation $[X_S, X_N] = 0$ donne directement :

$$X_N = x\alpha(x^r y^s)\frac{\partial}{\partial x} + y\beta(x^r y^s)\frac{\partial}{\partial y}$$

où α et β sont des séries formelles en la « variable résonnante » $x^r y^s$, $\alpha(0) = \beta(0) = 0$. Le feuilletage $\mathcal{F}$ se trouve alors (formellement) défini par

$$xdy + y\frac{\left(\dfrac{r}{s} + \beta(x^r y^s)\right)}{1 + \alpha(x^r y^s)}dx = xdy + y\Big(\frac{r}{s} + h(x^r y^s)\Big)dx,$$

que l'on écrit de la façon suivante lorsque h est non nulle :

$$xyh(x^r y^s)\Big[\frac{dy/y + (r/s)dx/x}{h(x^r y^s)} + \frac{dx}{x}\Big].$$

Évidemment, si $h \equiv 0$, on retrouve un cas linéarisable. Remarquant que l'expression entre crochets définit une forme méromorphe fermée, on trouve ici encore un facteur intégrant. Utilisant simplement le théorème de la fonction implicite, on peut améliorer ce qui précède et réunir sous une même écriture tous les modèles formels des singularités simples. Précisément, si $\mathcal{F}$ est simple, alors $\mathcal{F}$ est formellement conjugué à un feuilletage donné par :

$$x^{p+1}y^{q+1}\Big[\frac{dx}{x} - \lambda\frac{dy}{y} + d\frac{1}{x^p y^q}\Big],$$

où p et q sont deux entiers positifs et λ un nombre complexe (qui sera non rationnel positif lorsque $p = q = 0$).

4.8. Linéarisation. — Lorsque $\mathcal{F}$ est formellement linéarisable, on a en fait linéarisation holomorphe dans les cas $(*)$ suivants :

(i) $\lambda \in \mathbb{C} \setminus \mathbb{R}^-$: théorème de Poincaré appliqué au champ X dans 4.7 ([**38**], thèse, Vol. I) ;

(ii) λ est un irrationnel négatif mal approché par les rationnels (Siegel-Brjuno) [**2**] ;

(iii) $\lambda \in \mathbb{Q}_{<0}$ (ceci résulte de Malgrange-Mattei-Moussu, mais aussi d'une linéarisation de l'action d'un groupe compact près d'un point fixe dont nous reparlerons au § 8).

4.9. Classification des singularités simples. — La classification holomorphe des singularités simples résonnantes et des singularités selle-nœud est due à Jean Ecalle [**21**] et Martinet-Ramis [**30, 31**]. Ecalle s'intéresse plutôt à la classification des champs de vecteurs et Martinet-Ramis aux feuilletages. Les deux approches sont difficiles. Lorsque l'invariant λ est irrationnel négatif bien approché par les rationnels, il reste encore bien des mystères ; le concept d'holonomie introduit plus loin, mettant en correspondance l'étude des singularités simples et celle des germes de difféomorphismes en une variable (*cf.* § 8), permet toutefois de dégager des résultats importants via les travaux de Pérez Marco et Yoccoz [**37**].

4.10. Formules de Noether. — Soit $\alpha \in \Omega^1(M, m)$ un germe de 1-forme au point m de la surface lisse M. Si $\mathcal{F}$ est le germe de feuilletage défini par α, on note $\nu_m(\mathcal{F})$ la multiplicité algébrique de $\mathcal{F}$ et $\mu_m(\mathcal{F})$ le nombre de Milnor de $\mathcal{F}$ en m. Si (x, y) est un système de coordonnées locales en m, où l'on écrit $\alpha = Adx + Bdy$, on a

$$\nu_m(\mathcal{F}) := \inf(\nu(A), \nu(B)) \quad \text{et} \quad \mu_m(\mathcal{F}) = \dim_{\mathbb{C}} \frac{\mathbb{C}\{x, y\}}{(A, B)}.$$

Le nombre de Milnor s'interprète comme le nombre de points singuliers proches de m dans une déformation générique de $\mathcal{F}$. Soient $E : \widetilde{M} \to M$ l'éclatement de centre m, $\widetilde{\mathcal{F}}$ le feuilletage éclaté strict de $\mathcal{F}$. Posant $\nu = \nu_m(\mathcal{F})$, on a les *formules de Noether* :

$$\mu_m(\mathcal{F}) = \nu^2 - (\nu + 1) + \sum_{p \in E^{-1}(m)} \mu_p(\widetilde{\mathcal{F}})$$

dans le cas non dicritique et, dans le cas dicritique,

$$\mu_m(\mathcal{F}) = (\nu + 1)^2 - (\nu + 2) + \sum_{p \in E^{-1}(m)} \mu_p(\widetilde{\mathcal{F}}).$$

Par exemple, si $\mathcal{F}$ non dicritique se désingularise en un éclatement avec des singularités toutes de type $(*)$, alors $\widetilde{\mathcal{F}}$ a $(\nu+1)$ points singuliers p_i avec $\mu_{p_i}(\widetilde{\mathcal{F}})=1$; on trouve $\mu_m(\mathcal{F})=\nu^2$, ce que l'on peut aussi vérifier en utilisant le théorème de Bezout.

On voit, dans les cas dicritiques ou non, que si $\nu_m(\mathcal{F})>1$, alors *tous* les nombres de Milnor $\mu_p(\widetilde{\mathcal{F}})$ sont strictement inférieurs à $\mu_m(\mathcal{F})$. Par suite, au bout d'un nombre fini d'éclatements, on se ramène à des singularités qui ont toutes leur multiplicité algébrique égale à un.

4.11. Théorème de réduction des singularités. — *Soit M une variété analytique complexe de dimension 2, $\mathcal{F}$ un feuilletage sur M et 0 un point singulier de $\mathcal{F}$; il existe un morphisme $\underline{E}: M' \to M$ composé d'une suite finie d'éclatements de points tel que*

(1) *toutes les singularités de $\underline{E}^{-1}(\mathcal{F})$ sont simples ;*
(2) *si $m\in\underline{E}^{-1}(0)$, l'ensemble $(\underline{E}^{-1}(0),m)\cup\Gamma_m$, où Γ_m désigne l'union des séparatrices formelles de $\underline{E}^{-1}\mathcal{F}$ en m, forme un diviseur à croisements normaux.*

Par exemple, le point (2) indique que, si m est non singulier pour $\underline{E}^{-1}(\mathcal{F})$, alors la feuille $\mathcal{L}_m$ par m est ou bien contenue dans $(\underline{E}^{-1}(0),m)$ ou bien lui est transverse.

Voici le schéma de réduction des singularités du feuilletage donné par les niveaux de $(y^2+x^3)/x^2$ sur lequel on voit toutes les configurations possibles. La stratégie est celle de la résolution du cusp γ (3.2).

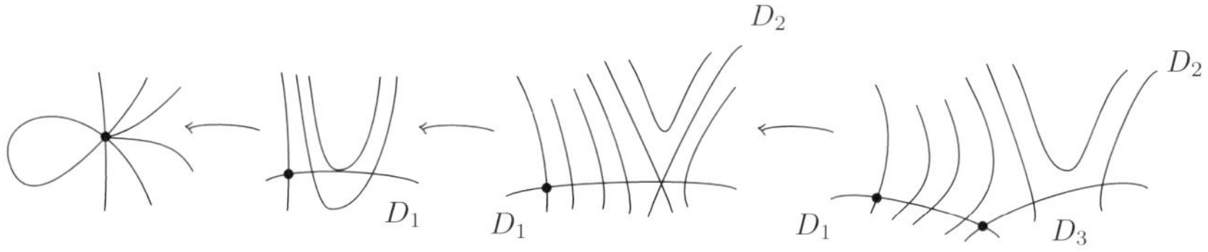

FIGURE 4

Pour passer du discours 4.10 à la preuve de 4.11, il suffit de traiter le cas des feuilletages $\mathcal{F}$ tels que $\nu_m(\mathcal{F})=1$. Lorsque la partie linéaire α_1 de la 1-forme α définissant $\mathcal{F}$ est diagonalisable ou de rang maximum, c'est facile. Le cas pénible mais édifiant est celui où α_1 est nilpotente, *i.e.* du type ydy. Nous renvoyons à **[32]**.

4.12. Le théorème de Camacho-Sad [8]. — Il dit que *tout feuilletage holomorphe à l'origine de $\mathbb{C}^2$ possède une séparatrice convergente.*

Lorsque la singularité est simple, c'est le théorème de Briot et Bouquet. Pour fixer les idées, examinons les feuilletages $\mathcal{F}$ qui se réduisent au bout d'un éclatement. Il suffit d'étudier le cas non dicritique, puisque l'apparition d'un cas dicritique dans un processus de réduction assure l'existence d'une infinité de séparatrices. Soient ω définissant $\mathcal{F}$, $\nu=\nu_0(\mathcal{F})$, $\mathrm{In}_\nu\,\omega=a_\nu dx+b_\nu dy$, $P_{\nu+1}=xa_\nu+yb_\nu$. On choisit les coordonnées x et y de sorte que $P_{\nu+1}(0,1) \neq 0$. L'éclaté strict $\widetilde{\omega}$ de ω est donné (dans la carte $y = tx$) par :

$$\widetilde{\omega} = P_{\nu+1}(1,t)dx + xb_\nu(1,t)dt + x \cdot \omega',$$

et les singularités de $\widetilde{\omega}$ sont les $m_j = (0, t_j)$, t_j racines de $P_{\nu+1}$. En un point m_j, la partie linéaire de $\widetilde{\omega}$, qui est donnée par

$$[P'_{\nu+1}(1,t_j)(t-t_j) + x?]dx + xb_\nu(1,t_j)dt,$$

doit être de type $(*)$ ou $(**)$. Supposons que $\mathcal{F}$ n'ait pas de séparatrice convergente. Alors chaque point singulier doit être de type $(**)$ et, plus précisément (Briot-Bouquet), on doit avoir $b_\nu(1,t_j) = 0$ et $P'_{\nu+1}(1,t_j) \neq 0$. Ainsi $P_{\nu+1}(1,t)$ a $\nu+1$ racines distinctes. Ceci implique que $b_\nu \equiv 0$ ainsi que a_ν, ce qui est stupide.

Le discours qui précède cache un argument profond de type global. Pour chaque composante irréductible C du diviseur $\underline{E}^{-1}(0)$ associé à une résolution d'un feuilletage $\mathcal{F}$, Camacho et Sad établissent une formule d'indice reliant la classe de Chern de C (c'est un entier négatif qui décrit comment $C \cong \mathbb{CP}(1)$ est plongée dans la variété M') à une somme d'invariants numériques (essentiellement les λ) aux points singuliers de $\underline{E}^{-1}(\mathcal{F})$ sur C, invariants dont la non nullité repère en particulier l'existence d'une séparatrice convergente. Un argument combinatoire subtil montre l'existence d'un point lisse de $\underline{E}^{-1}(0)$ ayant cet invariant non nul.

4.12.1. Application. — Considérons une équation différentielle du type $y'' = f(y,y')$, où f est holomorphe ou plus généralement méromorphe en $(0,0)$; on étudie traditionnellement ce type d'objet en introduisant la variable $z = y'$. On obtient le système

$$\begin{aligned} y' &= z \\ z' &= f(y,z) \end{aligned}$$

décrivant le flot du champ $z\dfrac{\partial}{\partial y} + f(y,z)\dfrac{\partial}{\partial y}$, auquel on associe le feuilletage d'équation $zdz - f(y,z)dy$; si $\gamma = \{P(y,z) = 0\}$ est une séparatrice produite par le théorème de Camacho-Sad au point d'étude, les solutions $x \mapsto y(x)$ ayant leur condition initiale $(y(x_0), z(x_0))$ sur γ, vérifient $P(y(x), y'(x)) = 0$. Ce type de problème est une grande préoccupation dans les travaux du début du siècle sur les équations du second ordre (Painlevé, Gambier, Boutroux et al...) : savoir si certaines solutions sont aussi solutions d'équations du premier ordre. Par exemple Painlevé montre qu'aucune solution de l'équation (I de Painlevé) $y'' = 6y^2 + x$, ne satisfait d'équation $P(y,y') = 0$, où P est un polynôme en (y,z) (à coefficients analytiques en la variable x). L'étude des équations $zdz - f(y,z)dy$ associées aux équations du second ordre lorsque f est holomorphe est ébauchée dans **[19]** et récemment complétée par R. Méziani dans sa thèse (Kenitra 1998).

4.12.2. Application aux surfaces de Hopf. — Un feuilletage holomorphe $\mathcal{F}$ d'une surface de Hopf M possède toujours une feuille compacte. Ceci peut se faire à la main en listant les surfaces de Hopf et leurs feuilletages mais s'obtient en appliquant directement Camacho-Sad au feuilletage $\overline{\pi^{-1}\mathcal{F}}$ en $0 \in \mathbb{C}^2$, où $\pi : \mathbb{C}^2 \setminus \{0\} \to M$ est la projection canonique et $\overline{\pi^{-1}\mathcal{F}}$ l'extension de $\pi^{-1}\mathcal{F}$ à $\mathbb{C}^2$.

4.13. Feuilletages dicritiques au sens général (dimension 2). — Ce sont ceux qui ont une infinité de séparatrices; ceci équivaut, avec les notations de 4.11, au fait qu'au moins une branche de $\underline{E}^{-1}(0)$ est transverse à $\underline{E}^{-1}(\mathcal{F})$. L'exemple typique de feuilletage dicritique au sens général est donné par les feuilletages associés aux fonctions méromorphe $f/g =$ constante, $\mathrm{pgcd}(f, g) = 1$. Les feuilletages dicritiques ont été peu étudiés ; on consultera le joli travail de M. Klugertz **[26]** dans lequel sont décrits les feuilletages dont « l'arbre de réduction » a les mêmes propriétés que celui d'un feuilletage donné par les niveaux d'une fonction méromorphe. Bien que ne possédant pas toujours une telle intégrale première, ils sont topologiquement conjugués à un feuilletage en possédant une.

4.14. Courbes généralisées [6]. — Par définition, ce sont les feuilletages $\mathcal{F}$ à l'origine de $\mathbb{C}^2$ qui sont non dicritiques au sens de 4.13 et tels que toutes les singularités après réduction soient de type $(*)$. Ces feuilletages sont à priori très rassurants; si $f = f_1 \cdots f_p$ est une équation réduite de l'ensemble des séparatrices de $\mathcal{F}$ (toutes ici sont convergentes), alors la réduction des singularités de $\{f = 0\}$ est une réduction pour $\mathcal{F}$. De plus les invariants numériques de f et $\mathcal{F}$ coïncident : $\mu_0(\mathcal{F}) = \mu_0(f)$ et $\nu_0(df) = \nu_0(f) - 1 = \nu_0(\mathcal{F})$. Il ne faut pas croire que l'étude des courbes généralisées se limite à la description des séparatrices. Nous y reviendrons.

4.15. Une démarche typique. — Henri Dulac démontre dans **[20]** qu'un feuilletage $\mathcal{F}$ à l'origine de $\mathbb{C}^2$ de multiplicité $\nu(\mathcal{F})$ et qui possède au moins $\nu(\mathcal{F}) + 2$ séparatrices en possède une infinité *i.e.* est dicritique au sens de 4.13. Suivant **[17]** on établit ce résultat par induction sur l'entier $N(\mathcal{F}) =$ nombre d'éclatements minimal nécessaires pour réduire $\mathcal{F}$. Si $N(\mathcal{F}) = 0$, il n'y a rien à prouver puisqu'un feuilletage simple est d'ordre 1 et a au plus deux séparatrices. Supposons le résultat établi pour les $\mathcal{F}'$ tel que $N(\mathcal{F}') < N$ et soit $\mathcal{F}$ tel que $N(\mathcal{F}) = N$; éclatons $\mathcal{F}$ par $E : \widetilde{\mathbb{C}}^2 \to \mathbb{C}^2$. Si $\mathcal{F}$ est dicritique, *i.e.* $E^{-1}(0)$ est génériquement transverse à $E^{-1}(\mathcal{F})$, on obtient tout de suite une infinité de séparatrices. Sinon désignons par t_i, $i = 1, \ldots, p$, les points singuliers de $E^{-1}(\mathcal{F})$ sur $E^{-1}(0)$ et par $n_i + 1$, $n_i \in \mathbb{N} \cup \infty$, le « nombre » de séparatrices de $E^{-1}(\mathcal{F})$ au point t_i (il y en a au moins une : $(E^{-1}(0), t_i)$).

Les formules 4.3.1 donnent l'estimation :

$$\nu_{t_1}(E^{-1}(\mathcal{F})) + \cdots + \nu_{t_p}(E^{-1}(\mathcal{F})) \leq \nu(\mathcal{F}) + 1.$$

D'autre part, on a par hypothèse

$$\sum n_i \geq \nu(\mathcal{F}) + 2.$$

Par suite, il y a un point t_i pour lequel

$$\#\{\text{séparatrices de } (E^{-1}(\mathcal{F}), t_i)\} \geq \nu_{t_i}(E^{-1}(\mathcal{F})) + 2.$$

Mais, en t_i, on a visiblement $N(E^{-1}(\mathcal{F}, t_i)) < N$, et l'on invoque l'induction.

5. Réduction des singularités en dimension 3

Nous souhaitons expliquer (sans démonstration) l'énoncé suivant [**9**].

Soit $\mathcal{F}$ un germe de feuilletage non dicritique à l'origine de $\mathbb{C}^3$; il existe une variété lisse $M(\mathcal{F})$ et un morphisme propre

$$\underline{E} : M(\mathcal{F}) \longrightarrow (\mathbb{C}^3, 0)$$

induisant un isomorphisme de $M(\mathcal{F}) \setminus \underline{E}^{-1}(\operatorname{Sing}\mathcal{F})$ sur $\mathbb{C}^3 \setminus \operatorname{Sing}\mathcal{F}$ tel que les singularités de l'éclaté strict $\underline{E}^{-1}\mathcal{F}$ soient toutes simples. De plus si $m \in \underline{E}^{-1}(\operatorname{Sing}\mathcal{F})$, l'ensemble $(\underline{E}^{-1}(\operatorname{Sing}\mathcal{F}), m) \cup \Gamma_m$, où Γ_m désigne l'ensemble des séparatrices (formelles) de $\underline{E}^{-1}(\mathcal{F})$ en m, forme un diviseur à croisement normal.

Il nous faut en particulier préciser la signification de dicritique et de singularités simples.

5.1. Dicriticité en dimension 3. — Il y a plusieurs définitions équivalentes. Peut-être est-il bon de revenir au cas de la dimension 2 ; un feuilletage $\mathcal{F}$ dans $(\mathbb{C}^2, 0)$ est dicritique au sens général si pour tout polydisque B suffisamment petit où l'on représente $\mathcal{F}$, l'ensemble des feuilles dont l'adhérence est une courbe analytique passant par 0 est d'intérieur non vide. On adapte cette définition à la dimension quelconque ; appelons courbe intégrale de $\mathcal{F}$ défini par ω une courbe holomorphe Γ non contenue dans $\operatorname{Sing}\mathcal{F}$ telle que $\Gamma \cap \operatorname{Sing}\mathcal{F} \neq \varnothing$ et $\Gamma \subset \mathcal{F}$; si $\gamma : (\mathbb{C}, 0) \to \Gamma$ paramètre Γ (on peut en effet développer en série de Puiseux une courbe dans $(\mathbb{C}^n, 0)$), ceci signifie que $\gamma^*\omega = 0$ et $\gamma(0) \in \operatorname{Sing}\mathcal{F}$. On dira que $\mathcal{F}$ est dicritique si l'ensemble couvert par les courbes intégrales dans un petit polydisque où sont représentés nos objets est d'intérieur non vide.

Considérons par exemple le feuilletage $\mathcal{F}$ donné par

$$\omega_\lambda = xyz\Big(\lambda \frac{dx}{x} + \frac{dy}{y} - \frac{dz}{z}\Big) \quad \text{où } \lambda \notin \mathbb{Q}.$$

L'ensemble singulier $\operatorname{Sing}\mathcal{F}$ est constitué des trois axes de coordonnées. Les droites $t \mapsto (x_0, t, at)$, $a \in \mathbb{C}$, $x_0 \in \mathbb{C}$ sont des courbes intégrales et remplissent un ouvert. Par contre les courbes intégrales qui passent seulement par 0 sont nécessairement contenues dans $xyz = 0$; elles seules ne remplissent donc pas un ouvert.

La dicriticité peut se traduire proprement en termes d'éclatements ; en dimension 3, cela donne que $\mathcal{F}$ est dicritique s'il existe une suite finie

$$X_0 = (\mathbb{C}^3, 0) \xleftarrow{\pi_1} X_1 \longleftarrow \cdots \xleftarrow{\pi_N} X_N,$$

où chaque π_i est soit un éclatement de point, soit l'éclatement d'une courbe lisse contenue dans le lieu singulier de $\mathcal{F}_{i-1} = (\pi_{i-1} \circ \cdots \circ \pi_1)^{-1}\mathcal{F}$ et tel que le diviseur exceptionnel du dernier morphisme ne soit pas séparatrice de $\mathcal{F}_N$.

Dans l'exemple ci-dessus, ω_λ on éclate l'axe des x ; le diviseur exceptionnel est isomorphe à $\mathbb{CP}(1) \times \mathbb{C}$ et le feuilletage éclaté lui est transversal.

Alors que le théorème de Camacho-Sad assure l'existence de séparatrices en dimension 2, on sait qu'il n'en est rien en dimension 3 ou plus. On a coutume de citer l'exemple suivant, dû à Jouanolou **[25]**, qui n'a pas de séparatrice :

$$\omega = (y^m x - z^{m+1})dy + (z^m y - x^{m+1})dz + (x^m z - y^{m+1})dx.$$

Cet exemple est « projectif », *i.e.* est le cône sur un feuilletage de $\mathbb{CP}(2)$, et le fait qu'il ne possède pas de séparatrice implique que « beaucoup » de feuilletages dicritiques en dimension 3 n'auront pas de séparatrices.

5.2. Étude d'un exemple ou comment prévoir les modèles finaux dans une réduction des singularités. — Soit $\mathcal{F}$ un feuilletage à l'origine de $\mathbb{C}^3$ et supposons que l'on sache que $\mathcal{F}$ possède deux séparatrices lisses et transverses. Cette situation qui se rencontre en cours de réduction est par exemple produite par deux éclatements successifs (où l'on fait apparaître deux composantes de diviseurs) ou bien comme conséquence d'un résultat à la Briot-Bouquet. Choisissons des coordonnées x, y, z telles que les séparatrices soient données par $x = 0$ et $y = 0$. On définit $\mathcal{F}$ par $\omega \in \Omega^1(\mathbb{C}^3, 0)$ du type :

$$\omega = ya\, dx + xb\, dy + xyc\, dz, \quad \text{où } a, b, c \in \mathcal{O}(\mathbb{C}^3, 0).$$

Un invariant important (*l'ordre adapté* de $\mathcal{F}$ au diviseur $xy = 0$) est

$$r = \inf(\nu(a), \nu(b), \nu(c));$$

supposons-le égal à zéro et examinons les différents cas susceptibles de se produire. Si $a(0)$ ou $b(0)$ est non nul, on peut trouver α et β dans $\mathcal{O}(\mathbb{C}^3, 0)$ tels que $xyc = \alpha ya + \beta xb$; le champ de vecteur

$$Z = \frac{\partial}{\partial z} - \alpha \frac{\partial}{\partial x} - \beta \frac{\partial}{\partial y}$$

est tangent à $\mathcal{F}$ (il annule ω) et le trivialise. On dit que $\mathcal{F}$ est de *type dimensionnel* 2 ; on conçoit que la réduction des singularités d'un tel feuilletage de type dimensionnel 2 est calquée sur celle du feuilletage de $\mathbb{C}^2$ donné par $\mathcal{F}_0 = \mathcal{F}_{|z=0}$. Le cas intéressant est celui où $a(0) = b(0) = 0$ et $c(0) \neq 0$; on peut supposer que $c = 1$. On considère les champs de vecteurs X et Y :

$$X = x\frac{\partial}{\partial x} - a\frac{\partial}{\partial z}$$
$$Y = y\frac{\partial}{\partial y} - b\frac{\partial}{\partial z}.$$

Ils sont tangents à $\mathcal{F}$ et donc leur crochet de Lie aussi. Mais $[X,Y]$ qui est visiblement colinéaire à $\partial/\partial z$ doit annuler ω et donc $[X,Y]=0$. On peut alors, reprenant l'idée de 4.7, en considérant X et Y comme des dérivations de l'anneau $\widehat{\mathcal{O}}(\mathbb{C}^3)$, jordaniser simultanément les champs X et Y. Ceci signifie *grosso modo* que l'on peut écrire $X = X_S + X_N$, $Y = Y_S + X_N$ où X_S et Y_S sont des champs formels que l'on peut choisir linéaires dans un système de coordonnées formelles *ad hoc*, X_N et Y_N sont nilpotents, tous ces champs commutant entre eux. Supposons par exemple que les champs nilpotents X_N, Y_N soient nuls (c'est le cas lorsque les 1-jets de X et Y n'ont pas de «résonances» communes) ; on peut alors trouver des coordonnées formelles notées x_1, x_2, x_3 telles que

$$X = X_S = \sum \lambda_i x_i \frac{\partial}{\partial x_i} \quad \text{et} \quad Y = Y_S = \sum \mu_i x_i \frac{\partial}{\partial x_i}.$$

On constate que, dans ces coordonnées, $\mathcal{F}$ est donné par une 1-forme logarithmique $x_1x_2x_3 \sum_{i=1}^3 \alpha_i dx_i/x_i$.

Plaçons-nous maintenant dans la situation où les λ_i et μ_i, valeurs propres des X_S et Y_S, satisfont une résonance commune et essentiellement une seule. On signifie par là que le monoïde $\{(m_1,m_2,m_3)\in\mathbb{N}^3 \mid \sum m_i\lambda_i = \sum m_i\mu_i = 0\}$ est engendré par un élément (p'_1,p'_2,p'_3). À ce moment, on peut écrire

$$X_S = \sum \lambda_i x_i \frac{\partial}{\partial x_i}, \qquad Y_S = \sum \mu_i x_i \frac{\partial}{\partial x_i}$$

$$X_N = \sum A_i(x_1^{p'_1}x_2^{p'_2}x_3^{p'_3})x_i\frac{\partial}{\partial x_i}, \qquad Y_N = \sum B_i(x_1^{p'_1}x_2^{p'_2}x_3^{p'_3})x_i\frac{\partial}{\partial x_i},$$

où les A_i et B_i sont dans $\widehat{\mathcal{O}}(\mathbb{C},0)$.

En effectuant des manipulations à la 4.7, on trouve un système de coordonnées formelles, dans lequel $\mathcal{F}$ est défini par une 1-forme du type :

$$x_1^{p_1+1}x_2^{p_2+1}x_3^{p_3+1}\Big(\sum \alpha_i\frac{dx_i}{x_i} + d\big(\frac{1}{x_1^{p_1}x_2^{p_2}x_3^{p_3}}\big)\Big), \quad \alpha_i\in\mathbb{C},$$

où (p_1,p_2,p_3) est un multiple entier de (p'_1,p'_2,p'_3).

C'est le traitement complet de ce type d'exemples qui conduit à penser que les singularités simples en dimension 3 (quelconque en fait) sont les généralisations naturelles des formes normales données en 4.7. En voici la description :

5.3. Singularités simples en dimension 3 et plus. — Disons que $\mathcal{F}$ a une *singularité simple* à l'origine de $\mathbb{C}^n$ si, à difféomorphisme formel près, $\mathcal{F}$ est défini par une 1-forme de type :

$$\prod_{i=1}^r x_i^{p_i+1}\Big(\sum \lambda_i\frac{dx_i}{x_i} + d\big(\frac{1}{x_1^{p_1}\cdots x_r^{p_r}}\big)\Big),$$

où $(x_1,\ldots,x_n)$ est un système de coordonnées de $\mathbb{C}^n$, où les $p_i\in\mathbb{N}$, $\lambda_i\in\mathbb{C}$, $i=1,\ldots,r$, et satisfont les relations suivantes :

(1) $|\lambda_i| + p_i \neq 0$ pour $i = 1, \ldots, r$;
(2) si $p_i = p_j = 0$ et $i \neq j$ alors $\lambda_i/\lambda_j \notin \mathbb{Q}_{<0}$.

Comme en dimension 2, le problème de la classification analytique des singularités simples se pose naturellement. Il s'agit essentiellement de comprendre si le difféomorphisme de conjugaison ci-dessus peut-être pris convergent et, lorsque ce n'est pas le cas, de comprendre la nature de la divergence. Il y a là matière à petits diviseurs et grosses résurgences. Bien que, à ma connaissance, ce ne soit écrit en détail nulle part, on sait dans presque tous les cas procéder à cette classification (*cf.* plus loin quelques exemples).

5.4. Dimension 3 ; singularités simples de type dimensionnel 2. — C'est le cas où l'entier r vaut 2. On retrouve les modèles (formels) de singularités simples en dimension 2. Le lieu singulier est lisse et le feuilletage a une structure produit, au sens où un champ de vecteur sans singularités lui est tangent (par Artin ou platitude, on peut prendre ce champ convergent). Par suite on hérite des propriétés des singularités simples en dimension 2 ; en particulier, il y a une (cas d'un selle-nœud $\times\, \mathbb{C}$) ou deux séparatrices lisses et transverses.

5.5. Dimension 3 ; singularités simples de type dimensionnel 3. — C'est le cas où $r = 3$; les modèles formels ont pour lieu singulier les trois axes de coordonnées et les séparatrices sont les trois plans de coordonnées. Ainsi, pour une singularité simple $\mathcal{F}$ de ce type ($r = 3$), $\operatorname{Sing}\mathcal{F}$ est difféomorphe holomorphiquement à trois axes de coordonnées et on le supposera en fait égal à ces trois axes. En un point lisse de $\operatorname{Sing}\mathcal{F}$, *i.e.* en dehors de 0, on reconnaît que $\mathcal{F}$ est de type dimensionnel 2. Il n'est pas sûr que l'on hérite de trois séparatrices holomorphes pour $\mathcal{F}$; nous allons faire la zoologie des différents cas.

5.5.1. Singularités simples logarithmiques de type formel

$$x_1x_2x_3\Big(\sum \lambda_i \frac{dx_i}{x_i}\Big), \quad \frac{\lambda_i}{\lambda_j} \notin \mathbb{Q}_{<0}.$$

En chaque point lisse de $\operatorname{Sing}\mathcal{F}$, il y a deux séparatrices lisses transversales (Briot-Bouquet + structure produit). Ces séparatrices (définies en dehors du gros point singulier 0) confluent raisonnablement en 0 et $\mathcal{F}$ a à l'origine trois séparatrices lisses et transverses, difféomorphes holomorphiquement aux plans $xyz = 0$.

Comme dans 5.2, le feuilletage est donné par une action locale holomorphe de $\mathbb{C}^2$ sur $\mathbb{C}^3$, formellement linéarisable (souvent — suivant les valeurs des λ — holomorphiquement).

5.5.2. Singularités simples (résonnantes) de type formel

$$x_1^{p_1+1}x_2^{p_2+1}x_3^{p_3+1}\Big(\sum \lambda_i \frac{dx_i}{x_i} + d\big(\frac{1}{x_1^{p_1}x_2^{p_2}x_3^{p_3}}\big)\Big)$$

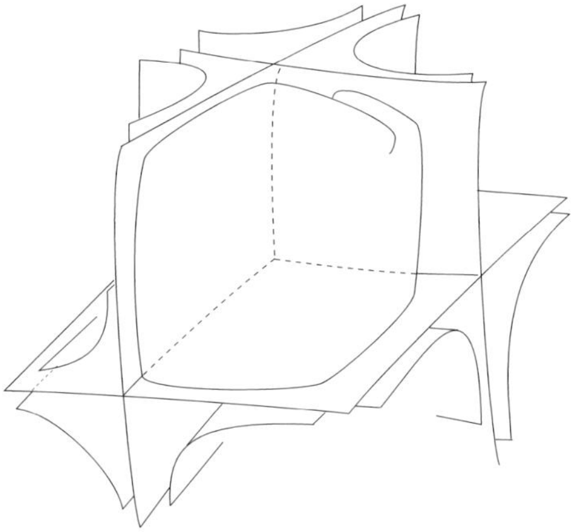

FIGURE 5

avec $p_1 \cdot p_2 \cdot p_3 \neq 0$. Ici, en chaque point lisse du lieu singulier, la singularité est de type dimensionnel 2 résonnante avec la présence encore de deux séparatrices ; comme dans 5.5.1, elles confluent pour donner naissance à trois séparatrices difféomorphes à $xyz = 0$.

5.5.3. Singularités simples (selle-nœud résonnantes) de type formel

$$x_1^{p_1+1} x_2^{p_2+1} x_3 \Big(\sum \lambda_i \frac{dx_i}{x_i} + d\big(\frac{1}{x_1^{p_1} x_2^{p_2}}\big) \Big), \quad \lambda_3 \cdot p_1 \cdot p_2 \neq 0.$$

Ici les trois branches du lieu singulier ne jouent pas le même rôle. Le long de l'axe des x_3, en dehors de 0, on a un type dimensionnel 2 résonnant, tandis que, le long des deux autres axes, on a un type dimensionnel 2 selle-nœud. Les deux séparatrices locales holomorphes le long de l'axe x_3 « traversent » l'origine pour donner naissance à deux séparatrices lisses difféomorphes à $x_1 \cdot x_2 = 0$. Par contre, le long des deux autres axes, on peut avoir transversalement une séparatrice formelle divergente qui conflue en la séparatrice formelle donnée par la forme normale.

5.5.4. Singularités simples (selle-nœud logarithmique) de type formel

$$x_1^{p_1+1} x_2 x_3 \Big(\sum \lambda_i \frac{dx_i}{x_i} + d\Big(\frac{1}{x_1^{p_1}}\Big) \Big), \quad p \neq 0,\ \lambda_2 \cdot \lambda_3 \neq 0.$$

Comme toujours, le lieu singulier est holomorphiquement difféomorphe aux trois axes ; en un point $\neq 0$ de l'axe des x_1, on a un type dimensionnel 2 logarithmique avec en particulier deux séparatrices convergentes. Le long des deux autres axes, on a encore un type dimensionnel 2 selle-nœud avec la même conclusion qu'en 5.5.3.

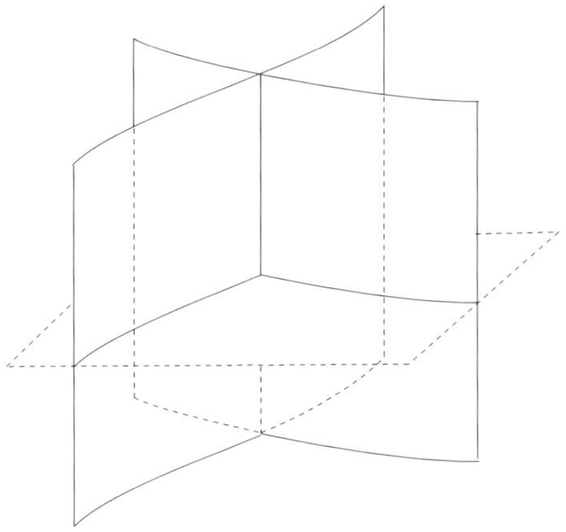

FIGURE 6

5.6. Ce qu'il faut retenir. — Chaque feuilletage simple est défini par une action holomorphe de $\mathbb{C}^2$; on peut en effet vérifier que l'on est dans la situation étudiée en 5.2. D'autre part, on constate le phénomène suivant. Soit m un point singulier proche de la singularité 0 ; soit γ une courbe intégrale de $\mathcal{F}$ passant par m non contenue dans $\operatorname{Sing}\mathcal{F}$; alors γ appartient à une unique séparatrice de $\mathcal{F}$ en 0 qui est lisse et convergente.

6. Application à l'existence de séparatrices

Soit $\mathcal{F}$ un feuilletage non dicritique à l'origine de $\mathbb{C}^3$. Alors, il existe une surface $S \subset (\mathbb{C}^3, 0)$ séparatrice.

L'idée de la preuve est la suivante (*cf.* [**9**]). On considère une réduction des singularités $\underline{E} : M(\mathcal{F}) \to (\mathbb{C}^3, 0)$ de $\mathcal{F}$ puis une section plane $i : (\mathbb{C}^2, 0) \to (\mathbb{C}^3, 0)$ générale. Le théorème de Camacho-Sad assure l'existence d'au moins une séparatrice pour $i^{-1}\mathcal{F}$. Ceci produit une courbe intégrale γ pour $\mathcal{F}$; le transformé strict $\widetilde{\gamma}$ de γ par $\underline{E}$ coupe le diviseur exceptionnel associé à $\underline{E}$ en un point singulier de $\widetilde{\mathcal{F}} = \underline{E}^{-1}(\mathcal{F})$. Comme toutes les singularités sont simples, le « saturé » par $\widetilde{\mathcal{F}}$ de $\widetilde{\gamma}$ produit, suivant 5.6, une hypersurface $\widetilde{S} \subset M(\mathcal{F})$ séparatrice globale de $\widetilde{\mathcal{F}}$. Puisque $\underline{E}$ est propre, $S = \underline{E}(\widetilde{S})$ est une surface holomorphe qui convient.

En fait on a démontré qu'un feuilletage $\mathcal{F}$ non dicritique à l'origine de $\mathbb{C}^3$ a la propriété suivante : toute courbe intégrale γ de $\mathcal{F}$ est contenue dans une séparatrice (et les séparatrices sont en nombre fini).

Remarque 1. — On sait aussi « étendre » les courbes intégrales formelles en des séparatrices formelles en procédant peu ou prou comme ci-dessus (mais avec un formalisme lourd). Ceci vaut aussi d'ailleurs pour un feuilletage formel.

Remarque 2. — Il n'est pas facile de prévoir si un feuilletage est ou non dicritique et les résultats ci-dessus doivent être compris comme une alternative : présence de séparatrices ou abondance de courbes intégrales holomorphes allant au lieu singulier.

7. Dimension > 3

L'énoncé du § 6 persiste en dimension > 3 : *un feuilletage $\mathcal{F}$ non dicritique à l'origine de $\mathbb{C}^n$ possède une hypersurface séparatrice.* Mais la stratégie de démonstration de **[12]** est conceptuellement différente de la précédente : on utilise en fait de façon profonde le théorème en dimension 3. On procède comme suit. On coupe $\mathbb{C}^n$ par un $\mathbb{C}^3$ général dans lequel l'énoncé du § 6 produit une séparatrice S. On étudie $\mathcal{F}$ au voisinage d'une couronne $\Delta \times \{0\}$, $\Delta \subset \mathbb{C}^3$, et l'on montre qu'au-dessus de Δ on a une propriété d'équiréduction générique ; ceci permet de « pousser » S sur l'épaississement $\Delta \times B$, où $B \subset \mathbb{C}^{n-3}$ est un petit polydisque, pour obtenir une séparatrice $X_{|\Delta\times B}$ de $\mathcal{F}_{|\Delta\times B}$. Puisque $n \geq 3$, on a $H^1(\Delta\times B, \mathcal{O}^*) = 0$, ce qui implique que $X_{|\Delta\times B}$ est défini par une équation $F = 0$, $F \in \mathcal{O}(\Delta\times B)$. On étend F sur un voisinage de $0 \in \mathbb{C}^n$ par la formule de Cauchy, ce qui finalement produit une séparatrice X pour $\mathcal{F}$. Remarquons bien que cet argument ne permet pas de passer directement de la dimension 2 à la dimension 3 puisque, si $n = 3$, Δ sera une couronne de $\mathbb{C}^2$ et $H^1(\Delta \times B, \mathcal{O}^*)$ sera ici non trivial !

8. Que faire de la réduction des singularités ?

Alors que, pour une fonction $f \in \mathcal{O}(\mathbb{C}^n, 0)$, la réduction des singularités contient quasiment toutes les informations intéressantes sur f, tout du moins celles de nature topologique (par exemple, en dimension 2, on a, pour une famille f_t, les équivalences : $\mu(f_t)$ constant $\Leftrightarrow$ équiréductibilité $\Leftrightarrow$ type topologique constant), il n'en est rien pour les feuilletages généraux. La réduction des singularités n'est ici que la structure squelettique autour de laquelle vont s'organiser les feuilles. Nous introduisons dans ce qui suit quelques notions classiques qui permettent de décrire une partie de cette organisation.

8.1. Holonomie d'un feuilletage au voisinage d'une hypersurface invariante ; cas d'une composante du diviseur exceptionnel. — On se place dans la situation suivante : $\mathcal{F}$ est un feuilletage sans singularités sur la variété complexe V et $X \subset V$ une hypersurface fermée et lisse invariante par $\mathcal{F}$. On suppose que V est une fibration localement triviale (de fibre un disque) au-dessus de X. Puisque X est une feuille de $\mathcal{F}$, les autres feuilles de $\mathcal{F}$ sont transverses aux fibres, tout du moins près de X. En particulier, si Σ est une fibre, $t_0 = X \cap \Sigma$, α un lacet dans X basé en t_0 et z un point de Σ suffisamment proche de t_0, on peut relever le lacet α dans la feuille passant par z, en un chemin d'extrémités z et $h_\alpha(z)$ appartenant à Σ. La transformation $h_\alpha : \Sigma_{t_0} \to \Sigma_{t_0}$, $z \mapsto h_\alpha(z)$ définit un germe de difféomorphisme de $\Sigma_{t_0} \cong (\mathbb{C}, 0)$ ne dépendant que de la classe d'homotopie de α ; on a ainsi une représentation (dite d'holonomie)

$$\mathrm{Hol} : \pi_1(X, t_0) \longrightarrow \mathrm{Diff}(\Sigma, t_0) \cong \mathrm{Diff}(\mathbb{C}, 0)$$

qui contient toute « la structure de $\mathcal{F}$ au voisinage de X ».

8.2. Un mot sur la classification des singularités simples. — Soit $\mathcal{F}$ une singularité à l'origine de $\mathbb{C}^2$, que nous supposerons de type $(*)$. D'après Briot et Bouquet, $\mathcal{F}$ possède deux séparatrices que l'on prend comme axes de coordonnées. On peut définir $\mathcal{F}$ par un champ de vecteurs :

$$X = X(\mathcal{F}) = x\frac{\partial}{\partial x} + y(\lambda + B(x,y))\frac{\partial}{\partial y},$$

où

$$B \in \mathcal{O}(\mathbb{C}^2, 0), \quad B(0) = 0$$

et

$$\lambda = \lambda(\mathcal{F}) \notin \mathbb{Q}_{\geq 0}.$$

Quitte à jouer avec une homothétie, on suppose que $B \in \mathcal{O}(U)$, où U est au voisinage d'un polydisque $D(0, r_1) \times D(0, r_2)$ avec $r_1 > 1$. Le flot ϕ_t de X s'écrit :

$$\phi_t(x, y) = (e^t x, e^{\lambda t} y W(x, y, t)) \text{ avec } W(x, y, 0) = 1.$$

L'holonomie de la séparatrice $y = 0$, *i.e.* le générateur de $\mathrm{Hol}(\pi_1(\{y = 0\} \setminus \{0\}, *))$, calculée relativement à la fibration verticale sur la transversale $x = 1$, est précisément la deuxième composante de :

$$\phi_{2i\pi}(x, y) = (1, e^{2i\pi\lambda} y W(1, y, 2i\pi)) = (1, h_{\mathcal{F}}(y)).$$

Le difféomorphisme $h_{\mathcal{F}}(y) = e^{2i\pi\lambda} y + \cdots$ est bien défini pour y assez petit. Mattei-Moussu [**32**] et Martinet-Ramis [**31**] ont démontré que, si $\mathcal{F}$ et $\mathcal{F}'$ comme ci-dessus ont leurs holonomies $h_{\mathcal{F}}$ et $h_{\mathcal{F}'}$ conjuguées, alors ils sont holomorphiquement conjugués dès que les invariants linéaires $\lambda(\mathcal{F})$ et $\lambda(\mathcal{F}')$ coïncident. L'idée est de pousser une conjugaison définie sur la transversale $x = 1$ le long des feuilles en préservant la fibration verticale. D'un autre côté, les travaux d'Ecalle, Martinet, Ramis, Pérez Marco et Yoccoz montrent que tout difféomorphisme $h \in \mathrm{Diff}(\mathbb{C}, 0)$ peut se réaliser comme difféomorphisme d'holonomie $h = h(\mathcal{F})$ d'un feuilletage $\mathcal{F}$ comme ci-dessus [**37**]. Ainsi la classification des feuilletages $\mathcal{F}$ de type $(*)$ se ramène à celle des difféomorphismes de $(\mathbb{C}, 0)$. Celle des feuilletages de type $(**)$ est plus complexe.

Un cas spécial est celui où $\mathcal{F}$ possède une intégrale première formelle $\widehat{f} \in \widehat{\mathcal{O}}(\mathbb{C}^2, 0)$; ceci ne peut avoir lieu que si $\lambda = -p/q \in \mathbb{Q}_{<0}$. De $\widehat{f} \circ \phi_t = \widehat{f}$, on tire en particulier $\widehat{f}(\phi_{2i\pi q}) = \widehat{f}$. Un calcul élémentaire montre que $\phi_{2i\pi q} = \mathrm{Id}_{\mathbb{C}^2}$; par suite le flot réel $s \to \phi_{2i\pi qs}$ se factorise dans une action de S^1 qui, par moyennisation (principe de Bochner-Cartan), peut être linéarisée. En particulier, le feuilletage $\mathcal{F}$ se linéarise, *i.e.*

on peut choisir, dans des coordonnées *ad hoc*, $X(\mathcal{F})$ du type $x\dfrac{\partial}{\partial x} - \dfrac{p}{q}y\dfrac{\partial}{\partial y}$. Mais ce champ linéaire possède l'intégrale première x^py^q et $\mathcal{F}$ possède donc une intégrale première convergente. Remarquer que la périodicité du flot : $\phi_{2i\pi q} = \mathrm{Id}_{\mathbb{C}^2}$, équivaut à celle de l'holonomie : $h(\mathcal{F})^q = \mathrm{Id}_{\mathbb{C}}$. Remarquer aussi que toute intégrale première formelle $\widehat{f}$ du feuilletage linéaire associé à $x\dfrac{\partial}{\partial x} - \dfrac{p}{q}y\dfrac{\partial}{\partial y}$ se factorise dans x^py^q : $\widehat{f} = \widehat{\ell}(x^py^q)$, $\widehat{\ell} \in \widehat{\mathcal{O}}(\mathbb{C},0)$, pourvu que l'on ait choisi p et q premiers entre eux.

8.3. Singularités simples en dimension 3 (ou plus). — Les singularités simples de type dimensionnel 3 sont confluences de singularités de type dimensionnel 2 le long des axes de singularités. La confluence se fait avec des contraintes (liaisons entre les trois types de singularités dues à l'intégrabilité qui rigidifie la situation). Par exemple, la classification des singularités résonnantes de type 5.5.2 est souvent plus élémentaire qu'en dimension 2 [**31**] et, lorsqu'elle ne l'est pas, c'est un sous produit de celle en dimension 2. Plus précisément, soit $\mathcal{F}$ un feuilletage à l'origine de $(\mathbb{C}^3,0)$ formellement conjugué au feuilletage $\mathcal{F}_{p,\lambda}$ donné par :

$$\Omega_{p,\lambda} = x_1^{p_1+1}x_1^{p_2+1}x_1^{p_3+1}\Big[\sum \lambda_i\frac{dx_i}{x_i} + d\big(\frac{1}{x_1^{p_1}x_1^{p_2}x_1^{p_3}}\big)\Big], \quad \lambda_i \in \mathbb{C},\ P_i \in \mathbb{N}^*.$$

On peut supposer que les plans $x_i = 0$ sont séparatrices du feuilletage $\mathcal{F}$ et que ses singularités sont précisément les axes de coordonnées. On peut calculer l'holonomie de $\{x_3 = 0\} \setminus \mathrm{Sing}\,\mathcal{F}$, dont le groupe de Poincaré est $\mathbb{Z}\times\mathbb{Z}$. Le groupe $G \subset \mathrm{Diff}(\mathbb{C},0)$, image de cette représentation d'holonomie, est un groupe abélien $\langle f,g\rangle$ à deux générateurs et il n'est pas trop difficile de constater qu'il est formellement conjugué au groupe d'holonomie $G_{p,\lambda}$ de $\{x_3 = 0\}$ pour $\mathcal{F}_{p,\lambda}$; $G_{p,\lambda}$ se calculant de façon explicite, on remarque que, si les λ_i/λ_j sont non tous rationnels, alors $G_{p,\lambda}$ est isomorphe à $\mathbb{Z}\times\mathbb{Z}$. Il se trouve (Ecalle-Voronin *cf.* [**19**]) qu'un sous groupe de $\mathrm{Diff}(\mathbb{C},0)$ contenant un sous groupe non cyclique d'éléments tangents à l'identité ($h'(0) = 1$) est rigide [**19**] ; c'est ici le cas et cela signifie que G est en fait holomorphiquement conjugué à $G_{p,\lambda}$. Comme en dimension 2, la conjugaison au niveau des holonomies implique celle de $\mathcal{F}$ à $\mathcal{F}_{p,\lambda}$. Ce phénomène de rigidité générique ne se rencontre pas en dimension 2 ; on peut l'interpréter en terme de « confluence ». Lorsque les λ_i/λ_j sont rationnels (phénomène de résonance double), on montre que l'espace des modules de

$$\mathcal{F}_{p,\lambda} := \big\{\mathcal{F} \text{ formellement conjugués à } \mathcal{F}_{p,\lambda},\ \text{mod. conjugaison holomorphe}\big\}$$

se factorise de façon canonique dans un espace de module de feuilletages résonnants en dimension 2. Ces résultats élaborés par Ecalle et moi-même dans une correspondance déjà ancienne sont actuellement rédigés par J. Mozo de l'université de Valladolid. On y trouvera en principe la classification de toutes les singularités simples, tout du moins en dimension 3.

8.4. Frobenius ; l'étape formelle. — Actuellement, toutes les démonstrations du théorème de Malgrange énoncé en 2.1 (**[28]**, **[32]**) passent par une étape formelle (algorithme de Godbillon-Vey) que nous décrivons succintement. On démarre avec un feuilletage $\mathcal{F}$ défini par ω_0 tel que $\operatorname{codim} \operatorname{Sing} \mathcal{F} \geq 3$. L'intégrabilité ($\omega_0 \wedge d\omega_0 = 0$) et le lemme de de Rham-Saito produisent une 1-forme $\omega_1 \in \Omega^1(\mathbb{C}^n, 0)$ telle que : $d\omega_0 = \omega_0 \wedge \omega_1$. Par différenciation, on obtient $\omega_0 \wedge d\omega_1 = 0$ et de nouveau on construit ω_2 tel que $d\omega_1 = \omega_0 \wedge \omega_2$; par induction, on trouve des $\omega_j \in \Omega^1(\mathbb{C}^n, 0)$ tels que

$$d\omega_j = \omega_0 \wedge \omega_{j+1} + \sum_{1 \leq k \leq j} \binom{k}{j} \omega_k \wedge \omega_{j-k+1}.$$

Suivant une idée de J. Martinet, on rajoute une variable t et l'on considère sur $\mathbb{C}^n \times \mathbb{C}$ la 1-forme $\overline{\omega} = dt + \sum_{i=0}^{\infty} t^i \omega_i / i!$. Par construction, $d\overline{\omega} = \overline{\omega} \wedge \partial \overline{\omega} / \partial t$ et par suite $\overline{\omega}$ est intégrable et non singulière en l'origine. Par Frobenius ordinaire, on trouve une submersion $F(x,t)$ et une unité $G(x,t)$ telles que $\overline{\omega} = GdF$; posant $G_0(x) = G(x,0)$ et $F_0(x) = F(x,0)$, on obtient, par restriction à $t = 0$, $\omega_0 = G_0 dF_0$. Là où le bât blesse, c'est que rien n'assure que $\overline{\omega}$ est convergente (et l'on peut d'ailleurs produire des $\overline{\omega}$ vraiment divergentes), si bien que les F et G et par suite F_0 et G_0 sont seulement formelles ! La démarche de Malgrange **[28]** consiste à montrer, via l'analyse, l'existence d'un $\overline{\omega}$ comme ci-dessus convergent.

8.5. Frobenius singulier par restriction, réduction des singularités et extension

Avec les notations de 8.4, on remarque que l'hypothèse $\operatorname{codim} \operatorname{Sing} \mathcal{F} \geq 3$ fait que la série F_0 est irréductible ; si elle ne l'était pas, $F_0 = F_1 \cdot F_2$, l'intersection $\{F_1 = F_2 = 0\}$ serait une branche de $\operatorname{Sing} \mathcal{F}$ de codimension 2 précisément. Considérons un plongement général $\tau : (\mathbb{C}^2, 0) \to (\mathbb{C}^n, 0)$ et notons $\underline{\omega} = \tau^* \omega_0$, $\underline{F} = F_0 \circ \tau$. Il n'est pas sûr que $\underline{F}$ soit cette fois irréductible, mais elle est certainement réduite : $\underline{F} = f_1 \cdots f_p$, $\operatorname{pgcd}(f_1, \ldots, f_p) = 1$. Procédons à la réduction des singularités de $\underline{\mathcal{F}}$ défini par $\underline{\omega}$; c'est d'ailleurs celle de $\underline{F}$. On va trouver un point m dans le diviseur exceptionnel $\underline{E}^{-1}(0)$ (notations de 4.11), tel que $\underline{E}^{-1}(0)$ est lisse et $\underline{E}^{-1}(\mathcal{F})$ y est singulier : le point m est là où passe une branche de la séparatrice $\{\underline{F} = 0\}$ (on notera qu'elle est nécessairement convergente). En m, on peut appliquer à $\underline{E}^{-1}(\underline{\mathcal{F}})$ l'argument 8.2 : la présence d'une intégrale première formelle permet de linéariser $\underline{E}^{-1}(\underline{\mathcal{F}})$ en m et de trouver une intégrale première de type monomiale $x^p y^q$ avec $\{x = 0\} = (\underline{E}^{-1}(0), m)$.

D'après la remarque terminant le § 8.2, $(\underline{F} \circ \underline{E}, m)$ se factorise par le monôme $x^p y^q$: $(\underline{F} \circ \underline{E}, m) = \widehat{\ell}(x^p y^q)$ où $\widehat{\ell} \in \widehat{\mathcal{O}}(\mathbb{C}, 0)$; comme F est réduite, nécessairement $q = 1$ et $\widehat{\ell}$ est un difféomorphisme formel. La série formelle $\widehat{\ell}^{-1}(\underline{F})$ est intégrale première de $\underline{\mathcal{F}}$ et coïncide quelque part dans la réduction des singularités avec la série convergente $x^p y$. Une majoration innocente montre que $\widehat{\ell}^{-1}(\underline{F})$ converge **[32]** ; le même argument en fait montre que $\widehat{\ell}^{-1}(F_0)$ est en fait convergente. C'est bien sûr une intégrale première convergente du feuilletage initial $\mathcal{F}$ dans $\mathbb{C}^n$. Notons bien que la démarche ci-dessus ne redonne pas les énoncés de Mattei-Moussu, plus généraux que ceux de Malgrange.

On constate dans ce schéma de démonstration qu'un argument de section plane générale permet de se ramener à la dimension 2 ; seule ici la réduction des singularités en dimension 2 s'avère nécessaire. Dans la plupart des problèmes afférents aux feuilletages de codimension 1, tout du moins ceux qui sont de nature algébrique ou analytique, il en est ainsi. Par contre, comme on l'a déjà dit, la construction de séparatrices en dimension supérieure à 3 nécessite une démarche de réduction des singularités qui ne se ramène pas à la dimension 2.

8.6. Philosophie générale. — Soit $\mathcal{F}$ un feuilletage à l'origine de $\mathbb{C}^n$, $n \leq 3$ possédant une réduction des singularités $\underline{E} : M(\mathcal{F}) \to (\mathbb{C}^n, 0)$. Soit D_i une composante non dicritique du diviseur exceptionnel associé à $\underline{E}$. Lorsque le diviseur D_i apparaît dans le processus de réduction il est accompagné par construction (on éclate un point ou une courbe lisse) d'une fibration. Cette donnée peut-être modifiée, parce que l'on éclate des points ou des courbes dans D_i, mais on va garder un voisinage fibré U_i de D_i privé d'un voisinage de $\operatorname{Sing} \underline{E}^{-1}(\mathcal{F}) \cap D_i$ et pouvoir lui appliquer la construction précédente. On construit ainsi l'holonomie de la composante D_i qui raconte l'organisation locale de $\underline{E}^{-1}(\mathcal{F})$ près de la partie lisse de D_i. Évidemment, il faudra recoller toutes ces informations entre elles. Ceci se fait au travers du lieu singulier. La description locale des singularités n'est pas toujours suffisante. En dimension 3, on peut profiter du fait qu'après réduction le long de la partie lisse du lieu singulier le feuilletage est localement un produit. Si α est un lacet basé en m tracé dans la partie lisse de $\operatorname{Sing} \underline{E}^{-1}(\mathcal{F})$ on peut suivre les trivialisations locales au-dessus de α pour construire une holonomie singulière : il s'agit cette fois d'un difféomorphisme $\phi_\alpha \in \operatorname{Diff}(T, m)$, où T est une surface lisse transversale à $\operatorname{Sing} \underline{E}^{-1}\mathcal{F}$ en m et qui préserve la restriction $\underline{E}^{-1}(\mathcal{F})_{|T}$. Ceci conduit naturellement à étudier le groupe des difféomorphismes de $(\mathbb{C}^2, 0)$ qui préservent un feuilletage réduit de $(\mathbb{C}^2, 0)$; cette étude est en cours (Berthier, Cerveau, Méziani, prépublication Rennes 1998).

8.7. Cas de la dimension 2. — Contentons-nous (comme toujours) d'étudier les courbes généralisées qui se réduisent au bout d'un éclatement $E : \widetilde{\mathbb{C}}^2 \to \mathbb{C}^2$. Chaque point singulier $m_i \in E^{-1}(0)$ apporte une séparatrice transversale au diviseur. Considérons des petits disques Δ_i contenus dans $E^{-1}(0)$ centrés en m_i. Avec l'ouvert $V = \pi^{-1}(E^{-1}(0) \setminus \cup \Delta_i)$, où π est la projection définie en 3.1, on peut travailler comme dans 8.1 et définir ce que l'on appelle l'holonomie projective Hol : $\pi_1(E^{-1}(0) \setminus V(m_i), m_0) \to \operatorname{Diff}(\mathbb{C}, 0)$. Soit ν la multiplicité algébrique de $\mathcal{F}$; on suppose implicitement $\nu \geq 2$, puisqu'une courbe généralisée de multiplicité 1 se désingularise soit en 0, soit en au moins deux éclatements (exercice). On a les résultats suivants :

– Si $\nu = 2$, $\mathcal{F}$ est entièrement déterminé à difféomorphisme près par la représentation Hol et la donnée du premier jet ω_2 de ω définissant $\mathcal{F}$.
– Si $\nu = 3$, idem que ci-dessus, mais ajouter « et par le birapport des m_i ».
– Si $\nu \geq 4$, l'holonomie projective donne le type topologique de $\mathcal{F}$.

Dans les deux premiers cas, on profite du fait que les séparatrices, qui sont lisses et transverses au diviseur $E^{-1}(0)$ après éclatement, peuvent être « mises » dans les fibres de π. Ainsi les arguments utilisés dans le cas réduit (conjugaison des holonomies implique conjugaison des feuilletages) se laissent ici globaliser.

On peut obtenir bien d'autres renseignements qualitatifs sur de tels $\mathcal{F}$ en utilisant maintenant notre connaissance des sous groupes de $\mathrm{Diff}(\mathbb{C}, 0)$. Ainsi le théorème de Nakai **[34]**, décrivant les pseudo-orbites d'un sous-groupe non résoluble $G \subset \mathrm{Diff}(\mathbb{C}, 0)$, permet de montrer la densité (générique pour la topologie de Krull) des feuilles distinctes des séparatrices.

8.8. Intégrales premières. — Toujours dans le cadre des courbes généralisées $\mathcal{F}$ se réduisant en un éclatement dans $\mathbb{C}^2$, on déduit des travaux de **[32]** et **[17]** les faits suivants :

– Si le groupe d'holonomie projective de $\mathcal{F}$ est fini, alors $\mathcal{F}$ a une intégrale première holomorphe $f \in \mathcal{O}(\mathbb{C}^2, 0)$.
– S'il est linéarisable, $\mathcal{F}$ a une intégrale première de type $\sum \lambda_i \log f_i$, $f_i \in \mathcal{O}(\mathbb{C}^2, 0)$.

Idée de démonstration. — On choisit une transversale $(\mathbb{C}, 0)$ (une fibre de Hopf) au diviseur exceptionnel basée en un point non singulier ; on peut supposer et on suppose que l'image de Hol est un groupe linéaire (fini dans le premier cas) $\langle \mu_1 z, \ldots, \mu_n z \rangle$; un tel groupe laisse invariante la forme logarithmique $dz/z = \eta_0$. Ceci permet de pousser η_0 le long des feuilles pour définir une forme fermée méromorphe $\widetilde{\eta}$ en dehors des séparatrices de $E^{-1}(\mathcal{F})$ telle que $\mathcal{F}$ soit donné par $\widetilde{\eta}$; il reste à prolonger $\widetilde{\eta}$ méromorphiquement le long des séparatrices, ce qui est anodin. On vérifie que la forme η telle que $E^*\eta = \widetilde{\eta}$ est du type $\sum \lambda_i df_i/f_i$ et convient. □

Évidemment, on sait aussi travailler en dimension 2 avec des feuilletages se désingularisant en plus d'un éclatement, mais c'est un peu difficile : **[17]**, **[32]**, **[36]**, **[41]**, **[27]**, **[33]**...

8.9. Dimension ≥ 3 ; extension. — En ce qui concerne la construction d'intégrales premières, on passe souvent, comme en 8.5, par la dimension 2 ; par exemple on a **[18]** :

– Si $\mathcal{F}$ est un feuilletage holomorphe à l'origine de $\mathbb{C}^n$ et si $i : (\mathbb{C}^2, 0) \to (\mathbb{C}^n, 0)$ est un plongement général, alors $\mathcal{F}$ a un facteur intégrant si et seulement si $i^{-1}\mathcal{F}$ en possède un.

Il y a un sens évident. L'autre n'est pas difficile ; si ω définit $\mathcal{F}$ et f_0 est tel que $d(d\omega_0/f_0) = 0$, $\omega_0 = i^*\omega$, on peut étendre f_0 en un facteur intégrant $\widetilde{f}$ de ω défini sur $\Delta \times B$, où Δ est une couronne dans $\mathbb{C}^2$ et B un polydisque dans $\mathbb{C}^{n-2}$ (on a ici identifié i au plongement $\mathbb{C}^2 \to \mathbb{C}^2 \times \mathbb{C}^{n-2}$) tel que $\widetilde{f} \circ i = f_0$: c'est une conséquence de Frobenius classique appliqué aux points de $\Delta \times \{0\}$. On prolonge $\widetilde{f}$ à un voisinage de 0 par la formule de Cauchy.

8.10. Dimension ≥ 3 ; bref retour à 2.2. — Soit $\mathcal{F}$ défini sur $(\mathbb{C}^3, 0)$ par $\omega = \omega_\nu + \cdots$ avec

$$\frac{\omega_\nu}{P_{\nu+1}} = \sum_{i=1}^{S} \lambda_i \frac{dP_i}{P_i}, \quad \sum \lambda_i \nu(P_i) = 1,$$

les P_i étant à croisement ordinaire ; d'après Deligne-Fulton, l'holonomie du diviseur $D = E^{-1}(0)$ est abélienne (finie si $s = 1$). Si l'un des λ_i est par exemple non réel, elle sera linéarisable. Ceci sera préservé en coupant par une section plane $i : (\mathbb{C}^2, 0) \to (\mathbb{C}^3, 0)$; en conjuguant 8.8 et 8.9, on obtient le résultat annoncé dans 2.2 : $\mathcal{F}$ est défini par une forme logarithmique $f_1 \cdots f_s \sum \lambda_i df_i / f_i$.

9. Feuilletages de $\mathbb{C}^3$ se réduisant par éclatements ponctuels ; feuilletages à lieu singulier très connexe

Disons qu'un feuilletage $\mathcal{F}$ non dicritique à l'origine de $\mathbb{C}^3$ se réduit par éclatement ponctuel si, comme en dimension 2, on peut construire une réduction $\underline{E} : M(\mathcal{F}) \to \mathbb{C}^3$, obtenue par composition finie d'éclatements de points :

$$\mathbb{C}^3 = X_0 \xleftarrow{E_1} X_1 \longleftarrow \cdots \xleftarrow{E_n} X_N = M(\mathcal{F}).$$

Soit m un point lisse de $\operatorname{Sing} \mathcal{F}_N$; on sait qu'en m $\mathcal{F}_N$ a une structure produit « $\mathcal{G}_m \times \mathbb{C}$ », où $\mathcal{G}_m$ est un feuilletage 2-dimensionnel réduit. On dira que $\mathcal{F}$ (ou $\mathcal{F}_N$) est *de type Poincaré généralisé*, si chaque $\mathcal{G}_m$ est donné par $\lambda_1 x dy + \lambda_2 y dx + \cdots$, avec $\lambda_1 / \lambda_2 \notin \mathbb{R}$.

L'énoncé suivant (*cf.* **[10]**) généralise celui présenté en 8.10.

Si $\mathcal{F}$ se désingularise ponctuellement en $\mathcal{F}_N$, de type Poincaré généralisé, alors $\mathcal{F}$ est donné par une forme logarithmique $f_1 \cdots f_p \sum \lambda_i df_i / f_i$.

La preuve procède par induction sur N ; elle est vraie pour $N = 0$ (description des singularités simples). On remarque que le feuilletage $\mathcal{F}_1 = E_1^{-1} \mathcal{F}$ vérifie l'hypothèse en chacun de ses points singuliers qui se réduisent en moins de N éclatements ; en particulier, en chaque m_1, on peut construire $f_{m_1} \in \mathcal{O}(E_1^{-1}(\mathbb{C}^3), m_1)$ tel que $E_1^* \omega / f_{m_1}$ soit fermée, ω définissant $\mathcal{F}$. L'hypothèse Poincaré fait que f_{m_1} est unique, à multiplication scalaire près, et les df_{m_1} / f_{m_1} sont bien définies et se recollent en une forme fermée méromorphe $\widetilde{\eta}_0$ définie au voisinage de $E_1^{-1}(0) \cap \operatorname{Sing} \mathcal{F}_1$ (cône tangent de $\mathcal{F}$) ; un petit argument de topologie permet de prolonger $\widetilde{\eta}_0$ en $\widetilde{\eta}$ méromorphe au voisinage de $E_1^{-1}(0)$. On vérifie ensuite que η telle que $E_1^* \eta = \widetilde{\eta}$ est du type $\eta = df/f$ avec

$f \in \mathcal{O}(\mathbb{C}^3, 0)$ et ω/f est fermée. On termine facilement. On remarque que l'on n'a pas utilisé directement d'arguments holonomiques.

Les feuilletages qui se réduisent par éclatements ponctuels font partie d'une classe plus générale constituée des feuilletages à lieu singulier très connexe. Ce sont ceux pour lesquels il existe une réduction

$$\mathbb{C}^3 = X_0 \xleftarrow{\pi_1} X_1 \longleftarrow \cdots \xleftarrow{\pi_N} X_N = M(\mathcal{F}),$$

telle qu'en chaque point singulier m_i de $\mathcal{F}_i = (\pi_i \circ \cdots \circ \pi_1)^{-1}(\mathcal{F})$ le lieu singulier de $(\pi_N \circ \cdots \circ \pi_{i+1})^{-1}(\mathcal{F}_i, m_i)$ soit connexe. Cette notion peut dépendre du choix de la stratégie d'éclatement. Par exemple, on peut regarder le feuilletage associé dans $\mathbb{C}^3$ à $f(x, y, z) = xy(x - y)$. On peut le réduire en éclatant l'axe des z et le lieu singulier est constitué de trois droites disjointes. On peut aussi le réduire en suivant la procédure indiquée en 3.7 qui, elle, produit un lieu singulier connexe. Un exemple intéressant est celui des feuilletages $\mathcal{F}$ ayant comme séparatrice un cône homogène $P(x, y, z) = 0$. On réduit alors $P = 0$ suivant la procédure 3.7 et l'on demande que $\mathcal{F}$ soit aussi réduit ; c'est presque toujours le cas pour les $\mathcal{F}$ qui sont l'extension naturelle des courbes généralisées (pas de selle-nœud « transversalement »). Si l'on impose une condition de type Poincaré généralisée, on définira encore $\mathcal{F}$ par une forme logarithmique $f_1 \cdots f_p \sum \lambda_i df_i/f_i$; si l'on relâche cette condition en demandant seulement que le long du lieu singulier final il n'y ait pas, aux points lisses, d'intégrales premières holomorphes, alors on construira un facteur intégrant formel pour $\mathcal{F}$. Ces hypothèses ne sont pas anodines et l'on n'a pas actuellement de description générique (pour la topologie de Krull) des feuilletages holomorphes singuliers en dimension 3.

10. D'autres applications

Bien sûr les résultats décrits ci-dessus en complexe s'appliquent ailleurs. On pourra par exemple consulter le travail de Cano-Lion-Moussu [**11**] décrivant la frontière des hypersurfaces pfaffiennes. Voici un problème qui devrait se laisser aborder par résolution des singularités. On sait qu'une série formelle en n variables réelles est le jet infini d'une fonction C^∞ à l'origine de $\mathbb{R}^n$; c'est un théorème de Borel. Ce résultat s'étend aux idéaux (Tougeron) : un idéal $\widehat{I}$ de l'anneau des séries formelles est le jet infini d'un idéal fermé de l'anneau des fonctions C^∞ à l'origine de $\mathbb{R}^n$. La question est la suivante : *une* 1*-forme intégrable* $\widehat{\omega}$ *est-elle le jet infini d'une* 1*-forme* C^∞ *et intégrable ?* Comme la réduction des singularités s'applique aux feuilletages formels, tout du moins en dimension 3, et comme le résultat souhaité est évident pour les singularités simples (réelles), on peut en effet penser construire par recollement un feuilletage C^∞, défini sur la variété de réduction de $\widehat{\omega}$, ayant en chaque point son jet infini prescrit par le pull back de $\widehat{\omega}$. Mentionnons une question connexe : une algèbre de Lie de champs de vecteurs formels est-elle le jet infini d'une algèbre de champs C^∞ ?

Les techniques d'éclatements et l'étude des groupes d'holonomies permettent d'aborder dans le cadre général des problèmes de calculs de cohomologie relative (à la Malgrange), de description des solutions périodiques d'équations différentielles (réelles), etc. J'ai mentionné en 4.12 une application aux équations différentielles du second ordre. Cette perspective ne me parait pas suffisamment exploitée et je voudrais la détailler un peu.

Les champs de vecteurs singuliers, hormis en dimension 2 (Camacho-Sad), ne possèdent pas en général d'hypersurfaces invariantes, ni même de courbes analytiques invariantes passant par la singularité. Un tel exemple est construit en dimension 3 par Gomez-Mont et Luengo dans **[23]**. Il n'y a pas non plus de stratégie de réduction globale des singularités de champs en dimension 3 (*cf.* **[12]** pour une stratégie locale et **[4]** pour un cas spécial). Soit X un champ de vecteur holomorphe à singularité isolée à l'origine de $\mathbb{C}^3$. J'affirme que, si X n'a pas de courbe analytique invariante passant par 0, alors il n'est pas tangent à un feuilletage holomorphe $\mathcal{F}$ de codimension 1. Si tel était le cas, on aurait $\operatorname{Sing}\mathcal{F} = \{0\}$ (car si γ était une branche de dimension 1 de $\operatorname{Sing}\mathcal{F}$, elle serait nécessairement invariante par X). Soit $\omega = \sum^3 a_i dx_i$ définissant $\mathcal{F}$ et écrivons $X = \sum X_i \partial/\partial x_i$; la relation $0 = \omega(X) = \sum X_i a_i$ et le fait que X soit à singularité isolée permettent, via de Rham-Saito, d'écrire $\omega = i_X i_Y(\text{volume})$ où Y est un champ holomorphe (pour cela on identifie X à une 1-forme et ω à une 2-forme, manipulation propre à la dimension 3). Mais un argument de mineurs montre que nécessairement $\operatorname{Sing}\omega$ est de codimension 2 précisément. Toutefois certains champs spéciaux X issus de problèmes spécifiques sont naturellement tangents à un feuilletage de codimension 1. À titre d'exemple, considérons, toujours en dimension 3, un champ holomorphe X, dont on effectue la décomposition de Jordan $X = X_S + X_N$, X_S semi-simple, X_N nilpotent, $[X_S, X_N] = 0$. Lorsque X_S et X_N sont tous les deux non nuls et non colinéaires, on récupère un feuilletage défini par $\omega = i_{X_S} i_{X_N}(\text{volume})$ qui, il est vrai, est en général seulement formel. Les couples de champs commutants généralisent bien sûr cet exemple et l'existence d'hypersurfaces invariantes (cas non dicritique) sera utile à leur classification.

Considérons maintenant un feuilletage non dicritique $\mathcal{F}$ donné par la 1-forme méromorphe $\omega = a dx + b dy + dz$. Si F est la fonction méromorphe définie par $F(x, y, z) = -(a(x, y, z) + z b(x, y, z))$, considérons l'équation différentielle (singulière quand F est vraiment méromorphe) :

$$y'' = F(x, y, y').$$

Il existe alors une surface S d'équation $H(x, y, z) = 0$ telle que, si $(x_0, y_0, y_0' = z_0)$ est une condition initiale sur S, alors la solution $x \to y(x)$ réalisant cette condition initiale reste sur S : $H(x, y(x), y'(x)) = 0$. En effet, le champ de vecteur

$$Z = \frac{\partial}{\partial x} + z\frac{\partial}{\partial y} + F(x, y, z)\frac{\partial}{\partial z}$$

naturellement associé à notre équation du second ordre $y'' = F$ en posant $y' = z$, est tangent au feuilletage $\mathcal{F}$ qui possède une séparatrice S.

Il y a certes une petite escroquerie puisque, une équation $y'' = F$ étant donnée, il n'y a pas de procédé raisonnable pour décider si l'on peut ou non la « plonger » dans un feuilletage $\mathcal{F}$ non dicritique, comme le discours ci-dessus semble le suggérer. Lorsque l'on consulte les livres classiques (Ince **[24]** par exemple), on est quand même étonné de rencontrer ce phénomène là anormalement souvent. Dans cet ordre d'idée, considérons par exemple l'équation du second ordre $x \cdot y'' = A(x, y, y')$, où A est holomorphe, non divisible par x, au voisinage de l'origine de $\mathbb{C}^3$, et s'y annule. On lui associe comme précédemment le champ méromorphe

$$\frac{\partial}{\partial x} + z\frac{\partial}{\partial y} + \frac{A}{x}\frac{\partial}{\partial z}$$

qui est colinéaire à

$$X = x\frac{\partial}{\partial x} + xz\frac{\partial}{\partial y} + A\frac{\partial}{\partial z}.$$

Ce dernier possède une décomposition de Jordan $X = X_S + X_N$ non triviale (*i.e.* X_S et X_N sont non nuls et non colinéaires) qui produit un feuilletage (formel) $\omega = i_{X_S} i_{X_N}(\text{volume})$, situation rencontrée ci-dessus. Il me semble qu'une étude systématique, tant locale que globale, des champs contenus dans un feuilletage holomorphe de codimension 1 mériterait d'être développée. On consultera, au sujet des équations du deuxième ordre, la monographie de Georges Reeb **[39]**, l'un des pères de la théorie des feuilletages dont les « souhaits » ont été réalisés par Okamoto dans **[35]**, et le livre de Ince **[24]** qui est toujours la référence... la plus moderne.

Références

[1] P. Baum & R. Bott – « On the zeroes of meromorphic vector fields », *Essays on Topology and Related Topics (Mémoires dédiés a G. de Rham)*, Springer, New York, 1970, p. 29–47.

[2] A. D. Brjuno – « Analytic form of Differential Equations », *Trans. Moscow Math. Soc.* **25** (1971), p. 131–282.

[3] M. Brunella – « Feuilletages holomorphes sur les surfaces complexes compactes », *Ann. scient. Éc. Norm. Sup.* 4e *série* **30** (1997), p. 569–594.

[4] C. Camacho, F. Cano & P. Sad – « Desingularization of absolutely isolated singularities of holomorphic vector fields », *Invent. Math.* **98** (1989), p. 351–369.

[5] C. Camacho & A. Lins Neto – « The topology of integrable form near a singularity », *Publ. Math. Inst. Hautes Études Sci.* **55** (1982), p. 5–36.

[6] C. Camacho, A. Lins Neto & P. Sad – « Topological invariants and equidesingularization for holomorphic vector fields », *J. Differential Geom.* **20** (1984), p. 143–174.

[7] ______, « Minimal sets of foliations on complex projective spaces », *Publ. Math. Inst. Hautes Études Sci.* **68** (1988), p. 187–203.

[8] C. Camacho & P. Sad – « Invariant varieties through singularities of holomorphic vector fields », *Ann. of Math.* **115** (1982), p. 579–595.

[9] F. Cano & D. Cerveau – « Desingularization of non-dicritical holomorphic foliations and existence of separatrices », *Acta Math.* **169** (1992), p. 1–103.

[10] F. Cano, D. Cerveau & B. Scárdua – Livre en préparation.

[11] F. Cano, J. Lion & R. Moussu – « Frontière des hypersurfaces de Pfaff », *Ann. scient. Éc. Norm. Sup. 4*e *série* **28** (1995), p. 591–646.

[12] F. Cano & J.-F. Mattei – « Hypersurfaces intégrales des feuilletages holomorphes », *Ann. Inst. Fourier (Grenoble)* **42** (1992), p. 49–72.

[13] M. Carnicer – « The Poincaré problem in the non-dicritical case », *Ann. of Math.* **140** (1994), p. 289–294.

[14] H. Cartan – « Sur le premier problème de Cousin », *C. R. Acad. Sci. Paris Sér. I Math.* **207** (1938), p. 558–560.

[15] D. Cerveau & A. Lins Neto – « Holomorphic foliations in $\mathbb{CP}(2)$ having an invariant algebraic curve », *Ann. Inst. Fourier (Grenoble)* **41** (1991), p. 883–903.

[16] ______, « Irreductible components of the space of holomorphic foliations of degree two », *Ann. of Math.* **143** (1996), p. 577–612.

[17] D. Cerveau & J.-F. Mattei – *Formes holomorphes intégrables singulières*, Astérisque, vol. 97, Société Mathématique de France, 1982.

[18] D. Cerveau & R. Moussu – « Extension de facteurs intégrants et applications », *C. R. Acad. Sci. Paris Sér. I Math.* **294** (1982), p. 17–19.

[19] ______, « Groupes d'automorphismes de $(\mathbb{C}, 0)$ et équations différentielles $ydy + \cdots = 0$ », *Bull. Soc. math. France* **116** (1988), p. 459–488.

[20] H. Dulac – « Intégrales d'une équation différentielle dans le voisinage d'un point singulier », *Ann. Univ. Grenoble* **XVII** (1905), p. 1–51.

[21] J. Ecalle – *Les fonctions résurgentes*, Publications Mathématiques d'Orsay, 1981.

[22] E. Ghys – « Feuilletages holomorphes de codimension 1 sur les espaces homogènes complexes », *Ann. Fac. Sci. Toulouse (6)* **5** (1996), p. 493–519.

[23] X. Gomez-Mont. & I. Luengo – « Germs of holomorphic vector fields in $\mathbb{C}^3$ without a sepratrix », *Invent. Math.* **109** (1992), p. 211–219.

[24] E. Ince – *Ordinary differential equations*, Dover Inc., New York, 1956.

[25] J. Jouanolou – *Equations de Pfaff algébriques*, Lect. Notes in Math., vol. 708, Springer-Verlag, 1979.

[26] M. Klughertz – « Feuilletages holomorphes à singularité isolée ayant une infinité de courbes intégrales », Thèse, Univ. Paul Sabatier, Toulouse, 1988.

[27] F. Loray – « Feuilletages holomorphes à holonomie résoluble », Thèse, Université de Rennes I, 1994.

[28] B. Malgrange – « Frobenius avec singularités 1. Codimension un », *Publ. Math. Inst. Hautes Études Sci.* **46** (1976), p. 162–173.

[29] J. Martinet – « Normalisation des champs de vecteurs holomorphes (d'après Brjuno) », *Séminaire Bourbaki*, Lect. Notes in Math., vol. 901, Springer-Verlag, 1982, p. 55–70.

[30] J. Martinet & J.-P. Ramis – « Problèmes de modules pour les équations différentielles non linéaires du premier ordre », *Publ. Math. Inst. Hautes Études Sci.* **55** (1982), p. 63–164.

[31] ______, « Classification analytique des équations différentielles non linéaires résonnantes du premier ordre », *Ann. scient. Éc. Norm. Sup. 4*e *série* **16** (1983), p. 571–621.

[32] J.-F. Mattei & R. Moussu – « Holonomie et intégrales premières », *Ann. scient. Éc. Norm. Sup. 4*e *série* **13** (1980), p. 460–523.

[33] J.-F. Mattei & E. Salem – « Complete systems of topological and analytical invariants for a generic foliation $\mathbb{C}^2, 0$ », Univ. Toulouse, 1996.

[34] I. Nakai – « Separatrix for non solvable dynamic on $\mathbb{C}, 0$ », *Ann. Inst. Fourier (Grenoble)* **44** (1994), p. 569–599.

[35] K. Okamoto – « Sur les feuilletages associés aux équations du second ordre à points critiques fixes de P. Painlevé », *Japan. J. Math. (N.S.)* **5** (1979), p. 1–79.

[36] E. Paul – « Formes abéliennes, formes résolubles », Thèse d'habilitation, Univ. Toulouse, 1996.

[37] R. Pérez Marco & J.-C. Yoccoz – « Germes de feuilletages holomorphes à holonomie prescrite », *Complex analytic methods in dynamical systems*, Astérisque, vol. 222, 1994, (on y trouvera la bibliographie sur les difféomorphismes), p. 345–371.

[38] H. Poincaré – *Œuvres complètes.*

[39] G. Reeb – *Feuilletages, résultats anciens et nouveaux*, Presses de l'Université de Montréal, 1974.

[40] K. Saito – « On a generalization of de Rham Lemma », *Ann. Inst. Fourier (Grenoble)* **26** (1976), p. 165–170.

[41] F. Touzet – « Équations différentielles admettant des solutions liouvilliennes », Thèse, Univ. Rennes I, 1995.

[42] G. Valiron – *Équations fonctionnelles et applications*, Masson, Paris, 1945.

Panoramas & Synthèses
8, 1999, p. 49–95

LAMINATIONS PAR SURFACES DE RIEMANN

par

Étienne Ghys

Résumé. — La théorie des feuilletages tire en grande partie son origine de l'étude qualitative des équations différentielles ordinaires dans le domaine complexe. Depuis quelques années, le concept de lamination par surfaces de Riemann semble au cœur de la théorie des systèmes dynamiques holomorphes. Il s'agit de feuilletages généralisés dans le sens où l'espace ambiant n'est pas nécessairement une variété. Les feuilles, quant à elles, sont des surfaces de Riemann typiquement non compactes. Cet article se propose de décrire ce type d'objet, en insistant sur l'analogie avec les surfaces de Riemann compactes. On étudie en particulier le type conforme des feuilles et l'existence de fonctions méromorphes.

1. Introduction

Les *laminations par surfaces de Riemann* sont des généralisations feuilletées des surfaces de Riemann classiques que l'on rencontre dans un grand nombre de situations géométriques ou dynamiques. Le but de cet article est de décrire quelques résultats généraux concernant ces laminations en centrant la discussion autour des théorèmes fondamentaux sur les surfaces de Riemann :

Classification topologique. — Une surface de Riemann compacte est déterminée à homéomorphisme près par son genre.

Théorème d'uniformisation. — Toute surface de Riemann simplement connexe est biholomorphiquement équivalente à la droite projective complexe $\mathbb{CP}^1$, à la droite affine complexe $\mathbb{C}$ ou au disque unité $\mathbb{D}$.

Théorème de Riemann. — Toute surface de Riemann possède des fonctions méromorphes non constantes.

***Classification mathématique par sujets* (1991).** — 58F23, 57R30, 30F10.
Mots clefs. — Feuilletages, laminations, surfaces de Riemann, systèmes dynamiques holomorphes.

Dans quelle mesure ces théorèmes de base se généralisent-ils aux laminations par surfaces de Riemann ? Nous verrons qu'un certain nombre de résultats positifs sont encourageants mais que la situation générale n'est pas si simple...

Cet article contient peu de démonstrations et on n'y trouvera pas de résultat nouveau, à part dans le paragraphe 7. Nous nous inspirons de beaucoup de travaux que nous citerons au fur et à mesure et nous n'avons pas hésité à nous copier nous-même en adaptant des parties de **[23]**. Ce texte diffère peu de celui distribué aux participants de la session « État de la recherche » de janvier 1997 ; nous avons ajouté le paragraphe 6.4 en suivant une idée de R. Kenyon et nous avons corrigé quelques énoncés qui étaient parfois un peu « optimistes » dans la première version.

2. Exemples

Nous commençons par la définition des laminations par surfaces de Riemann.
On considère un espace métrique *compact* M recouvert par des ouverts U_i (que nous appellerons les *ouverts distingués*) munis d'homéomorphismes h_i de U_i sur $\mathbb{D} \times T_i$, où $\mathbb{D}$ est le disque unité dans $\mathbb{C}$ et T_i un certain espace topologique. On dit que ces ouverts définissent un *atlas* d'une structure de lamination par surfaces de Riemann sur M si les *changements de cartes* $h_{ij} = h_j \circ h_i^{-1}$, sur leur domaine de définition, sont de la forme :

$$h_{ij}(z,t) = (f_{ij}(z,t), \gamma_{ij}(t)),$$

où $f_{ij}(z,t)$ dépend holomorphiquement de la variable z et continûment de la variable t. Deux atlas sont équivalents si leur réunion est un atlas. Une *lamination par surfaces de Riemann* est un espace compact M muni d'une classe d'équivalence d'atlas $\mathcal{L}$.

On appelle *plaque* un ensemble de la forme $h_i^{-1}(\mathbb{D} \times \{t\})$. Les *feuilles* de $\mathcal{L}$ sont les plus petits ensembles connexes tels que, si une plaque les rencontre, elle y est entièrement contenue.

Parfois, nous écrirons simplement « lamination » au lieu de « lamination par surfaces de Riemann ».

On dit qu'une partie F de M est *saturée* si c'est une réunion de feuilles. Si F est fermée, la restriction de la lamination à F définit une structure de lamination sur F.

Un fermé F contenu dans M est appelé un *ensemble minimal* s'il est saturé, non vide, et s'il est minimal parmi les ensembles fermés possédant ces propriétés. Cela revient à dire que toute feuille contenue dans F est dense dans F. Par le lemme de Zorn, l'adhérence de toute feuille contient un ensemble minimal. On dit qu'une lamination est *minimale* si toutes ses feuilles sont denses, c'est-à-dire si l'espace ambiant M tout entier est un ensemble minimal.

Nous allons maintenant donner une série d'exemples. Il convient avant tout de remarquer qu'une surface de Riemann compacte connexe est une lamination qui possède un atlas pour lequel les espaces transverses T_i sont réduits à des points et qui ne possède qu'une seule feuille. Le problème discuté dans cet article est celui de savoir si cet « exemple trivial » est suffisamment significatif.

2.1. Les feuilletages de dimension 2. — Il s'agit du cas où M est une variété différentiable compacte et où les feuilles sont données par les surfaces intégrales d'un champ de plans orientable de dimension 2 complètement intégrable. Nous allons expliquer comment le choix d'une métrique riemannienne sur M permet de considérer ce feuilletage comme une lamination par surfaces de Riemann.

Pour cela, rappelons un théorème local démontré par Gauss dans le cas analytique réel, puis amélioré progressivement jusqu'à des hypothèses de régularité très faibles. Soit g une métrique riemannienne sur une surface orientée connexe S. Au voisinage de chaque point p de S, on peut introduire un système de *coordonnées isothermes*, c'est-à-dire un difféomorphisme *conforme* ϕ d'un voisinage de p sur un ouvert du plan euclidien. Bien entendu, deux tels difféomorphismes ϕ diffèrent par un difféomorphisme conforme d'un ouvert du plan euclidien, c'est-à-dire par un difféomorphisme holomorphe d'un ouvert de $\mathbb{C}$ (si l'on impose à ϕ de respecter l'orientation). Autrement dit, toute métrique riemannienne sur une surface orientée détermine naturellement une structure de *surface de Riemann*. Ce théorème dépend continûment de la métrique, c'est-à-dire que, si l'on dispose d'une famille de métriques riemanniennes sur une surface dépendant continûment d'un paramètre, les coordonnées isothermes dépendent continûment de ce paramètre [**3**]. Par conséquent, *la donnée d'une métrique riemannienne sur le fibré tangent aux feuilles d'un feuilletage orienté de dimension 2 définit naturellement une structure de lamination par surfaces de Riemann* sur ce feuilletage : il suffit d'appliquer le théorème que nous venons de citer dans des ouverts distingués pour le feuilletage.

Il existe beaucoup de méthodes de construction de feuilletages. Nous recommandons la lecture de [**24, 30**] pour des exemples. Nous allons nous contenter ici de quelques constructions dans le but d'illustrer la complexité de la situation.

Parmi les exemples les plus simples, il faut citer les feuilletages linéaires sur les tores. Partant du feuilletage de $\mathbb{R}^3$ dont les feuilles sont les plans parallèles à un plan donné Π, on passe au quotient par les translations entières de $\mathbb{Z}^3$ qui préservent évidemment ce feuilletage. Sur le tore quotient, on obtient un feuilletage dont les feuilles sont toutes homéomorphes à des plans si Π est « totalement irrationnel ».

Une méthode très générale pour construire des exemples est la *suspension*. Soit S une variété (qui sera une surface de Riemann compacte dans notre cas) et T une variété compacte. Considérons un homomorphisme h du groupe fondamental Γ de S vers le groupe des homéomorphismes de T. Le groupe Γ opère alors diagonalement sur le produit $\widetilde{S} \times T$ du revêtement universel de S et de T en préservant le feuilletage trivial dont les feuilles sont les $\widetilde{S} \times \{\star\}$. Par passage au quotient, on obtient une variété M qui fibre sur S avec fibres homéomorphes à T, munie d'un feuilletage $\mathcal{F}$ transverse à cette fibration. Les feuilles de ce feuilletage sont des revêtements de la base S et coupent les fibres T sur les orbites du groupe $h(\Gamma)$.

Par exemple, choisissons pour S une surface de Riemann compacte de genre 2 et soit π une surjection de son groupe fondamental sur un groupe libre à deux générateurs $L(\alpha, \beta)$. Si l'on choisit deux homéomorphismes a et b de T, on définit ainsi un homomorphisme de $L(\alpha, \beta)$ dans le groupe des homéomorphismes de T envoyant α sur a et β sur b. En composant avec π, on obtient un homomorphisme h de Γ vers le groupe des homéomorphismes de T et donc un feuilletage sur un fibré au dessus de S. Particularisons encore en choisissant pour T la droite projective $\mathbb{CP}^1$ et pour

α et β deux homographies qui engendrent un groupe kleinéen $G \subset \mathrm{PSL}(2,\mathbb{C})$, dont l'ensemble limite $\Lambda \subset \mathbb{CP}^1$ est un ensemble de Cantor. La suspension est dans ce cas une surface complexe M, fibrée en $\mathbb{CP}^1$ au dessus de S, dont le groupe structural est réduit à G. Il résulte du théorème de plongement de Kodaira que M est une surface algébrique, c'est-à-dire qui se plonge holomorphiquement dans $\mathbb{CP}^N$ (voir **[27]**). Par ailleurs, à la partie G-invariante Λ de $\mathbb{CP}^1$ correspond un compact $X \subset M$ qui est saturé par le feuilletage et qui coupe chaque fibre sur un ensemble de Cantor. Ce compact X, équipé de la restriction $\mathcal{L}$ de $\mathcal{F}$, est un exemple typique de lamination minimale par surfaces de Riemann sur un espace qui n'est pas une variété. (La minimalité résulte du fait que toutes les orbites de l'ensemble limite d'un groupe kleinéen sont denses dans cet ensemble limite). Il existe un plongement de X dans $\mathbb{CP}^N$ qui est continu et holomorphe en restriction aux feuilles. En choisissant une projection générique, on peut même montrer que X se plonge dans $\mathbb{CP}^3$. En résumé, *il existe des laminations minimales, non réduites à une surface de Riemann, plongées holomorphiquement dans* $\mathbb{CP}^3$.

Bien entendu, si l'on projette génériquement ce dernier exemple sur un plan projectif $\mathbb{CP}^2$, les feuilles ne seront plus nécessairement plongées mais seulement immergées et on n'obtient pas une lamination dans $\mathbb{CP}^2$. *Nous ignorons s'il existe des laminations minimales plongées holomorphiquement dans* $\mathbb{CP}^2$ *qui ne se réduisent pas à une surface de Riemann compacte.* Cette question est une version forte de la question de l'existence d'un « minimal exceptionnel » pour les équations différentielles polynomiales dans $\mathbb{C}^2$ que nous allons rappeler ici car il s'agit de l'une des motivations pour l'étude systématique des laminations. Soient P et Q deux polynômes premiers entre eux en deux variables complexes et considérons l'équation différentielle ordinaire dans $\mathbb{C}^2$:

$$\frac{dx}{dt} = P(x,y); \quad \frac{dy}{dt} = Q(x,y).$$

En dehors des zéros communs de P et de Q, cette équation définit un feuilletage holomorphe dont les feuilles sont les solutions complexes. Lorsque l'on compactifie $\mathbb{C}^2$ en $\mathbb{CP}^2$, il n'est pas difficile de s'assurer que ce feuilletage se prolonge en un feuilletage holomorphe de $\mathbb{CP}^2$ en dehors d'un nombre fini de singularités. La question (dite « du minimal exceptionnel ») est de savoir si *l'adhérence de toute feuille contient un point singulier.* Ce problème a été beaucoup étudié et semble difficile (voir **[6, 8, 9]**) ; une réponse positive donnerait un analogue complexe au théorème classique de Poincaré-Bendixson qui décrit les ensembles limites des champs de vecteurs sur la sphère de dimension 2 réelle. Si une feuille du feuilletage polynomial de $\mathbb{CP}^2$ ne s'accumulait sur aucune singularité, son adhérence serait une lamination plongée et on pourrait considérer une sous-lamination minimale $\mathcal{L}$ contenue dans cette adhérence. Il est facile de vérifier que $\mathcal{L}$ ne peut pas se réduire à une surface de Riemann compacte : le fibré normal d'une feuille d'un feuilletage possède en effet une connexion plate donnée par l'holonomie et il en résulte que, si un feuilletage du type précédent dans $\mathbb{CP}^2$ avait une feuille compacte, celle-ci serait une surface de Riemann plongée dans $\mathbb{CP}^2$ d'auto-intersection nulle. Ceci contredit bien sûr le théorème de Bezout. Ainsi, *la question de l'existence d'une lamination minimale non triviale plongée dans* $\mathbb{CP}^2$ *est plus forte que celle du « minimal exceptionnel ».*

Voici un autre exemple de feuilletage de dimension 2, dû à M. Hirsch. Dans un tore solide $\overline{\mathbb{D}} \times \mathbb{S}^1$, on retire l'intérieur d'un tore solide, voisinage d'une tresse à deux brins par exemple (voir figure). On obtient ainsi une variété de dimension 3 dont le bord est constitué de deux tores. Cette variété est naturellement feuilletée par des « pantalons », c'est-à-dire des sphères moins trois disques. Ce feuilletage est transverse au bord et induit sur chaque composante du bord un feuilletage trivial, c'est-à-dire un feuilletage du tore dont les feuilles sont des cercles. En recollant les deux composantes connexes du bord par un difféomorphisme convenable, on obtient une variété fermée de dimension 3 munie d'un feuilletage de dimension 2. Les feuilles de ce feuilletage sont toutes homéomorphes à une sphère privée d'un ensemble de Cantor sauf celles qui correspondent aux « points périodiques » du recollement, qui ont un genre non nul.

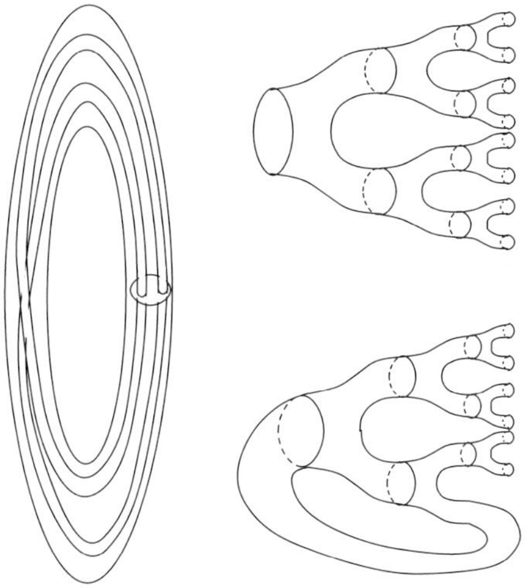

FIGURE 1

2.2. Systèmes dynamiques de dimension 1. — Nous allons décrire ici une méthode, due à D. Sullivan, qui permet d'associer une lamination à certains systèmes dynamiques de façon telle que les dynamiques sont conjuguées si et seulement si les laminations associées sont isomorphes [**44**].

Cette idée de coder une dynamique par un objet géométrique n'est pas nouvelle et nous commençons par en donner un exemple élémentaire. Soit $f : (\mathbb{C}, 0) \to (\mathbb{C}, 0)$ un germe de difféomorphisme holomorphe contractant. On lui associe la courbe elliptique E qui est le quotient d'un voisinage épointé assez petit de l'origine par l'action de f. Cette courbe complexe E est marquée, dans le sens où elle possède une classe d'homotopie privilégiée (celle qui correspond à f). Il est très facile de vérifier que deux germes sont holomorphiquement conjugués si et seulement si les courbes elliptiques marquées sont isomorphes. On peut procéder de la même manière en dimension supérieure et ceci permet de montrer que l'étude dynamique des germes de biholomorphismes contractants est équivalente à celle de la géométrie des variétés de Hopf [**29**]. Dans le même ordre d'idée, on pourra consulter [**32, 33**] qui étudient certains systèmes dynamiques holomorphes locaux à travers des variétés complexes naturellement associées.

Pour expliquer la construction de D. Sullivan, on commence par remarquer que la droite affine orientée $\mathbb{R}$ peut être considérée comme le bord du demi-plan supérieur de Poincaré $\mathbb{H} = \{z \in \mathbb{C} \mid \Im z > 0\}$ de manière naturelle, c'est-à-dire que toute application affine $x \in \mathbb{R} \mapsto ax + b \in \mathbb{R}$ avec $a > 0$ se prolonge en un biholomorphisme $z \in \mathbb{H} \mapsto az + b \in \mathbb{H}$. Une autre manière d'exprimer la même chose consiste à dire que l'ensemble des vecteurs non nuls et positivement orientés d'une droite affine orientée s'identifie naturellement au demi-plan supérieur de Poincaré.

Supposons maintenant que l'on dispose d'un difféomorphisme f d'une variété compacte V qui préserve un feuilletage $\mathcal{F}$ orienté de dimension réelle 1 avec les propriétés suivantes.

(1) f dilate les feuilles de $\mathcal{F}$.
Cela signifie que si l'on munit V d'une métrique riemannienne convenable, la différentielle de f dilate les vecteurs tangents à $\mathcal{F}$.

(2) f agit affinement sur les feuilles de $\mathcal{F}$.
Cela signifie que l'on suppose que ces feuilles sont identifiées à des droites affines et que ces structures affines sont préservées par f. Nous discuterons cette condition plus loin et nous verrons qu'elle résulte en fait de la condition (1).

On peut alors considérer l'espace V' formé des vecteurs tangents à $\mathcal{F}$, non nuls et positivement orientés. Il s'agit d'une variété non compacte, munie d'un feuilletage $\mathcal{F}'$ par des copies du demi-plan $\mathbb{H}$ et sur laquelle la différentielle de f agit, de manière holomorphe (et isométrique) dans les feuilles. La condition (1) entraîne que l'action de f sur V' est libre et propre de sorte que le quotient de V' par f est une variété compacte $\overline{V}$ équipée d'un feuilletage (et donc d'une lamination) $\overline{\mathcal{F}}$ dont les feuilles sont des quotients de $\mathbb{H}$. Plus précisément, on distingue deux cas. Si une feuille de $\mathcal{F}$ n'est préservée par aucune puissance de f, la feuille de $\overline{\mathcal{F}}$ qui lui correspond est isomorphe à $\mathbb{H}$. Par contre, si une feuille de $\mathcal{F}$ est préservée par f^n (et par aucun f^i avec $0 < i < n$), alors f^n agit sur cette feuille comme une homothétie de rapport $\lambda > 1$ et la feuille correspondante de $\overline{\mathcal{F}}$ est le quotient de $\mathbb{H}$ par cette homothétie : c'est un cylindre isomorphe, en tant que surface de Riemann, à l'anneau de module $\log(\lambda)$ défini par $\{w \in \mathbb{C} \mid 1 < |w| < \lambda\}$.

Nous n'allons pas montrer en détail comment la condition (1) entraîne la condition (2). Une métrique riemannienne sur V permet de paramétrer les feuilles de $\mathcal{F}$ par longueur d'arc et ceci définit en particulier une structure affine sur les feuilles de $\mathcal{F}$. Bien entendu, cette structure ne satisfait pas à la condition (2) car f ne multiplie pas nécessairement les longueurs des vecteurs tangents à $\mathcal{F}$ par une constante. L'idée consiste alors à itérer la structure affine par les puissances de f et à montrer que cette suite de structures converge vers une structure affine qui satisfait (2). Concrètement, définir une structure affine sur une variété de dimension 1 est essentiellement équivalent à donner une définition de barycentre, par exemple du milieu de deux points.

Si a, b sont deux points situés sur la même feuille de $\mathcal{F}$, on considère les points $f^n(c_n)$ où c_n est le milieu du segment joignant $f^{-n}(a)$ à $f^{-n}(b)$, calculé avec la métrique riemannienne auxiliaire. On montre que c_n converge et on définit le milieu du segment $[a, b]$ comme la limite de cette suite ; ceci définit la structure affine invariante cherchée. Pour établir la convergence, la condition de dilatation intervient clairement de manière importante. Pour la démonstration précise et pour les hypothèses de différentiabilité requises, on consultera [**34**].

Il faut encore décrire des situations où l'on rencontre de tels difféomorphismes dilatant un feuilletage de dimension 1. Le cas le plus évident et qui a été le plus étudié est celui d'un difféomorphisme d'Anosov dont l'un des feuilletages invariants est de dimension 1. On obtient ainsi beaucoup d'exemples.

Cependant, le cas étudié par D. Sullivan est différent. Considérons une application $g : \mathbb{S}^1 \to \mathbb{S}^1$ du cercle dans lui même et qui est dilatante, *i.e.* dont la dérivée est partout strictement supérieure à 1. Une telle application ne peut bien sûr pas être un difféomorphisme ; c'est un revêtement du cercle. Pour transformer la dynamique non inversible de g en une dynamique inversible, on considère son *extension naturelle* définie de la manière suivante. Soit V l'ensemble des suites de points du cercle $(x_n)_{n\in\mathbb{Z}}$ qui sont des orbites de g, c'est-à-dire telles que $g(x_n) = x_{n+1}$. Cet espace, muni de la topologie induite par la topologie produit, est un espace compact qui possède une bijection naturelle f définie par $f((x_n)) = ((x_{n+1}))$ et une projection $\pi : (x_n) \in V \mapsto x_0 \in \mathbb{S}^1$. Les fibres de π sont des ensembles de Cantor et on a évidemment $g \circ \pi = \pi \circ f$. Il existe un « feuilletage de dimension 1 » sur V qui est invariant et dilaté par f. En effet, se donner un point de V revient à se donner un point x_0 du cercle et à choisir une suite de pré-images successives par g. Si le point x_0 se déplace continûment sur le cercle, on peut suivre ces choix de pré-images par continuité et on décrit ainsi une courbe dans V. Ces courbes sont les feuilles de ce feuilletage $\mathcal{F}$. On peut aussi définir ces feuilles comme les variétés instables de f : deux points a, b de V sont dans la même feuille de $\mathcal{F}$ si et seulement si la distance entre $f^{-n}(a)$ et $f^{-n}(b)$ tend vers 0 lorsque n tend vers $+\infty$.

Nous sommes exactement dans la même situation que précédemment à ceci près que V n'est pas une variété. On peut cependant faire la même construction : on produit une structure affine invariante sur les feuilles de $\mathcal{F}$, puis on en déduit une lamination par surfaces de Riemann $\overline{\mathcal{F}}$ comme précédemment. *En résumé, nous avons associé une lamination par surfaces de Riemann à toute application dilatante g du cercle.*

À chaque point périodique x de g, de période n correspond une feuille de cette lamination qui est un anneau dont le module est $\log((g^n)'(x))$. Puisque le module d'un anneau est un invariant holomorphe, on voit que, si deux applications dilatantes du cercle définissent des laminations isomorphes, les dérivées de ces deux applications sont les mêmes en leurs points périodiques. C'est cette remarque qui est à la base du théorème de D. Sullivan suivant lequel *deux applications dilatantes du cercle de classe C^r $(r \geq 2)$ sont conjuguées par un difféomorphisme de classe C^r si et seulement si les laminations qui leur sont associées sont holomorphiquement équivalentes.*

On peut aussi procéder de manière analogue avec des applications polynomiales d'une variable complexe. Plus généralement, soit U un ouvert simplement connexe de $\mathbb{C}$ et $F : U \to F(U)$ une application holomorphe propre telle que $\overline{U} \subset F(U)$.

Pour une telle application *à allure polynomiale* (voir [**16**]), on définit l'*ensemble de Julia rempli* K comme l'intersection des $F^{-n}(U)$ pour $n \geq 0$. C'est un compact que nous supposerons connexe. On considère alors l'ensemble V' des suites de points $(z_n)_{n\geq 0} \in U \setminus K$ telles que $F(z_n) = z_{n-1}$ pour tout $n > 0$. Convenons de dire que deux suites z_n et z'_n sont équivalentes s'il existe un entier k tel que $z_n = z'_{n+k}$ pour tout n assez grand. Le quotient V de V' par cette relation d'équivalence est un compact muni d'une lamination par surfaces de Riemann. Les feuilles de cette lamination s'obtiennent en déplaçant z_0 dans $F(U) \setminus K$ et en suivant par continuité les choix des pré-images z_n. *Ceci permet d'associer une lamination par surfaces de Riemann à toute application holomorphe à allure polynomiale.*

En fait ces deux dernières constructions sont reliées. Par représentation conforme, on peut envoyer le complémentaire de K sur le complémentaire du disque unité dans $\mathbb{C}$. L'application F, conjuguée par cette représentation conforme, est alors définie dans un anneau de la forme $\{w \in \mathbb{C} \mid 1 < |w| < 1 + \varepsilon\}$ $(\varepsilon > 0)$ et se prolonge, par le principe de réflexion de Schwarz, au cercle unité. On montre que cette extension est une application dilatante du cercle et que la lamination associée à celle-ci est isomorphe à la lamination associée à l'application F. Pour les détails et beaucoup d'informations complémentaires, on consultera [**34**].

2.3. Pavages polygonaux, immeubles de Tits. — Nous allons décrire ici d'autres exemples de laminations qui apparaissent naturellement comme des objets abstraits non plongés dans des variétés, autrement dit pour lesquels les espaces transverses T_i ne sont pas des variétés.

Considérons un nombre fini de polygones $P_1, P_2, \ldots, P_k$ dans le plan euclidien $\mathbb{R}^2$. Supposons que ces polygones pavent le plan par translation, c'est-à-dire qu'on puisse recouvrir $\mathbb{R}^2$ par des pavés qui sont des translatés des P_i, de façon que deux de ces translatés qui ne sont pas disjoints se rencontrent le long d'une réunion de côtés. Soit $\mathcal{P}$ l'ensemble des pavages de ce type. Insistons sur le fait que deux pavages qui diffèrent d'une translation de $\mathbb{R}^2$ sont a priori différents : deux pavages ne sont considérés comme identiques que s'ils ont les *mêmes* pavés. Nous allons faire de $\mathcal{P}$ un espace métrique compact équipé d'une lamination naturelle. Pour illustrer la situation, considérons d'abord le cas trivial où on ne dispose que d'un polygone qui est le carré unité dans $\mathbb{R}^2$. À translation près, il n'y a qu'un pavage possible, qui est préservé par les translations entières. Ainsi, dans ce cas, l'espace $\mathcal{P}$ s'identifie à $\mathbb{R}^2/\mathbb{Z}^2$ c'est-à-dire au tore de dimension 2 correspondant à la position de l'origine par rapport à la maille du pavage.

Plus généralement, si Π_1 et Π_2 désignent deux pavages de $\mathcal{P}$, on note $R(\Pi_1, \Pi_2)$ le plus grand réel positif R (éventuellement infini) tel que les deux pavages Π_1 et Π_2 coïncident en restriction au disque de centre l'origine et de rayon R. Si $v \in \mathbb{R}^2$ et $\Pi \in \mathcal{P}$, on note $\Pi + v$ le pavage obtenu à partir de Π en le translatant par le vecteur v. Soient $\varepsilon, \varepsilon'$ deux réels strictement positifs (petits), N un réel positif (grand) et Π un pavage dans $\mathcal{P}$. On note $U_{\varepsilon,\varepsilon',N}(\Pi) \subset \mathcal{P}$ l'ensemble des Π' de $\mathcal{P}$ tels qu'il existe deux vecteurs v, v' avec $||\, v\, || < \varepsilon$, $||\, v'\, || < \varepsilon'$ et $R(\Pi + v, \Pi' + v') > N$. Ces ensembles forment une base de topologie qui fait de $\mathcal{P}$ un espace compact (métrisable). Deux pavages sont proches si, en les translatant par de petits vecteurs, on peut les faire coïncider sur un grand disque centré à l'origine. La compacité résulte d'un procédé diagonal classique et du fait que dans un disque de rayon donné, il n'y a qu'un nombre fini de possibilités pour un pavage dont l'un des sommets est en un point donné. Nous laissons les détails au lecteur. Bien sûr, $\mathbb{R}^2$ agit par translations sur le compact $\mathcal{P}$. Les orbites définissent une structure de lamination sur $\mathcal{P}$. Les feuilles sont des plans euclidiens, des cylindres ou des tores ; elles correspondent bijectivement aux types de pavages, où on identifie maintenant deux pavages s'ils diffèrent d'une translation. Les orbites compactes correspondent aux pavages périodiques et, en général, le stabilisateur d'un point de $\mathcal{P}$ est le groupe de symétries de ce pavage, c'est-à-dire le groupe des translations qui le préservent. Ainsi, *nous avons associé à la famille de polygones* $P_1, \ldots, P_k$ *une lamination dont la structure dynamique décrit précisément l'espace des pavages considérés.*

On dispose aujourd'hui de nombreux exemples de jeux de polygones P_i qui pavent le plan par translations mais qui ne le pavent pas de manière périodique. Les exemples les plus célèbres sont ceux de Penrose : on pourra consulter **[28]** pour une description de ces pavages. Voici un exemple (extrait de [**37**]) de trois « polyominos » qui pavent le plan, mais pas de manière périodique. Ils fournissent donc des exemples de laminations sans feuille compacte. (Pour être précis, il faudrait ajouter à ces trois polygones leurs images par les isométries $(x, y) \mapsto (\pm x, \pm y)$ ou $(\pm y, \pm x)$.)

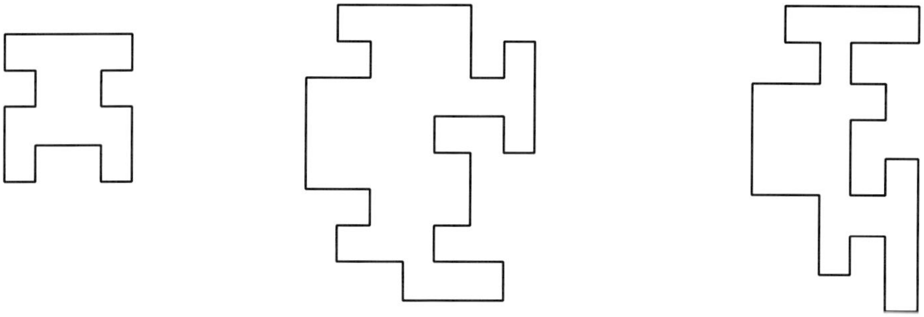

FIGURE 2

On peut procéder de manière analogue lorsque l'on s'intéresse à des pavages dont les pavés ne sont pas translatés des P_i mais où l'on s'autorise également des déplacements du plan euclidien $\mathbb{R}^2$. Il faut modifier en conséquence la définition de la distance entre pavages : deux pavages seront proches si on peut les faire coïncider sur un grand disque centré sur l'origine en les déplaçant par des isométries proches de l'identité. L'espace $\mathcal{P}$ correspondant est encore compact et muni d'une action du groupe des déplacements : les orbites du groupe des translations définissent alors une lamination sur $\mathcal{P}$.

On peut encore modifier la construction en partant de polygones P_i dans le disque de Poincaré $\mathbb{D}$ muni de sa métrique hyperbolique. On utilise alors le groupe des isométries directes de $\mathbb{D}$, isomorphe à $\mathrm{PSL}(2, \mathbb{R})$ (le stabilisateur d'un point étant isomorphe à $\mathrm{SO}(2)$). On obtient un espace compact $\mathcal{P}$ muni d'une action de $\mathrm{PSL}(2, \mathbb{R})$ dont les orbites sont de dimension 3. L'action du sous-groupe SO(2) est libre sauf dans le cas très particulier où certains pavages sont invariants par certaines rotations. Dans l'espace quotient par cette action de SO(2), on obtient une lamination dont les feuilles sont de dimension 2 ; la feuille passant par un pavage Π est le quotient de $\mathbb{D}$ par le groupe des isométries de $\mathbb{D}$ préservant le pavage. Dans le cas où l'action de SO(2) n'est pas libre, on est dans une situation semblable à celle du quotient d'une surface de Riemann par un groupe fini, qui conduit comme on le sait à des « orbifolds » dont la théorie est très analogue à celle des surfaces de Riemann classiques.

Dans le même esprit, on peut construire des exemples intéressants de laminations à partir de certains *immeubles de Tits*. Nous renvoyons à **[7]** pour un excellent exposé de la théorie générale et nous nous contenterons ici d'un exemple. Un immeuble de Tits de type $\widetilde{A}_2$ est un complexe simplicial particulier de dimension 2, dont les faces sont des triangles appelés *chambres*, qui sont équipés d'une métrique plate qui en fait des triangles équilatéraux de côtés de longueur 1. On considère (la réalisation géométrique de) ce complexe comme un espace métrique pour lequel la distance entre deux points est la longueur du plus court chemin qui les joint. Par ailleurs, certains sous-complexes sont privilégiés et appelés *appartements* ; ils sont isomorphes à un plan euclidien pavé par triangles équilatéraux. Les conditions imposées à ces appartements et à ces chambres sont les suivantes. Tout d'abord, deux chambres quelconques appartiennent à un même appartement. D'autre part, si deux appartements ont une partie commune, il doit exister un isomorphisme de la réunion qui permute les deux appartements et qui est l'identité sur l'intersection. L'une des raisons principales qui justifient l'étude de ces objets est qu'ils jouent le rôle des espaces symétriques pour les groupes de Lie p-adiques : pour chaque nombre premier p, il existe par exemple un immeuble I_p de type $\widetilde{A}_2$ sur lequel le groupe $\mathrm{SL}(3, \mathbb{Q}_p)$ agit naturellement. Chaque arête est incidente à $p+1$ chambres et la situation locale au voisinage d'un sommet est décrite de la manière suivante : il y a une arête qui émane d'un sommet pour chaque point et chaque droite du plan projectif sur le corps fini $\mathbb{F}_p$ et deux telles arêtes sont dans la même chambre si elles correspondent à un point et à une droite qui sont incidentes. Chaque sous-groupe Γ de $\mathrm{SL}(3, \mathbb{Q}_p)$ agit sur I_p et il existe de nombreux exemples arithmétiquement intéressants de groupes Γ pour lesquels l'action est libre et le quotient I_p/Γ est un polyèdre fini P. L'étude de ces quotients finis est analogue à celle des quotients du disque de Poincaré par les groupes fuchsiens arithmétiques. Voici un exemple très concret d'un tel quotient P pour $p = 2$, extrait de **[5]**. Dans la figure 3, il faut identifier 3 par 3 les arêtes portant le même numéro ; le polyèdre P qui en résulte a 1 sommet, 7 faces et 7 arêtes.

Montrons comment associer une lamination à une telle situation. Soit $\widetilde{E}$ l'espace des plongements isométriques du plan euclidien $\mathbb{R}^2$ dans I_p (l'image est alors un appartement) muni de la topologie de la convergence uniforme sur tout compact. Le groupe Γ agit naturellement sur $\widetilde{E}$ par composition au but et le quotient est un espace compact E. Le groupe additif $\mathbb{R}^2$ agit par translations à la source ; ses orbites définissent une lamination sur E. L'étude dynamique de ces laminations est très intéressante : par exemple, on peut montrer que la réunion des feuilles compactes est dense dans E.

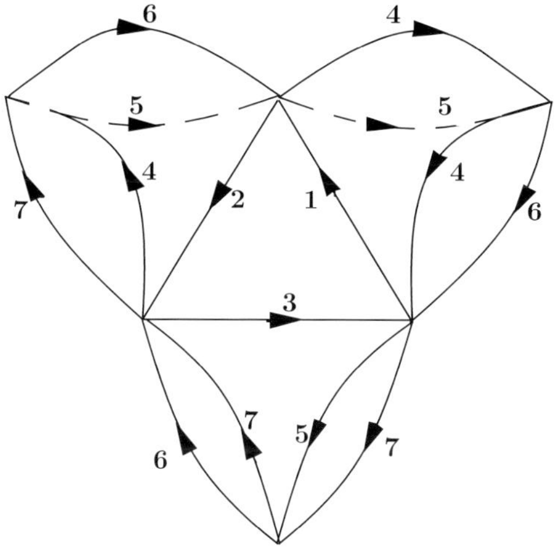

FIGURE 3

De la même manière, on peut construire de nombreuses laminations dont les feuilles ne sont plus des surfaces plates mais des surfaces à courbure -1. Il suffit de considérer des immeubles d'un autre type dont les appartements sont maintenant des disques de Poincaré, pavés par des polygones hyperboliques. On trouve de nombreux exemples dans les travaux de M. Gromov, N. Benakli et F. Haglund.

Voici encore un exemple de lamination obtenue par le même genre de procédé. Soit S une surface de Riemann compacte. On peut considérer la famille des revêtements finis (étales) de S. Ceci forme un système projectif naturel : la limite projective de ce système est une lamination $\mathcal{L}_S$ sur un espace compact M_S. Concrètement, un point de m de M_S est une application qui associe à chaque revêtement fini $\pi : \Sigma \to S$ un point $m(\pi)$ dans Σ de sorte que, si $p : \Sigma' \to \Sigma$ est un revêtement fini, on a $p(m(\pi \circ p)) = m(\pi)$. Comprendre la dynamique d'une telle lamination n'est pas facile...

Nous ne développerons pas plus ces exemples. Notre seul but était d'insister sur le fait que l'étude des laminations ne doit pas se limiter au cas des systèmes dynamiques « classiques ».

3. Mesures transverses, mesures harmoniques

3.1. Classe fondamentale. — On se fixe une lamination $\mathcal{L}$ sur un espace compact M et un atlas $h_i : U_i \to \mathbb{D} \times T_i$, dont les changements de cartes sont de la forme $h_{ij}(z,t) = (f_{ij}(z,t), \gamma_{ij}(t))$.

Dans le but d'essayer de généraliser la théorie des surfaces de Riemann, on est amené à introduire les formes différentielles sur M.

Dans un ouvert distingué du type $\mathbb{D} \times T$, nous appellerons *k forme différentielle* une famille de k-formes différentielles réelles (disons de classe C^∞) dans les plaques $\mathbb{D} \times \{t\}$ qui dépend continûment du paramètre transverse t (dans la topologie C^∞).

Une k-forme différentielle sur la lamination $\mathcal{L}$ est donnée par des k-formes différentielles dans les ouverts distingués d'un atlas qui sont compatibles sur les intersections dans un sens évident. On notera $A^k(\mathcal{L})$ l'espace des k-formes sur $\mathcal{L}$; c'est un espace vectoriel topologique. L'opérateur de différentiation le long des feuilles définit un opérateur $d : A^k(\mathcal{L}) \to A^{k+1}(\mathcal{L})$. On définit de même des formes différentielles de classe C^r pour $0 \leq r \leq \infty$.

Exactement de la même manière, on peut exploiter la structure complexe des feuilles et définir des espaces $A^{p,q}(\mathcal{L})$ de formes (à valeurs complexes) de type (p,q) et des opérateurs $\partial, \overline{\partial}$ de $A^{p,q}(\mathcal{L})$ vers $A^{p+1,q}(\mathcal{L})$ et $A^{p,q+1}(\mathcal{L})$ respectivement.

Plus généralement, on peut étendre sans aucune difficulté la plupart des définitions classiques relatives aux surfaces de Riemann : dans chaque situation, on considère des objets qui dépendent continûment du point et qui sont lisses ou holomorphes dans les feuilles suivant les cas considérés. On suppose toujours que les dérivées le long des feuilles sont continues dans M.

La situation la plus proche de celle des surfaces de Riemann est celle où on dispose d'une *classe fondamentale* : il s'agit de pouvoir intégrer une 2-forme. Une 2-forme est dite (strictement) *positive* si elle est (strictement) positive en restriction aux feuilles.

Définition 3.1. — Un cycle feuilleté pour la lamination $\mathcal{L}$ est un opérateur linéaire continu $I : A^2(\mathcal{L}) \to \mathbb{R}$ qui est strictement positif sur les formes strictement positives et nul sur les formes exactes.

L'exemple le plus évident est celui donné par le courant d'intégration sur une feuille compacte. Ce concept a été introduit sous une forme plus générale par D. Sullivan dans [**43**] et fait suite aux travaux de nombreux auteurs dont J. Plante [**39**]. Le résultat important est que ces cycles feuilletés correspondent aux *mesures transverses invariantes.*

Définition 3.2. — Une mesure transverse invariante μ pour la lamination $\mathcal{L}$ est la donnée d'une mesure positive μ_i sur chaque espace transverse T_i de telle sorte que, si $B \subset T_i$ est un borélien contenu dans le domaine de définition de γ_{ij}, alors $\mu_i(B) = \mu_j(\gamma_{ij}(B))$.

Il n'est pas difficile de s'assurer que la donnée d'une mesure transverse invariante pour un atlas en produit une autre pour tout atlas équivalent.

Soit μ une mesure transverse invariante et f_i une partition de l'unité relative au recouvrement par les U_i (on s'assure facilement de l'existence de telles partitions de l'unité, lisses dans les feuilles). Soit ω une 2-forme sur $\mathcal{L}$. Si le support de ω est contenu dans un ouvert distingué U_i, on peut considérer ω comme une forme sur $\mathbb{D} \times T_i$. En intégrant sur les plaques $\mathbb{D} \times \{t\}$, on obtient une fonction sur T_i qui peut être à son tour intégrée par rapport à la mesure μ_i. On note alors $I(\omega)$ le nombre obtenu. Lorsque ω n'est pas à support dans un ouvert U_i, on décompose ω sous la forme $\sum_i f_i.\omega$ et on définit $I(\omega)$ comme la somme $\sum_i I(f_i.\omega)$. Ceci définit un opérateur linéaire $I : A^2(\mathcal{L}) \to \mathbb{R}$, dont on s'assure facilement qu'il ne dépend pas des choix faits (atlas, partition de l'unité) et qu'il s'agit bien d'un cycle feuilleté (*i.e.* qu'il est nul sur les formes exactes). Ainsi, toute mesure transverse invariante donne lieu à un cycle feuilleté. Il se trouve que la réciproque est également vraie de sorte que les deux points de vue sont équivalents [**43**].

L'une des difficultés majeures de cette approche est qu'un grand nombre de laminations ne possèdent pas de cycle feuilleté. Le théorème de Hahn-Banach donne :

Proposition 3.3 ([**43**]). — *Les conditions suivantes sont équivalentes :*

- *La lamination $\mathcal{L}$ ne possède pas de cycle feuilleté.*
- *Il existe une 2-forme exacte qui est strictement positive.*

En pratique, il est plus facile de vérifier qu'il existe une mesure transverse invariante. Nous encourageons le lecteur à déterminer, parmi les exemples que nous avons décrits, quelles sont les laminations qui possèdent des mesures transverses invariantes. Pour une lamination définie par la suspension d'un homomorphisme du groupe fondamental d'une surface vers le groupe des homéomorphismes du compact T, l'existence d'une mesure transverse invariante est équivalente à celle d'une mesure finie sur T invariante par l'action du groupe. On voit donc qu'en général l'existence d'un cycle feuilleté est une hypothèse très forte.

Il existe cependant des hypothèses géométriques sur les feuilles, liées par exemple à leur croissance, qui impliquent l'existence d'un cycle feuilleté (voir par exemple [**26**, **39**]).

Une notion plus générale que celle de cycle feuilleté est celle de courant harmonique, introduit par L. Garnett dans un contexte plus général [**19**]. On remarque d'abord que $\sqrt{-1}\partial\overline{\partial}$ est un opérateur réel de $A^0(\mathcal{L})$ vers $A^2(\mathcal{L})$ dont l'image est contenue dans l'espace des formes exactes.

Définition 3.4. — Un courant harmonique (feuilleté) est un opérateur linéaire $I : A^2(\mathcal{L}) \to \mathbb{R}$ qui est continu, strictement positif sur les formes strictement positives, et nul sur les formes du type $\sqrt{-1}\partial\overline{\partial}u$, pour toute fonction u continue sur M et lisse dans les feuilles.

Évidemment un cycle feuilleté est un courant harmonique. L'intérêt de cette notion vient du résultat suivant :

Proposition 3.5 ([**19**]). — *Toute lamination possède au moins un courant harmonique.*

Démonstration. — D'après le théorème de Hahn-Banach, il s'agit de montrer qu'une 2-forme strictement positive ω ne peut pas être limite de formes du type $\sqrt{-1}\partial\overline{\partial}u_n$. Il suffit donc de montrer que $\sqrt{-1}\partial\overline{\partial}u$ ne peut pas être strictement positif. Puisque M est compact, u atteint son maximum en un certain point x. La restriction de u à la feuille passant par x atteint elle aussi son maximum en x et $\sqrt{-1}\partial\overline{\partial}u$ est donc négatif ou nul en ce point (en coordonnées locales $x + \sqrt{-1}y$, on a $\sqrt{-1}\partial\overline{\partial}u = 1/2(\partial^2 u/\partial x^2 + \partial^2 u/\partial y^2)\,dxdy$). □

Une façon moins canonique de définir ces courants harmoniques consiste à choisir une métrique hermitienne sur le fibré tangent à $\mathcal{L}$. Ceci définit un élément d'aire le long des feuilles et permet donc d'identifier $A^2(\mathcal{L})$ à l'espace des fonctions sur M. Le courant I définit donc un élément du dual de l'espace des fonctions sur M, et la condition de positivité montre que I se prolonge à l'espace des fonctions continues, c'est-à-dire qu'il s'agit d'une mesure positive μ sur M. Avec ce point de vue, la condition d'harmonicité sur la mesure μ s'exprime de la façon suivante. L'intégrale $\int \Delta u \, d\mu$ est nulle pour toute fonction lisse u sur M, où Δ désigne le laplacien de long des feuilles pour la métrique hermitienne choisie. Pour cette raison, nous parlerons souvent de mesure harmonique, même si cela suppose un choix non canonique d'une métrique hermitienne le long des feuilles.

La nature locale des courants harmoniques est facile à décrire [**19**]. Considérons un courant harmonique I et considérons sa restriction à un ouvert distingué $U_i \simeq \mathbb{D} \times T_i$. Alors, il existe une mesure de probabilité ν_i sur T_i et une fonction $\phi_i : \mathbb{D} \times T_i \to \mathbb{R}^+$ qui, pour ν_i-presque tout point t de T_i, est définie et harmonique sur toute la plaque $\mathbb{D} \times \{t\}$, de telle sorte que, si ω est une 2-forme à support dans U_i, on a :

$$I(\omega) = \int_{T_i} \Big(\int_{\mathbb{D} \times \{t\}} \phi_i \omega \Big) \, d\nu_i(t).$$

Cette écriture locale n'est pas unique. Cependant, si on dispose de deux écritures locales, utilisant deux systèmes ν_i, ϕ_i et ν_i', ϕ_i', alors il existe une fonction $\delta_i : T_i \to \mathbb{R}_\star^+$, définie ν_i-presque partout, telle que :

$$\nu_i' = \delta_i^{-1} \nu_i \qquad\qquad \phi_i'(z,t) = \delta_i(t)\, \phi_i(z,t).$$

Il en résulte que les fonctions harmoniques $\phi_i(z,t)$ définies sur les plaques sont compatibles sur leurs intersections à une constante multiplicative près et ceci permet donc de définir des fonctions harmoniques positives $\widetilde{\phi}$ sur le revêtement universel de presque toute feuille (en fait sur un revêtement abélien).

Les courants harmoniques qui sont des cycles feuilletés sont caractérisés par le fait que les fonctions $\phi_i(z,t)$ ne dépendent pas de la variable z autrement dit que $\widetilde{\phi}$ est une constante. Puisque toute fonction harmonique positive sur $\mathbb{C}$ est constante, on obtient le corollaire suivant :

Corollaire 3.6. — *Soit μ une mesure harmonique pour une lamination. Si le revêtement universel de μ-presque toute feuille est conformément équivalent à $\mathbb{C}$, alors μ est en fait un cycle feuilleté.*

3.2. Le théorème ergodique, le type topologique des feuilles. — Comme application de la notion de mesure harmonique, nous allons décrire rapidement un invariant d'une lamination, analogue au genre d'une surface de Riemann. Il est clair que la classification à homéomorphismes près des laminations n'est pas raisonnable. Un théorème de J. Cantwell et L. Conlon affirme par exemple que, pour toute surface connexe non compacte L et pour toute variété compacte de dimension 3, il existe un feuilletage de dimension 2 sur M dont l'une des feuilles est homéomorphe à L [**11**]. On remarquera qu'il existe une famille non dénombrable de types d'homéomorphismes des surfaces non compactes... Par contre, si l'on cherche plus modestement à étudier la topologie de presque toutes les feuilles, par rapport à une mesure harmonique, on a :

Théorème 3.7 **([22])**. — *Soit $(M, \mathcal{L})$ une lamination et μ une mesure harmonique. Alors, pour μ-presque tout point x de M, la feuille de $\mathcal{L}$ qui passe par x est soit une surface de Riemann compacte, soit homéomorphe à l'une des six surfaces suivantes :*

(1) *le plan,*
(2) *le plan auquel on ajoute une infinité d'anses (le « monstre du Loch-Ness »),*
(3) *le cylindre,*
(4) *le cylindre auquel on ajoute une infinité d'anses s'accumulant sur les deux bouts (l'« échelle de Jacob »),*
(5) *la sphère privée d'un ensemble de Cantor,*
(6) *la sphère privée d'un ensemble de Cantor à laquelle on ajoute une infinité d'anses s'accumulant sur tous les bouts.*

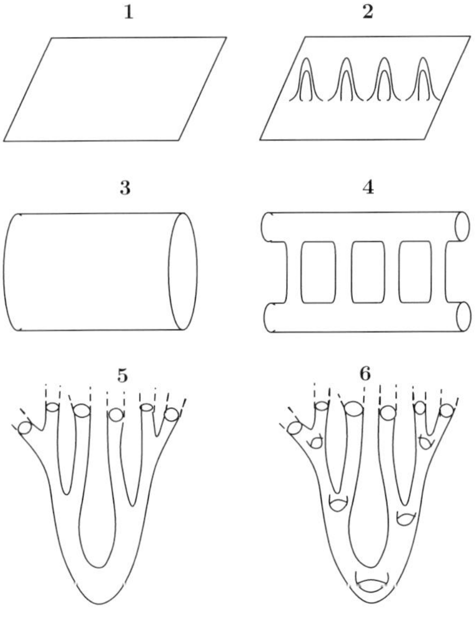

FIGURE 4

Nous n'allons pas entrer dans les détails de la preuve et nous allons uniquement donner l'idée d'un cas particulier. Ceci nous permettra de montrer comment la donnée d'une mesure harmonique permet une étude ergodique des laminations.

Soit L une variété riemannienne, $x \in L$ un point base et $\Omega_x(L)$ l'ensemble des applications continues γ de $\mathbb{R}^+$ dans L telles que $\gamma(0) = x$. En utilisant le noyau de la chaleur sur la variété L, la théorie du mouvement brownien permet de construire une mesure de probabilité naturelle, dite de Wiener, notée w_x, sur $\Omega_x(L)$.

Cette construction s'applique en particulier à la feuille L_x de la lamination $\mathcal{L}$ passant par le point x de M. La réunion Ω des $\Omega_x(L_x)$ est l'espace des applications continues de $\mathbb{R}^+$ dans M dont l'image est contenue dans une feuille. La donnée d'une mesure finie μ sur M permet d'intégrer toutes ces mesures w_x pour produire une mesure $\overline{\mu}$ sur Ω. Précisément, si B est un borélien de Ω, on pose

$$\overline{\mu}(B) = \int_M w_x(B \cap \Omega_x(L_x))\, d\mu.$$

L'intérêt de cet espace Ω est qu'il est muni d'une dynamique : si $\tau > 0$ et si $\gamma \in \Omega$, on pose $S_\tau(\gamma)(s) = \gamma(s+\tau)$. Ces transformations S_τ de Ω forment un semi-groupe, *i.e.* $S_{\tau_1+\tau_2} = S_{\tau_1} \circ S_{\tau_2}$ et on peut montrer facilement que S_τ préserve $\overline{\mu}$ si et seulement si μ est harmonique. En résumé, *la donnée d'une mesure harmonique pour une lamination mène à un semi-groupe à un paramètre de transformations qui préservent une mesure finie pour lequel on peut appliquer les méthodes classiques de la théorie ergodique*, par exemple le théorème ergodique de Birkhoff :

Théorème 3.8. — *Soit μ une mesure harmonique pour une lamination $(M, \mathcal{L})$ équipée d'une métrique hermitienne. Soit B un borélien de M. Alors, pour μ-presque tout point x de M et pour w_x-presque tout chemin γ de $\Omega_x(L_x)$, la limite suivante existe :*

$$\ell(x,\gamma) = \lim_{t\to\infty} \frac{1}{t} m\{\tau \in [0,t] \mid \gamma(\tau) \in B\},$$

où m désigne la mesure de Lebesgue. De plus, il existe une fonction mesurable $\ell : M \to \mathbb{R}$ constante sur les feuilles de $(M, \mathcal{L})$ telle que, pour μ-presque tout x et pour w_x-presque tout γ, on ait $\ell(x) = \ell(x,\gamma)$. Enfin, $\int \ell(x)\, d\mu = \mu(B)$.

Pour illustrer l'usage du théorème ergodique, nous allons montrer qu'il n'existe pas de lamination $(M, \mathcal{L})$, dont toutes les feuilles sont homéomorphes à une sphère moins trois points. C'est bien sûr un cas très particulier du théorème 3.7. En fait, pour simplifier encore la situation, nous allons supposer de plus que toutes les feuilles sont à courbure constante -1. Nous discuterons de cette hypothèse au paragraphe 5.2 et nous verrons que c'est en fait une hypothèse anodine.

Sur une surface L homéomorphe à une sphère moins trois points, il existe trois classes d'homotopie de courbes fermées simples non homotopes à un point. Si une surface riemannienne à courbure négative est une feuille d'une lamination, elle est complète et chacune de ces classes d'homotopie contient une unique géodésique fermée. En effet, dans une lamination, une courbe fermée contenue dans une feuille et suffisamment courte est contenue dans une plaque ; elle est donc homotope à un point dans cette feuille. Les trois géodésiques de L bordent un domaine compact $c(L) \subset L$: le « cœur convexe » de L.

Supposons maintenant qu'il existe une lamination dont toutes les feuilles soient de ce type et considérons la réunion B de tous les cœurs convexes de toutes les feuilles. Il n'est pas difficile de s'assurer que B est un borélien et on peut donc lui appliquer le théorème ergodique pour une certaine mesure harmonique μ. La mesure $\mu(B)$ est certainement non nulle car, d'après la description locale des mesures harmoniques, un borélien de mesure nulle rencontre presque toute feuille sur un borélien d'aire nulle (pour l'élément d'aire des feuilles). D'après le théorème ergodique, on conclut que, pour μ-presque tout point x et pour w_x-presque tout chemin $\gamma : \mathbb{R}^+ \to L_x$, le temps moyen passé par γ dans le cœur $c(L_x)$ existe et n'est pas nul. Il est intuitivement clair, et facile à établir, que ceci n'est pas possible : pour w_x-presque tout chemin

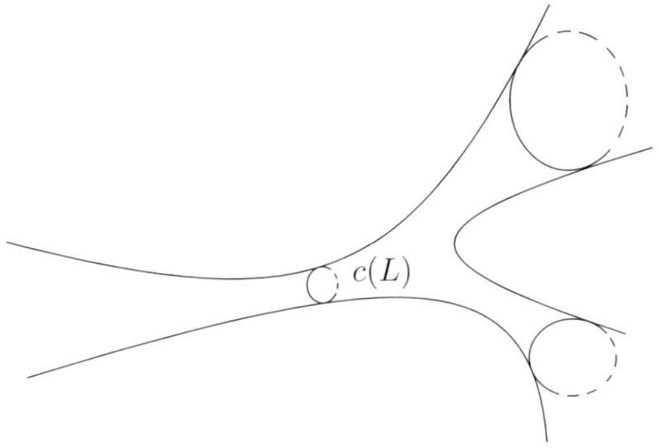

FIGURE 5

$\gamma : \mathbb{R}^+ \to L_x$, la courbe γ tend au contraire vers l'infini dans L_x et en particulier le temps moyen de passage dans $c(L_x)$ est nul. C'est la contradiction cherchée.

Il y a des preuves plus élémentaires du fait qu'il n'existe pas de laminations dont toutes les feuilles sont homéomorphes à des sphères moins trois points. Nous avons cependant esquissé celle-ci, car c'est essentiellement la même idée qui permet de démontrer le théorème 3.7 : on montre qu'il est possible de définir un analogue du cœur convexe pour toute surface qui n'est pas l'une des six décrites plus haut.

Très récemment, J. Cantwell et L. Conlon ont obtenu un analogue topologique du théorème 3.7 (voir [**12**]). Ils montrent en particulier que, pour toute lamination *minimale* $(M, \mathcal{L})$, il existe un G_δ dense $X \subset M$ qui est réunion de feuilles homéomorphes à l'une des des six feuilles décrites dans le théorème 3.7.

4. Théorèmes de Gauss-Bonnet et de Riemann-Roch

4.1. Quelques contre-exemples. — On peut être tenté d'essayer de généraliser aux laminations le formalisme cohomologique et les théorèmes de type de Rham, Gauss-Bonnet ou Riemann-Roch. Nous allons commencer par donner quelques exemples montrant que ce n'est pas si simple !

Considérons tout d'abord la cohomologie de de Rham $H^\star(\mathcal{L})$, obtenue en quotientant les formes fermées par les formes exactes. La difficulté rencontrée est que cet espace peut être de dimension infinie même dans les cas les plus élémentaires.

L'exemple le plus simple où se produit ce phénomène est celui d'une lamination produit $S \times T$ d'une surface de Riemann S par un espace compact T. Une forme fermée (*resp.* exacte) pour $\mathcal{L}$ n'est autre qu'une application continue de T dans l'espace des formes fermées (*resp.* exactes) de S. Par conséquent, la cohomologie de de Rham de $\mathcal{L}$ est l'espace, en général de dimension infinie, des applications continues de T dans la cohomologie de de Rham de S.

Cet exemple peut sembler artificiel car il ne correspond pas à une lamination minimale. L'exemple des feuilletages linéaires sur les tores est plus convaincant. Nous ne ferons que l'esquisser car il est maintenant bien connu (voir aussi [**17**] pour d'autres exemples de calculs). Considérons donc le tore $\mathbb{T}^2 = \mathbb{R}^2/\mathbb{Z}^2$ dont le groupe fondamental est engendré par deux éléments qui commutent a et b et soit h l'homomorphisme de ce groupe dans le groupe des difféomorphismes du cercle $\mathbb{R}/\mathbb{Z}$ envoyant a et b sur des rotations d'angles α et β respectivement. Le feuilletage obtenu par suspension est un feuilletage $\mathcal{L}$ linéaire sur le tore $\mathbb{T}^3$. On peut considérer le cercle $\mathbb{R}/\mathbb{Z}$ comme plongé dans $\mathbb{T}^3$ de manière transverse au feuilletage. Si x est un point de $\mathbb{R}/\mathbb{Z}$ et si on relève un lacet homotope à a (*resp.* b) dans les feuilles avec le point x comme origine, l'extrémité du chemin a_x (*resp.* b_x) ainsi obtenu est $x+\alpha$ (*resp.* $x+\beta$). Nous supposerons que α et β sont deux nombres linéairement indépendants sur $\mathbb{Q}$, de sorte que toutes les feuilles de $\mathcal{L}$ sont denses et sont homéomorphes à des plans.

Évaluons le premier groupe de cohomologie $H^1(\mathcal{L})$. Soit ω une 1-forme fermée. L'intégrale de ω sur a_x (*resp.* b_x) définit une fonction continue A (*resp.* B) : $\mathbb{R}/\mathbb{Z} \to \mathbb{R}$. La condition de fermeture de ω montre que :

$$A(x) + B(x+\alpha) = B(x) + A(x+\beta). \tag{1}$$

Si ω est la différentielle d'une fonction $f : \mathbb{T}^3 \to \mathbb{R}$, la restriction F de f à la fibre $\mathbb{R}/\mathbb{Z}$ au dessus du point base de $\mathbb{T}^2$ est telle que :

$$A(x) = F(x+\alpha) - F(x), \qquad B(x) = F(x+\beta) - F(x). \tag{2}$$

Réciproquement, il est facile d'établir que $H^1(\mathcal{L})$ est isomorphe à l'espace des couples de fonctions A, B vérifiant (1) modulo ceux de la forme (2). Il est alors naturel de développer A, B et F en séries de Fourier :

$$A(x) = \sum_n a_n \exp(2\sqrt{-1}\pi n x), \qquad B(x) = \sum_n b_n \exp(2\sqrt{-1}\pi n x)$$

$$F(x) = \sum_n f_n \exp(2\sqrt{-1}\pi n x).$$

La condition (1) s'écrit :

$$a_n(1 - \exp(2\sqrt{-1}\pi\beta n)) = b_n(1 - \exp(2\sqrt{-1}\pi\alpha n)). \tag{3}$$

La relation (2) devient :

$$a_n = (\exp(2\sqrt{-1}\pi n\alpha) - 1)f_n \qquad b_n = (\exp(2\sqrt{-1}\pi n\beta) - 1)f_n. \tag{4}$$

Pour qu'un couple A, B corresponde à un cobord, il faut donc que a_0 et b_0 soient nuls. Réciproquement, si a_0 et b_0 sont nuls, la formule (4) permet de calculer les f_n de deux manières qui sont compatibles d'après (3).

$$f_n = a_n(\exp(2\sqrt{-1}\pi n\alpha) - 1)^{-1} = b_n(\exp(2\sqrt{-1}\pi n\beta) - 1)^{-1}.$$

Cependant, la série de Fourier dont les coefficients sont les f_n peut diverger même si celles dont les coefficients sont a_n et b_n convergent. C'est le phénomène bien connu des *petits diviseurs*. Si les nombres α ou β ne satisfont pas de condition diophantienne, $(\exp(2\sqrt{-1}\pi n\alpha) - 1)$ peut être petit pour des valeurs de n pas trop grandes... On voit donc que l'espace des couples A, B pour lesquels la série de Fourier de coefficients f_n converge peut être de codimension infinie.

En choisissant convenablement α et β, on obtient donc des exemples pour lesquels $H^1(\mathcal{F})$ est de dimension infinie. On constatera par ailleurs que $H^1(\mathcal{F})$ n'est pas séparé comme espace vectoriel topologique quotient. A priori, on aurait pu également définir la cohomologie $H^1(\mathcal{L})$ en utilisant des formes différentielles moins régulières, par exemple qui ne dépendraient que mesurablement du point dans la direction transverse. Ceci changerait effectivement le groupe $H^1(\mathcal{F})$ mais n'éliminerait pas le fait que la dimension puisse être infinie.

Dans le même ordre d'idée, *l'espace de Teichmüller d'une lamination peut être de dimension infinie*. Pour donner un sens à cette dernière assertion, donnons les définitions suivantes. Un homéomorphisme quasiconforme $f : M \to M$ est un homéomorphisme qui préserve chaque feuille de $\mathcal{L}$ et y induit un homéomorphisme (uniformément) quasiconforme [**2**]. L'espace de Teichmüller de la lamination $(M, \mathcal{L})$ est l'espace $\mathcal{T}(M, \mathcal{F})$ des homéomorphismes quasiconformes f, où l'on identifie f_1 et f_2 si $f_1 \circ f_2^{-1}$ est holomorphe dans les feuilles et homotope à l'identité par une homotopie formée d'homéomorphismes quasiconformes préservant chaque feuille.

Considérons une lamination produit $S \times \mathbb{S}^1$, où S est une surface de Riemann différente de la sphère. Évidemment, l'espace de Teichmüller de cette lamination est l'espace des applications continues de $\mathbb{S}^1$ dans l'espace de Teichmüller de S. Il est donc de dimension infinie mais il ne s'agit pas d'une lamination minimale.

Un exemple beaucoup plus intéressant d'une telle situation est donné par la construction de Sullivan, décrite en 2.2. Nous avons vu en effet qu'à toute application dilatante du cercle g correspond une lamination $\mathcal{L}_g$. Il n'est pas difficile de s'assurer que toutes ces laminations associées à des applications g de même degré topologique sont quasi-conformément équivalentes entre elles et nous avons signalé qu'elles ne sont holomorphiquement équivalentes que si les applications g correspondantes sont différentiablement conjuguées. Or l'espace des classes de conjugaisons d'applications dilatantes du cercle, de degré donné, est de dimension infinie. En effet, une application dilatante du cercle a un nombre infini de points périodiques et si l'on fixe un nombre fini d'entre eux, on peut prescrire arbitrairement les dérivées (> 1) en ces points.

4.2. Le théorème de l'indice. — Nous allons énoncer le théorème de l'indice feuilleté de A. Connes en nous limitant d'une part aux laminations par surfaces de Riemann et, d'autre part, au cas où il existe un cycle feuilleté. Pour la théorie générale, on consultera [**13, 14**].

Fixons une lamination $(M, \mathcal{L})$ munie d'un cycle feuilleté μ que nous penserons aussi comme une mesure transverse invariante. Choisissons une métrique hermitienne le long des feuilles. Fixons un entier $\ell = 0, 1$ ou 2.

Pour chaque point x de M, la feuille $L(x)$ passant par x est en général une variété riemannienne non compacte de sorte que l'espace des formes harmoniques de degré ℓ sur $L(x)$ est en général de dimension infinie. Notons $\mathcal{H}^\ell(L(x))$ l'espace de Hilbert des ℓ-formes harmoniques de carré intégrable sur $L(x)$. On obtient ainsi un fibré mesurable en espaces de Hilbert au dessus de M. Bien entendu, les fibres au dessus de deux points situées dans la même feuille sont canoniquement identifiées, de sorte qu'il est préférable de penser à ce fibré comme au dessus de l'« espace des feuilles », même si celui-ci est en général non séparé.

En fait, pour des raisons techniques, il est nécessaire de considérer, pour chaque point x, le revêtement d'holonomie $\overline{L}(x)$ de la feuille $L(x)$ et nous noterons plutôt $\mathcal{H}^\ell(L(x))$ l'espace des ℓ-formes de carré intégrable sur $\overline{L}(x)$ (voir par exemple [**24**]). Dans la plupart des cas, il se trouve que presque toutes les feuilles ont une holonomie triviale, et donc que $L(x) = \overline{L}(x)$ pour presque tout x, de sorte que les deux définitions sont les mêmes presque partout.

Voici une autre façon de construire un tel « fibré au dessus de l'espace des feuilles ». Soit $B \subset M$ un borélien *transverse* à $\mathcal{L}$, c'est-à-dire qui rencontre chaque feuille sur un ensemble fini ou dénombrable. Ceci permet de définir sans ambiguïté la mesure transverse $\mu(B)$. Pour chaque point x de M, on peut considérer l'espace de Hilbert $\ell^2(B \cap L(x))$ des fonctions de carré intégrable sur cet ensemble dénombrable. C'est aussi un fibré en espaces de Hilbert, "constant" sur les feuilles. On appelle *dimension de Murray-Von Neumann* de ce fibré en espaces de Hilbert le nombre $\mu(B)$. Cette définition est justifiée par le lemme suivant (voir[**13, 14**]).

Lemme 4.1. — *Soient B_1 et B_2 deux boréliens transverses à $\mathcal{L}$. On suppose qu'il existe une application mesurable associant à μ-presque tout point x de M une isométrie Φ_x entre $\ell^2(B_1 \cap L(x))$ et $\ell^2(B_2 \cap L(x))$ et qui est constante sur les feuilles. Alors, les mesures $\mu(B_1)$ et $\mu(B_2)$ sont égales.*

Revenant à notre fibré en espaces de Hilbert $\mathcal{H}^\ell(L(x))$, A. Connes établit qu'il est isomorphe à un fibré de la forme $\ell^2(B \cap L(x))$ pour un certain borélien transverse de sorte qu'on peut définir sa dimension de Murray-Von Neumann. Le nombre (réel positif ou nul) ainsi obtenu s'appelle le ℓ-ème nombre de Betti de la lamination relativement au cycle feuilleté μ et se note $\beta_\ell(\mathcal{L}, \mu)$. Il est facile de s'assurer que ce nombre ne dépend pas du choix de la métrique le long des feuilles.

Soit k la courbure de la métrique ; suivant le point de vue, on peut envisager k comme une 2-forme sur $\mathcal{L}$ ou comme une fonction sur M. Nous pouvons maintenant énoncer la version feuilletée du théorème de Gauss-Bonnet qui évalue l'intégrale de k sur le cycle feuilleté μ, notée $\int_M k\, d\mu$.

Théorème 4.2 **([13, 14])**. — $\int_M k\, d\mu = \beta_0(\mathcal{L}, \mu) - \beta_1(\mathcal{L}, \mu) + \beta_2(\mathcal{L}, \mu)$.

Ce nombre, obtenu soit à partir d'une métrique le long des feuilles, soit à partir des nombres de Betti feuilletés, est bien sûr appelé *caractéristique d'Euler-Poincaré feuilletée* et noté $\chi(\mathcal{L}, \mu)$. Voir [**38, 44**] pour une interprétation concrète de ce nombre comme moyenne de caractéristiques d'Euler-Poincaré de grands domaines contenus dans les feuilles.

Les nombres $\beta_0(\mathcal{L}, \mu)$ et $\beta_2(\mathcal{L}, \mu)$ sont bien entendu égaux et faciles à évaluer : il ne peut exister de fonction non nulle harmonique et de carré intégrable sur $\overline{L}(x)$ que si cette variété est compacte. Quant à $\beta_1(\mathcal{L}, \mu)$, bien que plus difficile à évaluer, il est positif ou nul... On en déduit :

Corollaire 4.3 **([13, 14])**. — *Si la réunion des feuilles compactes de $(M, \mathcal{L})$ est de mesure nulle pour μ, l'intégrale $\int_M k\, d\mu$ est négative ou nulle.*

Le lecteur aura compris que le théorème 4.2 est valable dans une situation beaucoup plus générale qui recouvre tous les opérateurs elliptiques définis le long des feuilles. Nous ne citerons ici que le théorème de Riemann-Roch feuilleté.

On considère un fibré en droites holomorphe E au dessus de la lamination $(M, \mathcal{L})$. Il s'agit simplement d'un fibré en droites qui se trivialise au dessus des ouverts distingués $U_i \simeq \mathbb{D} \times T_i$ de telle sorte que les changements de cartes soient de la forme :

$$(z, t, \zeta) \in \mathbb{D} \times T_i \times \mathbb{C} \longmapsto (f_{ij}(z,t), \gamma_{ij}(t), g_{ij}(z,t)\zeta) \in \mathbb{D} \times T_j \times \mathbb{C},$$

où $g_{ij}(z,t) \in \mathbb{C}^\star$ dépend continûment de (z,t) et holomorphiquement de z.

De même que pour le cas classique, le choix d'une métrique hermitienne $|| \; ||$ sur les fibres de E permet de définir une 2-forme «de courbure» qui en coordonnées locales s'écrit :

$$\gamma_i = \frac{1}{2\sqrt{-1}\pi} \partial\overline{\partial}(\log ||(z,t,1)||^2).$$

Le fait que $g_{ij}(z,t)$ soit holomorphe en z montre que ces 2-formes sont compatibles sur les intersections des U_i. Elles définissent donc une 2-forme γ sur $\mathcal{L}$.

Lorsque l'on change la métrique hermitienne, le rapport entre les deux métriques est une fonction strictement positive sur M du type $\exp u$ et la forme γ devient $\gamma + 1/2\sqrt{-1}\pi\partial\overline{\partial}u$. En particulier, γ est bien définie modulo les formes exactes. La classe de $H^2(\mathcal{L})$ ainsi définie s'appelle bien sûr la *classe de Chern* de E et se note $c(E)$.

Il est important cependant de remarquer qu'il est préférable de considérer γ comme bien défini modulo les formes du type $\sqrt{-1}\partial\overline{\partial}u$ ce qui est bien plus précis que le seul fait d'être défini modulo les formes exactes. Cette observation, due à A. Candel, montre en particulier que l'*on peut définir sans ambiguïté l'accouplement $\langle c(E), \mu \rangle$ de la classe de Chern avec un courant harmonique même si celui-ci n'est pas un cycle feuilleté.*

Pour $\ell = 0, 1$, et x un point de M, on note $\mathcal{H}^\ell(L(x), E)$ l'espace de Hilbert des ℓ-formes holomorphes de $L(x)$ (ou plus précisément de son revêtement d'holonomie $\overline{L}(x)$) à valeurs dans E, qui sont de carré intégrable. De la même façon que précédemment, ce fibré en espaces de Hilbert possède une dimension de Murray-Von Neumann, notée $h^\ell(E, \mu)$.

La version du théorème de Riemann-Roch démontrée par A. Connes devient :

Théorème 4.4 **([14])**. — $h^0(E,\mu) - h^1(E,\mu) = \langle c(E), \mu \rangle + \dfrac{1}{2}\chi(\mathcal{L}, \mu)$.

On trouvera dans **[31]** une description détaillée de ce théorème ainsi que des exemples intéressants.

Le lemme suivant ne sera utilisé que dans le paragraphe 7 mais sa preuve peut servir d'illustration aux idées que nous venons d'introduire.

Lemme 4.5. — *Soit E un fibré en droites holomorphe au dessus d'une lamination $(M, \mathcal{L})$ et $c(E)$ sa classe de Chern. On suppose qu'il existe un cycle feuilleté μ et que E possède une section holomorphe s qui n'est identiquement nulle sur aucune feuille de $\mathcal{L}$. Alors $\langle c(E), \mu \rangle \geq 0$. Si l'ensemble des feuilles qui rencontrent le lieu des zéros de s n'est pas négligeable pour μ, alors $\langle c(E), \mu \rangle > 0$.*

Démonstration. — Soit $|| \ ||$ une métrique hermitienne sur E et γ sa forme de courbure. On remarquera que la fonction $\log(||s||) : M \to \mathbb{R} \cup \{-\infty\}$ est localement intégrable sur chaque feuille.

Nous devons évaluer $\langle c(E), \mu\rangle = \langle \gamma, \mu\rangle$. Pour cela, nous choisissons un recouvrement U_i par des ouverts trivialisant à la fois le fibré et la lamination. Soit s_i une section holomorphe sans zéro au dessus de U_i et f_i la fonction holomorphe sur U_i telle que $s = f_i \cdot s_i$. Choisissons une partition de l'unité ϕ_i relative à ce recouvrement.

On a $\langle \gamma, \mu\rangle = \sum_i \langle \phi_i\gamma, \mu\rangle$ et chaque terme de cette somme peut être calculé dans un ouvert $U_i \simeq \mathbb{D}\times T_i$, pour lequel nous avons une description locale du cycle feuilleté. Il s'agit d'intégrer la 2-forme $\phi_i\gamma$ sur chaque plaque $P_t = \mathbb{D}\times \{t\}$ puis d'intégrer cette fonction de t contre une certaine mesure ν_i de T_i.

Sur chaque plaque P_t de U_i, on a $\gamma = \dfrac{1}{2\sqrt{-1}\pi}\partial\overline{\partial}(\log ||s_i||^2)$. Puisque $s = f_i \cdot s_i$, sur chaque plaque, on a :

$$\gamma = \frac{1}{2\sqrt{-1}\pi}\partial\overline{\partial}(\log ||s||^2) + [D_{P_t}]$$

au sens des distributions, où $[D_{P_t}]$ désigne la somme des masses de Dirac aux points de P_t où la section s s'annule, affectées des multiplicités d'annulation (qui sont des entiers positifs). Dans notre cas de dimension 1, cette formule, dite de Poincaré-Lelong, n'est bien sûr qu'une version de la formule de Cauchy-Green-Stokes... (voir par exemple [**15**]). En particulier, en appliquant cette formule à la fonction test ϕ_i restreinte à la plaque P_t, on obtient :

$$\int_{P_t} \phi_i\gamma = \int_{P_t} \log ||s|| \cdot \frac{1}{\sqrt{-1}\pi}\partial\overline{\partial}\phi_i + \sum m_\alpha \phi_i(z_\alpha) \geq \int_{P_t} \log ||s|| \cdot \frac{1}{\sqrt{-1}\pi}\partial\overline{\partial}\phi_i,$$

où les z_α sont les zéros de s sur la plaque P_t et m_α leurs multiplicités. En intégrant contre la mesure transverse ν_i de T_i, on a :

$$\langle \phi_i\gamma, \mu\rangle \ \geq \ \left\langle \log ||s|| \cdot \frac{1}{\sqrt{-1}\pi}\partial\overline{\partial}\phi_i, \mu \right\rangle.$$

Le second terme a un sens car $\log ||s||$ est intégrable. Puisque $\sum_i \phi_i = 1$, on obtient, en sommant sur i :

$$\langle c(E), \mu\rangle \ = \ \langle \gamma, \mu\rangle \ \geq 0.$$

C'est la première partie du lemme. On constate par ailleurs que l'inégalité est stricte sauf si, pour chaque U_i, ν_i-presque toute plaque ne rencontre pas le lieu des zéros de s. Autrement dit, si l'ensemble des feuilles qui rencontrent le lieu des zéros de s n'est pas μ-négligeable, on a bien $\langle c(E), \mu\rangle > 0$. □

5. Uniformisation des laminations

5.1. Le type conforme des feuilles. — L'un des résultats principaux de la théorie des surfaces de Riemann est le théorème d'uniformisation selon lequel le revêtement universel de toute surface de Riemann (connexe) est isomorphe à $\mathbb{CP}^1$ (type *elliptique*), $\mathbb{C}$ (type *parabolique*) ou $\mathbb{D}$ (type *hyperbolique*). Autrement dit, toute surface de Riemann s'obtient à partir de l'un de ces trois exemples en passant au quotient par un groupe discret Γ opérant holomorphiquement, librement et proprement. Nous dirons qu'une surface de Riemann est elliptique, parabolique ou hyperbolique suivant le type de son revêtement universel. Cette terminologie ne coïncide pas avec celle utilisée en théorie du potentiel. Il faut aussi prendre garde au fait qu'une courbe elliptique, *i.e.* un tore complexe, est de type parabolique puisque son revêtement universel est $\mathbb{C}$!

Dans le cas hyperbolique, les automorphismes de $\mathbb{D}$ sont aussi les isométries directes du disque de Poincaré. Les surfaces de Riemann de ce type s'obtiennent donc en quotientant $\mathbb{D}$ par un sous-groupe discret et sans torsion du groupe des isométries de ce disque, isomorphe à $\mathrm{PSL}(2,\mathbb{R})$. Les surfaces de Riemann de type hyperbolique sont donc équipées naturellement d'une métrique hermitienne complète à courbure constante -1. Cette métrique est *unique* car la métrique de Poincaré est l'unique métrique hermitienne complète à courbure -1 sur le disque.

Dans le cas parabolique, les automorphismes de $\mathbb{C}$ sont les transformations affines complexes et seules les translations opèrent sans point fixe. Les surfaces de Riemann de type parabolique sont donc, à isomorphismes près, le plan $\mathbb{C}$, le quotient $\mathbb{C}/\mathbb{Z} \simeq \mathbb{C}^\star$, et les courbes elliptiques, quotients de $\mathbb{C}$ par un réseau. On notera que dans ce cas, la métrique hermitienne complète plate de $\mathbb{C}$ est invariante de sorte que ces surfaces de Riemann paraboliques sont aussi des surfaces plates. Cette métrique hermitienne plate est unique *à un facteur multiplicatif constant près* car la métrique hermitienne canonique sur $\mathbb{C}$ est l'unique métrique plate et complète sur $\mathbb{C}$, à un facteur multiplicatif constant près.

Dans le cas elliptique, tout isomorphisme de $\mathbb{CP}^1$ est une homographie et possède donc un point fixe. Par conséquent $\mathbb{CP}^1$ est la seule surface de Riemann de type elliptique. Bien sûr, $\mathbb{CP}^1$ possède une métrique hermitienne à courbure constante $+1$.

Si on considère une lamination par surfaces de Riemann $(M,\mathcal{L})$, on peut appliquer ce théorème d'uniformisation à chaque feuille. La question dont nous allons discuter dans ce paragraphe consiste à savoir si les uniformisations des feuilles dépendent continûment des feuilles. Une première question plus naïve est celle d'étudier la partition de M par le type des feuilles. Le cas elliptique est « facile » : il s'agit d'un cas du théorème de stabilité de Reeb (voir par exemple [**24**]).

Théorème 5.1. — *La réunion des feuilles elliptiques de la lamination $\mathcal{L}$ est ouverte. Dans cet ouvert U, les feuilles de $\mathcal{L}$ sont les fibres d'une fibration localement triviale.*

Démonstration. — Le théorème de stabilité de Reeb affirme que dans un feuilletage quelconque, la réunion des feuilles compactes simplement connexes est un ouvert et que chacune de ces feuilles possède un voisinage feuilleté trivialement. Ce théorème s'applique au cas général des laminations que nous considérons, c'est-à-dire sur des espaces qui ne sont pas nécessairement des variétés, bien qu'à vrai dire, nous ne connaissions pas de référence pour cet énoncé général... (Voir cependant [**10**].) □

Par conséquent, en ôtant à une lamination les feuilles de type elliptique, on obtient un nouvel espace compact, et donc une nouvelle lamination sans feuille elliptique. Dans toute la suite, *nous supposerons donc que la lamination que nous étudions n'a pas de feuille elliptique.*

Le cas des feuilles paraboliques est plus difficile. Citons cependant la proposition suivante qui sera démontrée plus loin.

Proposition 5.2. — *La réunion des feuilles paraboliques est un G_δ au sens de Baire, c'est-à-dire une intersection dénombrable d'ouverts.*

Il existe des laminations qui possèdent à la fois des feuilles paraboliques et hyperboliques. Partant par exemple d'un feuilletage sur une variété de dimension 3, on le modifie par « tourbillonnement de Reeb » (voir par exemple [**24**]). Ceci a pour résultat d'introduire un tore solide feuilleté par plans de type parabolique et bordé par un tore, de type parabolique lui aussi. Les feuilles extérieures au tore solide ont en général une topologie différente de celle du plan, du cylindre ou du tore et sont donc de type hyperbolique. Comme on le voit, ces exemples ne sont pas satisfaisants car les types ne sont pas véritablement mélangés. L. Mosher et U. Oertel ont construit un exemple de lamination telle que la réunion des feuilles paraboliques n'est pas fermée [**36**]. Dans cet exemple, il existe un unique ensemble minimal constitué de feuilles hyperboliques. Nous décrirons au paragraphe 6.4 un exemple où les feuilles sont *toutes* denses et où il y a mélange de types conformes.

Nous avons déjà observé que la donnée d'une métrique riemannienne le long des feuilles d'un feuilletage de dimension 2 définit une structure de lamination par surfaces de Riemann. Il convient de remarquer que le type conforme des surfaces de Riemann ainsi obtenues ne dépend pas de la métrique riemannienne car le disque, le plan et la sphère ne sont pas quasiconformément isomorphes entre eux.

5.2. Uniformisation des laminations hyperboliques. — Nous allons décrire ici le résultat de A. Candel qui traite complètement du cas hyperbolique. Rappelons qu'une métrique hermitienne sur une lamination est la donnée de métriques hermitiennes lisses dans les feuilles qui dépendent continûment (ainsi que leurs dérivées) du point de M.

Théorème 5.3 ([**10**]). — *Soit $(M, \mathcal{L})$ une lamination par surfaces de Riemann. Il existe une métrique hermitienne sur $(M, \mathcal{L})$ dont la courbure est constante égale à -1 si et seulement si, pour tout cycle feuilleté μ, la caractéristique d'Euler-Poincaré $\chi(\mathcal{L}, \mu)$ est strictement négative.*

La condition nécessaire, c'est-à-dire la négativité de $\chi(\mathcal{L}, \mu)$, résulte évidemment du théorème de Gauss-Bonnet feuilleté 4.2.

Notons que ce théorème rend compte du cas (très général) où il n'existe pas de cycle feuilleté...

Avant de donner quelques indications sur la preuve du théorème 5.3, nous commençons par quelques propriétés générales. Fixons une métrique hermitienne g sur $(M, \mathcal{L})$ et notons $k : M \to \mathbb{R}$ la fonction courbure des feuilles. Soit $u : M \to \mathbb{R}$ une fonction lisse le long des feuilles et notons g' la métrique hermitienne $\exp(2u)g$. La formule donnant la courbure k' de g' est bien connue :

$$k' = \exp(-2u)(k - \Delta u) \tag{5}$$

où Δ désigne le laplacien le long des feuilles.

Nous savons que, sur toute feuille de type hyperbolique $L(x)$, il existe une unique fonction lisse $u : L(x) \to \mathbb{R}$ telle que la métrique $\exp(2u)g$ sur la feuille $L(x)$ est complète à courbure -1. Si la feuille $L(x)$ est de type parabolique, on pose $u = -\infty$ sur cette feuille. Ceci définit une fonction globale $u : M \to \mathbb{R} \cup \{-\infty\}$ qui vérifie, là où elle est finie :

$$k = \Delta u - \exp(2u).$$

Proposition 5.4 (**[20, 45]**). — *Pour toute lamination (sans feuille de type elliptique), la fonction u est semi-continue supérieurement et son gradient le long des feuilles est borné.*

Esquisse de démonstration. — Soit $x \in M$ tel que la feuille $L(x)$ soit de type hyperbolique et $f : \mathbb{D} \to L(x)$ un revêtement holomorphe tel que $f(0) = x$. Par définition de la fonction u, la norme de la dérivée de f en 0 est $\exp(-u(x))$. Soit $0 < r < 1$ et considérons la restriction de f au disque D_r de centre 0 et de rayon r. Puisque D_r est simplement connexe et relativement compact dans $\mathbb{D}$, il existe un espace pointé $(Q, *)$ et une application $F : D_r \times Q \to M$ telle que :

- $F(z, *) = f(z)$
- F est un homéomorphisme local sur un voisinage de x
- La restriction de F à $D_r \times \{q\}$ est une application holomorphe dans une feuille.

En utilisant le lemme de Schwarz dans les feuilles, on voit donc la norme de la dérivée en z de $F(z, q)$ est inférieure ou égale à $\exp(-u(F(z, q))$, lorsque l'on calcule la norme avec la métrique de Poincaré à la source et la métrique g au but. On a donc trouvé des fonctions continues, localement définies, qui majorent la fonction u. En faisant tendre r vers 1, il n'est pas difficile de s'assurer que u est la borne inférieure de ces fonctions continues et ceci établit la semi-continuité. La démonstration du fait que le gradient de u est borné est élémentaire et se réduit au lemme de distorsion de Koebe : si $j : \mathbb{D} \to \mathbb{C}$ est une application holomorphe injective avec $j(0) = 0$ et $j'0) = 1$, alors $|j''(0)| < 2$. Pour plus de détails, on consultera **[20]**. □

On remarquera en particulier que cette proposition montre que l'ensemble des points où $u = -\infty$ est un G_δ au sens de Baire : c'est la proposition 5.2. C'est cette proposition qui nous a aussi permis d'étendre dans **[20]** le corollaire 4.3 :

Corollaire 5.5 (**[20]**). — *Soit μ une mesure harmonique quelconque. Alors l'intégrale $\int k \, d\mu$ est négative ou nulle.*

Esquisse de démonstration. — On a :

$$\int k \, d\mu = \int \Delta u \, d\mu - \int \exp(2u) \, d\mu.$$

Par définition d'une mesure harmonique, la première intégrale du membre de droite s'annulerait si u était continue. Il se trouve que la semi-continuité et la borne sur le gradient suffisent à assurer l'annulation (voir **[20]**). Le signe de l'intégrale de courbure en résulte. □

On consultera **[18, 42]** pour d'autres démonstrations du corollaire 5.5 et pour des développements intéressants.

Revenons au théorème de A. Candel. La démonstration se décompose en deux parties. La première, dans le même esprit que le corollaire 3.6, permet d'affirmer que, si $\chi(\mathcal{L}, \mu) < 0$ pour tout cycle feuilleté μ, toutes les feuilles sont de type hyperbolique :

Proposition 5.6. — *Si une lamination $(M, \mathcal{L})$ possède une feuille L de type parabolique, il existe un cycle feuilleté μ (dont le support est contenu dans l'adhérence de L) tel que $\chi(\mathcal{L}, \mu) = 0$.*

Esquisse de démonstration. — On suppose par exemple qu'il existe un difféomorphisme holomorphe $f : \mathbb{C} \to L$, car le cas du cylindre est analogue (et celui du tore est trivial). Notons $|df|$ la norme de la différentielle de f, calculée avec la métrique euclidienne dans $\mathbb{C}$ et avec la métrique g dans L. Soit D_r le disque de rayon $r > 0$ dans $\mathbb{C}$ et $L_r = f(D_r)$. L'aire de L_r pour la métrique g est l'intégrale sur D_r de $|df|^2$ et la longueur du bord ∂L_r est l'intégrale de $|df|$ sur le cercle de rayon r. Un lemme classique, dû à Ahlfors, (qui revient à appliquer l'inégalité de Cauchy-Schwarz) permet de conclure que :

$$\liminf_{r\to\infty} \frac{\mathrm{long}(\partial L_r)}{\mathrm{aire}(L_r)} = 0.$$

Ceci signifie que les L_r constituent une *suite moyennisante*, c'est-à-dire que si l'on considère le courant d'intégration c_r sur les disques L_r, il existe une sous-suite c_{r_n} avec r_n tendant vers l'infini, qui converge vers un cycle feuilleté μ (car le bord de L_r « disparaît » quand r tend vers l'infini : voir **[26]**). Il reste à montrer que $\chi(\mathcal{L}, \mu) = 0$. Ceci se fait en intégrant la courbure sur L_r, en utilisant le théorème de Gauss-Bonnet classique, et en montrant que l'effet de bord disparaît quand r tend vers l'infini. □

La deuxième partie de la démonstration du théorème 5.3 est la suivante :

Proposition 5.7. — *Si toutes les feuilles d'une lamination sont de type hyperbolique, il existe une métrique hermitienne à courbure -1.*

Esquisse de démonstration. — Il s'agit de montrer que, si la fonction u ne prend pas la valeur $-\infty$, elle est continue. D'après la proposition 5.4, il suffit de montrer que u est semi-continue inférieurement. Soit $\mathcal{K}$ l'espace des applications holomorphes du disque $\mathbb{D}$ dans (une feuille de) $(M, \mathcal{L})$, muni de la topologie de la convergence uniforme sur tout compact. On montre d'abord que $\mathcal{K}$ est compact. Pour cela, on considère une suite d'applications holomorphes $f_n : \mathbb{D} \to M$ sans sous-suite convergente. En dilatant leurs domaines de définition par des homothéties convenables et en passant à des sous-suites, on construit une application holomorphe non constante de $\mathbb{C}$ vers une feuille de $\mathcal{L}$ (lemme de Brody). Ceci contredit le fait que toutes les feuilles sont de type hyperbolique. Finalement, pour démontrer la semi-continuité inférieure de u, il suffit de l'exprimer comme :

$$\exp(u(x)) = \inf_{f\in\mathcal{K}} \{|df(0)|^{-1} \in \mathbb{R}_\star^+ \mid f(0) = x\}$$

car la fonction $\mathcal{K} \ni f \mapsto |df(0)| \in \mathbb{R}_\star^+$ est continue sur le compact $\mathcal{K}$. □

6. Uniformisation des laminations paraboliques

L'uniformisation des laminations dont toutes les feuilles sont hyperboliques étant acquise, nous étudions maintenant les laminations dont *toutes* les feuilles sont paraboliques. La question qui se pose alors est de savoir s'il existe une métrique hermitienne plate le long des feuilles.

6.1. Uniformisation approchée et un contre-exemple

Théorème 6.1 **([23])**. — *Soit* $(M, \mathcal{L})$ *une lamination dont toutes les feuilles sont paraboliques. Alors, il existe une suite de métriques hermitiennes lisses* g_n *sur* $(M, \mathcal{L})$ *telle que la* forme *de courbure de* g_n *tende uniformément vers* 0 *quand* n *tend vers l'infini.*

Insistons sur le fait qu'il n'y aurait aucun intérêt à faire tendre la *fonction* courbure vers 0. En multipliant une métrique g par une constante tendant vers l'infini, la courbure tend évidemment vers 0... Cependant, l'élément d'aire da est multiplié par le carré de cette constante de sorte que la forme de courbure $k\,da$ est préservée ! C'est pour cette raison que le théorème 6.1 considère la forme de courbure.

Démonstration. — Nous fixons donc une lamination $(M, \mathcal{L})$ dont toutes les feuilles sont paraboliques ainsi qu'une métrique hermitienne g. Soit $k : M \to \mathbb{R}$ la fonction courbure. Une autre manière d'exprimer la formule (5) qui donne le changement de courbure par changement conforme d'une métrique est la suivante. Si $k\,da$ désigne la forme de courbure de g la forme de courbure $k'\,da'$ de $g' = \exp(2u)g$ est :

$$k'\,da' = k\,da - 2\sqrt{-1}\partial\overline{\partial}u.$$

Pour établir le théorème, il s'agit de trouver une suite de fonctions lisses u_n, telle que $2\sqrt{-1}\partial\overline{\partial}u_n$ tende uniformément vers $k\,da$.

Soit $\mathcal{E}$ l'espace de Banach des 2-formes sur $\mathcal{L}$ continues sur M et $\mathcal{H}$ le sous-espace des formes du type $\sqrt{-1}\partial\overline{\partial}u$ avec u lisse. Par définition les mesures harmoniques sont les éléments du dual topologique de $\mathcal{E}$ qui s'annulent sur $\mathcal{H}$ et qui prennent des valeurs positives sur les éléments positifs. Une forme linéaire continue sur $\mathcal{E}$ qui s'annule sur $\mathcal{H}$ est donc la différence de deux mesures harmoniques. Le théorème de Hahn-Banach permet donc de conclure qu'un élément est dans l'adhérence de $\mathcal{H}$ si et seulement si il s'annule sur toutes les mesures harmoniques.

Ainsi, pour démontrer le théorème, il suffit de montrer que $\int k\,d\mu$ est nul pour toute mesure harmonique. D'après le lemme 3.6, toutes les mesures harmoniques proviennent d'une mesure transverse invariante et le théorème 4.2 permet donc de conclure. □

Il est facile de construire des laminations dont toutes les feuilles sont paraboliques et pour lesquelles il n'existe pas de métrique riemannienne lisse qui soit plate dans les feuilles. L'exemple le plus simple est le feuilletage de Reeb habituel sur la sphère $\mathbb{S}^3$. S'il existait une métrique sur la sphère telle que toutes les feuilles soient plates, les feuilles non compactes seraient isométriques à un plan euclidien. La croissance des aires des disques dans les feuilles non compactes serait donc quadratique ce qui contredit le fait que cette croissance est évidemment linéaire. Cet exemple n'est cependant pas satisfaisant pour deux raisons. La première est que les feuilles ne sont pas denses et il est plus raisonnable de s'intéresser aux laminations minimales. D'autre part, on remarque dans l'exemple du feuilletage de Reeb qu'il existe une métrique riemannienne *mesurable*, lisse dans les feuilles et plate. Cette métrique est en fait continue dans le complémentaire de la feuille compacte et tend vers l'infini lorsqu'on tend vers cette feuille compacte. Nous nous limiterons par la suite aux laminations minimales et nous chercherons des métriques mesurables.

Théorème 6.2 (**[23]**). — *Il existe une lamination $(M, \mathcal{L})$ telle que :*
- *toutes les feuilles de $\mathcal{L}$ sont paraboliques,*
- *toutes les feuilles de $\mathcal{L}$ sont denses,*
- *il n'existe aucune métrique hermitienne* mesurable *sur M, différentiable dans les feuilles, qui soit complète et plate dans les feuilles.*

Nous allons nous contenter ici de construire ce contre-exemple et de renvoyer le lecteur à **[23]** pour la preuve que cet exemple possède bien les propriétés requises.

On considère tout d'abord les trois sous-groupes à 1 paramètre complexe de $\mathrm{SL}(2, \mathbb{C})$ définis de la manière suivante :

$$d^t = \begin{pmatrix} \exp(t) & 0 \\ 0 & \exp(-t) \end{pmatrix}, \qquad h_+^s = \begin{pmatrix} 1 & s \\ 0 & 1 \end{pmatrix}, \qquad h_-^s = \begin{pmatrix} 1 & 0 \\ s & 1 \end{pmatrix}.$$

Ces groupes à 1-paramètre vérifient :

$$d^t\, h_\pm^s\, d^{-t} = h_\pm^{\exp(\pm 2t)s}.$$

Soit $\widetilde{\mathcal{F}}$ le feuilletage de $\mathrm{SL}(2, \mathbb{C})$ dont les feuilles sont les classes à gauche de $\{h_+^s\}$. Ses feuilles sont paramétrées par $\mathbb{C}$ et sont donc équipées d'une métrique plate naturelle. La relation ci-dessus montre que la translation à gauche par d^t préserve globalement les feuilles de $\widetilde{\mathcal{F}}$ et opère comme une similitude sur celles-ci.

Soit Γ un sous-groupe discret de $\mathrm{SL}(2, \mathbb{C})$ tel que le quotient $M = \mathrm{SL}(2, \mathbb{C})/\Gamma$ soit compact. Il existe bien sûr de nombreux exemples de tels groupes, associés aux variétés hyperboliques réelles de dimension 3. Puisque les translations à droite commutent avec les translations à gauche, le feuilletage $\widetilde{\mathcal{F}}$ passe au quotient en un feuilletage $\mathcal{F}$ sur M. Les feuilles de $\mathcal{F}$ sont les orbites de l'action naturelle holomorphe d'un groupe à 1 paramètre complexe que nous notons encore h_+^s de sorte que toutes les feuilles sont équipées d'une métrique plate. Le feuilletage $\mathcal{F}$ n'est donc *pas* le contre-exemple cherché !

Nous modifions cet exemple de la manière suivante. On sait qu'il existe des variétés hyperboliques réelles de dimension 3, dont le premier nombre de Betti est non nul. Il existe donc des exemples de groupes Γ possédant un homomorphisme non trivial $c : \Gamma \to \mathbb{Z}$. Soit ε un réel positif. On considère l'action à droite de Γ sur $\mathrm{SL}(2, \mathbb{C})$ définie par :

$$(x, \gamma) \in \mathrm{SL}(2, \mathbb{C}) \times \Gamma \mapsto d^{\varepsilon \cdot c(\gamma)}\, x\, \gamma \in \mathrm{SL}(2, \mathbb{C}).$$

Il se trouve que, si ε est assez petit, cette action est libre, propre et co-compacte **[21]**. On note $M_{\varepsilon . c}$ la variété compacte quotient. On remarque que cette nouvelle action préserve encore globalement le feuilletage $\widetilde{\mathcal{F}}$ et définit donc un feuilletage holomorphe $\mathcal{L}$ sur la variété $M_{\varepsilon \cdot c}$. Cependant la métrique plate des feuilles de $\widetilde{\mathcal{F}}$ n'est plus préservée et les feuilles de $\mathcal{L}$ ne sont pas a priori munies d'une métrique plate. Par contre, l'action est conforme dans les feuilles de $\widetilde{\mathcal{F}}$ de sorte que les feuilles de $\mathcal{L}$ sont naturellement munies d'une structure conforme, qui dépend analytiquement du point dans $M_{\varepsilon\cdot c}$. En d'autres termes, il existe une métrique riemannienne analytique réelle g définie sur le fibré tangent aux feuilles sur $M_{\varepsilon\cdot c}$ qui, lorsqu'on la relève à $\mathrm{SL}(2,\mathbb{C})$, et qu'on la restreint à une feuille de $\widetilde{\mathcal{F}}$, est conforme à la métrique plate naturelle de cette feuille.

On montre que c'est effectivement un feuilletage non uniformisable dans le sens où *il n'existe aucune fonction mesurable* $u : M_{\varepsilon\cdot c} \to \mathbb{R}$, *différentiable le long des feuilles, telle que la métrique* $g' = \exp(2u)g$ *soit complète et plate dans les feuilles.* La preuve n'est pas très difficile, même si elle utilise des résultats délicats concernant la théorie ergodique du flot horicyclique des variétés compactes à courbure négative, et plus précisément de leurs revêtements cycliques **[23]**.

6.2. Continuité de la structure affine. — Nous avons vu qu'il n'est en général pas possible de construire une métrique plate le long des feuilles d'une lamination à feuilles paraboliques. Nous allons indiquer cependant qu'il existe une *structure affine plate* le long des feuilles qui est continue. Expliquons cela.

Soit S une surface de Riemann parabolique. L'application conforme ρ entre le revêtement universel de S et $\mathbb{C}$ est unique à application affine près de sorte que S est naturellement munie d'une structure affine complexe. Par exemple, si x, y, z sont trois points distincts proches de S, on peut choisir trois relevés proches $\widetilde{x}, \widetilde{y}, \widetilde{z}$ dans le revêtement universel et le rapport $(\rho(\widetilde{x}) - \rho(\widetilde{y}))/(\rho(\widetilde{x}) - \rho(\widetilde{z})) \in \mathbb{C}$ est indépendant du choix des relevés et du choix de ρ ; nous noterons ce rapport $(x-y)/(x-z)$.

Théorème 6.3 (**[23]**). — *Soit* $(M, \mathcal{L})$ *une lamination dont toutes les feuilles sont de type parabolique. Alors, la structure affine des feuilles est continue dans le sens suivant. Soit* (x_i, y_i, z_i) $(i \geq 0)$ *une suite de triplets de points distincts contenus dans un même ouvert distingué et telle que, pour chaque* i, *les points* x_i, y_i, z_i *sont dans la même plaque. On suppose que* x_i, y_i, z_i *convergent respectivement vers des points distincts* $(x_\infty, y_\infty, z_\infty)$ *de ce même ouvert distingué. Alors* $(x_i - y_i)/(x_i - z_i)$ *converge vers* $(x_\infty - y_\infty)/(x_\infty - z_\infty)$ *lorsque* i *tend vers l'infini.*

Nous renvoyons le lecteur à **[23]** pour la démonstration et nous allons nous limiter ici à indiquer les outils utilisés. Nous fixons une lamination $(M, \mathcal{L})$, dont toutes les feuilles sont paraboliques, munie d'une métrique lisse g.

Soit $*$ un point base dans M. Nous notons L_* la feuille qui passe par $*$. Puisque le revêtement universel de L_* est conformément équivalent à la droite complexe, on dispose d'un revêtement conforme $\psi : \mathbb{C} \to L_*$ tel que $\psi(0) = *$. Soit D_n le disque de centre 0 dans $\mathbb{C}$ et de rayon n (entier positif). Puisque D_n est simplement connexe, le disque immergé $\psi(D_n)$ peut se relever dans les feuilles voisines. Cela signifie qu'il existe des homéomorphismes locaux :

$$\Psi_n : D_n \times Q_n \longrightarrow M$$

où les Q_n forment une famille décroissante de voisinages ouverts d'un point base q_∞ dans un espace Q, tels que :

– la restriction de Ψ_n à $D_n \times \{q_\infty\}$ coïncide avec la restriction de ψ à D_n.

– l'image de Ψ_n est un voisinage ouvert de $*$.
– Ψ_n immerge chaque $D_n \times \{q\}$ dans une feuille de $\mathcal{L}$.

Soit ε_n une suite de réels positifs tendant vers 0 en décroissant. Quitte à restreindre Q_n, on peut toujours supposer que :

– la restriction de Ψ_n à chaque $D_n \times \{q\}$ est une immersion $(1+\varepsilon_n)$-quasiconforme dans une feuille de $\mathcal{L}$ (voir [**2**]).

La démonstration du théorème utilise alors deux faits.
– Le premier résulte facilement des théorèmes généraux concernant les applications quasiconformes [**2**]. Soient D^a, D^b, D^c trois (petits) disques fermés disjoints, contenus dans un disque fermé $D \subset \mathbb{C}$ de centre 0. Pour tout réel η strictement positif, il existe ε strictement positif tel que, si $f : \mathbb{D} \to \mathbb{D}$ est un homéomorphisme $(1+\varepsilon)$-quasiconforme qui fixe l'origine et si a, b, c sont des points de D^a, D^b, D^c respectivement, alors :

$$\left| \frac{a-b}{a-c} - \frac{f(a)-f(b)}{f(a)-f(c)} \right| < \eta.$$

– Le second est le théorème de distorsion de Koebe (voir [**41**]). Rappelons que ce théorème entraîne en particulier que, si h est une fonction holomorphe univalente $\mathbb{D} \to \mathbb{C}$ et si $\zeta_1, \zeta_2, \zeta_3$ sont trois points de $\mathbb{D}$ de modules plus petits que $r < 1$, alors :

$$\left| \frac{h(\zeta_1)-h(\zeta_2)}{h(\zeta_1)-h(\zeta_3)} - \frac{\zeta_1-\zeta_2}{\zeta_1-\zeta_3} \right| < A(r) \tag{6}$$

où $A(r)$ est une fonction universelle qui tend vers 0 lorsque r tend vers 0.

D'après le premier fait, les identifications entre plaques proches sont presque affines, par rapport aux structures affines données par leur plongement dans D_n pour n grand. D'après le second fait, les plongements de D_n dans les revêtements universels des feuilles donnés par les Ψ_n sont presque affine en restriction à un D_i fixé, pour n tendant vers l'infini. Ceci permet de montrer assez facilement que la structure affine des feuilles est effectivement continue.

6.3. Un problème concernant les feuilletages linéaires des tores

L'exemple le plus simple de feuilletage parabolique est bien sûr un feuilletage $\mathcal{F}$ linéaire de codimension 1 sur le tore $\mathbb{T}^3 = \mathbb{R}^3/\mathbb{Z}^3$ de dimension 3.

Soit g une métrique riemannienne lisse le long des feuilles de $\mathcal{F}$. Comme nous l'avons vu, ceci permet de définir une structure de lamination par surfaces de Riemann sur $\mathcal{F}$.

Nous ignorons s'il est toujours possible de trouver une fonction continue (ou même mesurable) $u : \mathbb{T}^3 \to \mathbb{R}$ telle que $\exp(u)g$ soit complète et plate le long des feuilles.[(1)]

Le seul (petit) résultat que nous ayons dans cette direction est le suivant. Nous dirons qu'un nombre réel α satisfait une *condition diophantienne*, s'il existe des constantes $C > 0$ et $\varepsilon > 0$ telles que, pour tous les entiers (p, q) avec $q > 0$, on ait :

$$\left| \alpha - \frac{p}{q} \right| \geq \frac{C}{q^{2+\varepsilon}}.$$

(1) A.A. Glutsuk vient de répondre positivement à cette question (octobre 1999).

Proposition 6.4 (**[23]**). — *Soit $\mathcal{F}$ le feuilletage linéaire de $\mathbb{R}^3/\mathbb{Z}^3$ d'équation $dt = \alpha_1 dx + \alpha_2 dy$ et g une métrique de classe C^∞. Si le sous-groupe de $\mathbb{R}$ engendré par α_1 et α_2 contient un nombre rationnel non nul ou un nombre satisfaisant une condition diophantienne, il existe une fonction $u : \mathbb{R}^3/\mathbb{Z}^3 \to \mathbb{R}$ de classe C^∞ telle que $\exp(u)g$ soit plate dans les feuilles.*

Le fait que ce théorème soit valable à la fois dans le cas rationnel et dans le cas irrationnel diophantien suggère qu'il est peut-être valable sans aucune hypothèse arithmétique ?

Nous reproduisons ici la preuve donnée dans **[23]**. Soit donc $\mathcal{F}$ le feuilletage linéaire du tore $\mathbb{T}^3 = \mathbb{R}^3/\mathbb{Z}^3$ d'équation $dt = \alpha_1\, dx + \alpha_2\, dy$ (où (x, y, t) désignent les coordonnées de $\mathbb{R}^3$) et soit g une métrique de classe C^∞ sur $\mathbb{T}^3$. On peut envisager $\mathcal{F}$ comme le quotient de $\mathbb{R}^2 \times \mathbb{R}/\mathbb{Z}$, feuilleté par plans $\mathbb{R}^2 \times \{*\}$, par le groupe engendré par les deux difféomorphismes commutant :

$$T_1 : (x, y, t) \in \mathbb{R}^2 \times \mathbb{R}/\mathbb{Z} \longmapsto (x + 1, y, t + \alpha_1) \in \mathbb{R}^2 \times \mathbb{R}/\mathbb{Z},$$

$$T_2 : (x, y, t) \in \mathbb{R}^2 \times \mathbb{R}/\mathbb{Z} \longmapsto (x, y + 1, t + \alpha_2) \in \mathbb{R}^2 \times \mathbb{R}/\mathbb{Z}.$$

Pour chaque $t \in \mathbb{R}/\mathbb{Z}$, le plan $\mathbb{R}^2 \times \{t\}$ est muni de la métrique $\widetilde{g}_t$ obtenue par relèvement de g. Il existe un unique difféomorphisme conforme ψ_t de $(\mathbb{R}^2 \times \{t\}, \widetilde{g}_t)$ sur le plan complexe $\mathbb{C}$ qui envoie les points $(0, 0, t)$ et $(0, 1, t)$ sur 0 et 1 respectivement. Puisque nous supposons que la métrique g est de classe C^∞, la métrique $\widetilde{g}_t$ dépend de t de manière C^∞. La version à paramètres du théorème d'uniformisation donnée dans **[1, 2]** montre que la bijection :

$$F : (x, y, t) \in \mathbb{R}^2 \times \mathbb{R}/\mathbb{Z} \longmapsto (\psi_t(x, y), t) \in \mathbb{C} \times \mathbb{R}/\mathbb{Z}$$

est un difféomorphisme de classe C^∞.

Puisque T_1 et T_2 opèrent par isométries de $\widetilde{g}$, leurs conjugués par F doivent opérer conformément sur les $\mathbb{C} \times \{*\}$. Autrement dit, $T_1' = F \circ T_1 \circ F^{-1}$ s'écrit :

$$T_1'(\zeta, t) = (a_1'(t)\zeta + b_1'(t), t + \alpha_1).$$

où les fonctions $a_1', b_1' : \mathbb{R}/\mathbb{Z} \to \mathbb{C}^*$ sont de classe C^∞.

Étudions d'abord le cas où α_1 est nul.

Alors, puisque T_1' opère librement sur $\mathbb{C} \times \mathbb{R}/\mathbb{Z}$, on constate que $a_1'(t)$ doit être identiquement égal à 1 de sorte que T_1' opère sur chaque $\mathbb{C} \times \{t\}$ comme une translation non triviale d'amplitude $b_1'(t)$. Conjuguons T_1' par :

$$G : (\zeta, t) \in \mathbb{C} \times \mathbb{R}/\mathbb{Z} \longmapsto (b_1'^{-1}(t)\zeta, t) \in \mathbb{C} \times \mathbb{R}/\mathbb{Z}.$$

On obtient :

$$T_1'' = G \circ T_1' \circ G^{-1} : (\zeta, t) \in \mathbb{C} \times \mathbb{R}/\mathbb{Z} \longmapsto (\zeta + 1, t) \in \mathbb{C} \times \mathbb{R}/\mathbb{Z}.$$

Cherchons maintenant $T_2'' = (G \circ F) \circ T_2 \circ (G \circ F)^{-1}$ sous la forme :

$$T_2''(\zeta, t) = (a_2''(t)\zeta + b_2''(t), t + \alpha_2).$$

La condition de commutation entre T_1'' et T_2'' s'écrit :

$$a_2''(t) = 1$$

c'est-à-dire que T_2'' opère aussi par translations. Cela signifie que la métrique obtenue en transportant la métrique euclidienne de $\mathbb{C} \times \{*\}$ par $(G \circ F)^{-1}$ est invariante par T_1 et T_2 simultanément et passe donc au quotient sur le tore $\mathbb{T}^3$. La métrique ainsi obtenue sur $\mathbb{T}^3$ est lisse, plate dans les feuilles, et conforme à g. Le théorème 6.4 est donc établi dans le cas particulier où $\alpha_1 = 0$.

Plus généralement, supposons que le sous-groupe de $\mathbb{R}$ engendré par α_1, α_2 et 1 soit de rang inférieur ou égal à 2. Alors les feuilles du feuilletage $\mathcal{F}$ sont toutes des cylindres ou toutes des tores. En transformant le feuilletage par un difféomorphisme linéaire de $\mathbb{T}^3$ convenable, on se ramène au cas que nous venons d'étudier où $\alpha_1 = 0$ et le théorème 6.4 est donc aussi établi dans ce cas.

Nous abordons maintenant le cas plus intéressant où α_1 satisfait une condition diophantienne.

La proposition suivante est bien connue ; elle est le résultat le plus élémentaire de la théorie des petits dénominateurs (voir par exemple [**4**]). Elle se démontre simplement en évaluant les coefficients de Fourier et en majorant grâce à l'estimation diophantienne.

Proposition 6.5. — *Si α_1 satisfait une condition diophantienne du type précédent, pour toute fonction $v : \mathbb{R}/\mathbb{Z} \to \mathbb{R}$ de classe C^∞ il existe une constante $\overline{v}$ et une fonction $w : \mathbb{R}/\mathbb{Z} \to \mathbb{R}$ de classe C^∞ telle que :*

$$v(t) = w(t + \alpha_1) - w(t) + \overline{v}.$$

Reprenons l'étude de :

$$T_1'(\zeta, t) = (a_1'(t)\zeta + b_1'(t), t + \alpha_1).$$

Appliquons la proposition 6.5 à la fonction $v(t) = \log|a_1(t)|$. Il existe donc une fonction $w : \mathbb{R}/\mathbb{Z} \to \mathbb{R}$ de classe C^∞ et une constante $k > 0$ satisfaisant l'équation homologique :

$$|\exp(w(t + \alpha_1)\exp(-t)| = k|a_1(t)|.$$

Alors, on peut considérer le difféomorphisme :

$$G : (\zeta, t) \in \mathbb{C} \times \mathbb{R}/\mathbb{Z} \longmapsto (\exp(-v(t))\zeta, t) \in \mathbb{C} \times \mathbb{R}/\mathbb{Z}.$$

En posant $T_1'' = (G \circ F) \circ T_1 \circ (G \circ F)^{-1}$, on obtient :

$$T_1'' : (\zeta, t) \in \mathbb{C} \times \mathbb{R}/\mathbb{Z} \longmapsto (a_1''(t)\zeta + b_1''(t), t + \alpha_1) \in \mathbb{C} \times \mathbb{R}/\mathbb{Z}$$

avec :

$$|a_1''(t)| = k.$$

Nous affirmons que $k = 1$. Ceci pourrait se déduire du théorème 6.1, mais c'est élémentaire dans ce cas. En effet, notons b_1'' une borne supérieure du module de $b_1''(t)$. Alors, on vérifie par récurrence que la n-ième puissance de T_1'' satisfait pour $n > 0$:

$$T_1''^n(0, 0) = (\zeta_n, t + n\alpha_1)$$

avec :

$$|\zeta_n| \leq b_1''(1 + k + \cdots + k^{n-1}).$$

Supposons que $k < 1$ par exemple. Alors la formule précédente montre que les points $T_1''^n(0,0)$ restent dans un compact de $\mathbb{C} \times \mathbb{R}/\mathbb{Z}$. Ceci est impossible car le groupe abélien engendré par T_1 et T_2 agit proprement sur $\mathbb{C} \times \mathbb{R}/\mathbb{Z}$. On montre de même que k ne peut pas non plus être strictement supérieur à 1 en considérant les itérés négatifs de T_1''. Nous avons donc bien montré que $k = 1$.

Autrement dit T_1'' opère par isométries dans les $\mathbb{C} \times \{*\}$. Posons $T_2'' = (G \circ F) \circ T_2 \circ (G \circ F)^{-1}$. Nous affirmons que T_2'' opère nécessairement lui aussi par isométries. En effet, écrivons T_2'' sous la forme :

$$T_2'' : (\zeta, t) \in \mathbb{C} \times \mathbb{R}/\mathbb{Z} \longmapsto (a_2''(t)\zeta + b_2''(t), t + \alpha_2) \in \mathbb{C} \times \mathbb{R}/\mathbb{Z}.$$

Écrivons la relation de commutation entre T_1'' et T_2''. On obtient :

$$a_1''(t)a_2''(t + \alpha_1) = a_2''(t)a_1''(t + \alpha_2)$$

$$a_1''(t + \alpha_2)b_2''(t) + b_1''(t + \alpha_2) = a_2''(t + \alpha_1)b_1''(t) + b_2''(t + \alpha_1).$$

L'irrationalité de α_1 et le fait que le module de $a_1''(t)$ soit égal à 1 montrent donc que $a_2''(t)$ est de module constant. Exactement comme nous avons montré plus haut que $k = 1$, on montre ici que le module de $a_2''(t)$ est en fait 1.

En résumé, nous avons montré que, si l'on conjugue simultanément T_1 et T_2 par $G \circ F$, on obtient des difféomorphismes qui opèrent isométriquement dans les $\mathbb{C} \times \{*\}$. Autrement dit, la métrique euclidienne des droites complexes $\mathbb{C} \times \{*\}$ est invariante par T_1'' et T_2''. Cette métrique euclidienne, transportée par $G \circ F$, passe donc au quotient dans le tore $\mathbb{T}^3$. Nous avons bien obtenu une métrique lisse, plate dans les feuilles et conforme à g, comme affirmé.

Lorsque le groupe engendré par α_1, α_2 et 1 contient un nombre satisfaisant une condition diophantienne, on se ramène par changement de base dans le réseau $\mathbb{Z}^3$ au cas où α_1 satisfait une condition diophantienne. Puisque nous venons d'étudier ce cas, ceci termine la preuve du théorème 6.4.

Signalons encore un problème qui mériterait probablement une étude détaillée. Soit $(M, \mathcal{L})$ une lamination compacte dont toutes les feuilles sont denses et paraboliques (nous avons vu que ceci ne dépend pas du choix d'une métrique). *Existe-t-il une métrique* riemannienne *lisse (ou même mesurable) qui est plate dans les feuilles?* Cette question est différente de celle étudiée dans ce paragraphe car la métrique cherchée n'est pas nécessairement hermitienne.

6.4. Un exemple de lamination où les types conformes se mélangent

Lors des conférences « État de la recherche », nous avions mentionné le problème de l'existence d'une lamination minimale dont certaines feuilles sont de type parabolique et d'autres de type hyperbolique. Richard Kenyon nous a indiqué une jolie idée pour construire un exemple que nous allons décrire ici. Nous le remercions d'avoir bien voulu nous autoriser à inclure cet exemple dans cet article.

Théorème 6.6. — *Il existe une lamination $\mathcal{L}$ par surfaces de Riemann sur un espace métrique compact $\widetilde{\mathbb{X}}$ telle que :*

– *Toutes les feuilles de $\mathcal{L}$ sont denses.*

– *Une feuille de $\mathcal{L}$ est conformément équivalente à une sphère moins quatre points (et donc hyperbolique). Toutes les autres feuilles sont conformément équivalentes soit au plan $\mathbb{C}$, soit au cylindre parabolique $\mathbb{C}/\mathbb{Z} \simeq \mathbb{C}^\star$.*
– *Toutes les feuilles de $\mathcal{L}$ sont sans holonomie et ont une croissance polynomiale.*

Le dernier point n'est pas le plus important : pour les notions de croissance et d'holonomie, voir [**24**].

Nous commençons par décrire un espace métrique très général analogue à ceux que nous avons décrits en 2.3. Considérons le graphe G dont les sommets sont les points entiers $\mathbb{Z} \times \mathbb{Z}$ dans le plan $\mathbb{R}^2$ et dont les arêtes sont les segments horizontaux $[i, i+1] \times \{j\}$ ou verticaux $\{i\} \times [j, j+1]$ pour $(i,j) \in \mathbb{Z} \times \mathbb{Z}$. Soit $\mathbb{A}$ l'ensemble des sous-graphes (finis ou infinis) de G qui contiennent l'origine $(0,0)$ et qui sont des arbres (*i.e.* connexes et sans cycles). La *distance* entre deux sommets d'un arbre est la longueur minimale d'un chemin qui les joint dans ce graphe. Si T est un arbre de $\mathbb{A}$, si $p = (i,j)$ est l'un de ses sommets et si n est un entier, on notera $T(p,n)$ la boule de centre p et de rayon n, c'est-à-dire le sous-arbre dont les sommets sont les sommets à distance inférieure ou égale à n de p. Nous allons faire de $\mathbb{A}$ un espace métrique compact. Soient T_1 et T_2 deux éléments de $\mathbb{A}$. Par définition, la distance entre T_1 et T_2 est $\exp(-n)$ où n est le plus grand entier (éventuellement $+\infty$) tel que $T_1((0,0),n) = T_2((0,0),n)$. Par un procédé diagonal, on montre que $\mathbb{A}$ muni de cette métrique est compact. Le point important est bien sûr qu'une limite d'arbres est un arbre.

Sur $\mathbb{A}$ on dispose d'une relation d'équivalence naturelle qui consiste à changer de point base. Plus précisément, si T_1 et T_2 sont deux arbres de $\mathbb{A}$, on dira qu'ils sont équivalents s'il existe une translation entière du plan qui envoie T_1 sur T_2. Les classes d'équivalence correspondantes sont dénombrables.

Nous allons maintenant modifier légèrement l'espace $\mathbb{A}$ pour construire une lamination. Notre but est de construire un espace métrique compact $\widetilde{\mathbb{A}}$ muni d'une lamination $\mathcal{L}$ et contenant une copie de $\mathbb{A}$ de telle sorte que les feuilles de $\mathcal{L}$ intersectent $\mathbb{A}$ sur les orbites de la relation d'équivalence que nous venons de définir dans $\mathbb{A}$.

Considérons un arbre T de $\mathbb{A}$. La boule de centre l'origine et de rayon 1 dans T peut être de 16 types différents suivant les sommets de T à distance 1 de l'origine qui peuvent constituer une partie quelconque de l'ensemble à quatre éléments $\{(\pm 1, \pm 1)\}$. Ainsi, $\mathbb{A}$ est la réunion disjointe de 16 parties $\mathbb{A}_P$ indexées par les parties P de $\{(\pm 1, \pm 1)\}$. Ces $\mathbb{A}_P$ sont des ouverts fermés de $\mathbb{A}$. Pour chaque partie P, on considère une surface compacte à bord Σ_P qui est homéomorphe à une sphère à laquelle on a ôté des disques ouverts en nombre égal au cardinal de P. Les composantes du bord de Σ_P sont indexées par les éléments de P : nous noterons $\partial_p \Sigma_P$ la composante du bord de Σ_P indexée par $p \in P$. On choisit de plus des métriques riemanniennes sur ces Σ_P de telle sorte que toutes les composantes connexes des bords ont des voisinages ouverts isométriques à un anneau euclidien $\mathbb{S}^1 \times [0,1[$ et on fixe de telles isométries. Enfin, on choisit un point base arbitraire $\star_P$ dans chaque Σ_P. Sur la figure 6, nous avons indiqué 4 des 16 possibilités.

L'espace cherché $\widetilde{\mathbb{A}}$ sera obtenu en recollant convenablement les bords de la réunion des $\widetilde{\mathbb{A}}_P = \mathbb{A}_P \times \Sigma_P$. Précisément, soit T un élément de $\mathbb{A}$, soit P la partie telle que

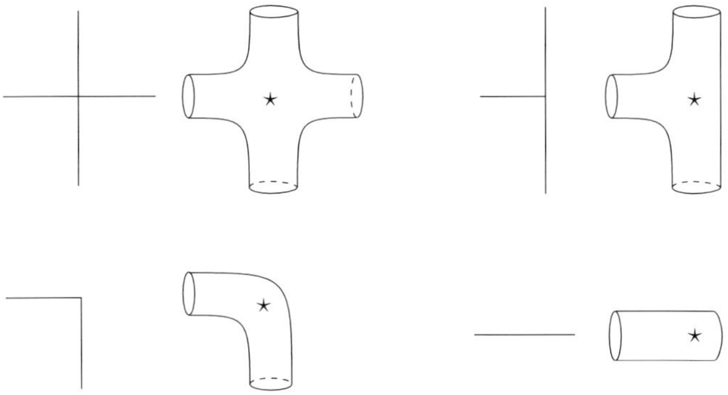

FIGURE 6

$T \in \mathbb{A}_P$ et choisissons un élément $p \in \{(\pm 1, \pm 1)\}$ de P. Le translaté $T + p$ de T par le vecteur p est un autre élément de $\mathbb{A}$ et la partie Q telle que $T + p \in \mathbb{A}_Q$ contient le vecteur $-p$. Les bords $\partial_p(\Sigma_P)$ et $\partial_{-p}(\Sigma_Q)$ sont tous deux identifiés au cercle $\mathbb{R}/\mathbb{Z} \simeq \mathbb{S}^1 \subset \mathbb{S}^1 \times \{0\} \subset \mathbb{S}^1 \times [0, 1[$. Pour tout $\theta \in \mathbb{R}/\mathbb{Z}$, on identifie le point θ de l'un des bords avec le point $-\theta$ de l'autre bord. On fait ces recollements pour tout arbre $T \in \mathbb{A}$. On vérifie que l'espace ainsi obtenu est compact ; le point important est que, pour chaque couple de parties (P, Q) tel qu'il existe un élément $p \in \{(\pm 1, \pm 1)\}$ avec $p \in P$ et $-p \in Q$, l'ensemble des arbres T tels que $T \in \mathbb{A}_P$ et $T + p \in \mathbb{A}_Q$ est un ouvert fermé de $\mathbb{A}$. Le plongement de chaque $\mathbb{A}_P \simeq \mathbb{A}_P \times \{\star_P\}$ dans $\mathbb{A}_P \times \Sigma_P$ fournit un plongement de $\mathbb{A}$ dans $\widetilde{\mathbb{A}}$.

Évidemment, les divers recollements que nous venons de décrire sont compatibles avec les laminations triviales des $\mathbb{A}_P \times \Sigma_P$ par les surfaces à bords Σ_P. On obtient ainsi une lamination $\mathcal{L}$ sur $\widetilde{\mathbb{A}}$. Les feuilles de cette lamination sont équipées d'une métrique riemannienne et on peut donc considérer $\mathcal{L}$ comme une lamination par surfaces de Riemann. Chaque feuille de $\mathcal{L}$ rencontre $\mathbb{A}$ sur une classe d'équivalence de la relation sur $\mathbb{A}$ que nous avons décrite plus haut. Chaque feuille L de $\mathcal{L}$ correspond à un arbre T de $\mathbb{A}$ défini à translations entières près. L'arbre T se plonge en fait dans L comme un « squelette », c'est-à-dire que tout point de L est à une distance uniformément bornée de T. Ainsi, étudier la géométrie des feuilles revient essentiellement à étudier la géométrie de l'arbre qui lui correspond. Le cas où P est vide est peu intéressant ; seul l'arbre réduit à l'origine appartient à $\mathbb{A}_\varnothing$ et puisque $\Sigma_\varnothing$ est une sphère, ceci conduit à une feuille sphérique isolée pour la lamination $(\widetilde{\mathbb{A}}, \mathcal{L})$.

Cette lamination $(\widetilde{\mathbb{A}}, \mathcal{L})$ n'est pas satisfaisante de notre point de vue, car $\mathbb{A}$ contient beaucoup trop d'arbres de sorte que la lamination n'est pas minimale et contient à la fois beaucoup de feuilles paraboliques et beaucoup de feuilles hyperboliques (ainsi d'ailleurs que des feuilles elliptiques isolées qui correspondent aux arbres finis qui sont dans $\mathbb{A}$). La lamination $(\widetilde{\mathbb{X}}, \mathcal{L})$ que nous cherchons sera en fait la restriction de $\mathcal{L}$ à l'adhérence d'une feuille bien particulière L_∞ que nous allons construire. Pour cela, nous construisons un arbre particulier T_∞ dans $\mathbb{A}$.

La construction se fait par récurrence, c'est-à-dire que nous allons construire T_∞ comme une réunion croissante d'arbres finis T_n de $\mathbb{A}$. L'arbre T_1 est indiqué sur la figure 7. Supposons construit l'arbre T_n qui rencontre l'axe vertical sur l'intervalle $\{0\} \times [-2^n, 2^n]$ et l'axe horizontal sur l'intervalle $[-2^n + 1, 2^n - 1] \times \{0\}$. On construit alors T_{n+1} de la façon suivante. On translate d'abord T_n verticalement d'un vecteur $(0, 2^n)$ puis on considère la réunion des images de ce translaté par les quatre rotations centrées sur l'origine et d'angles $0, \pm\pi/2, \pi$. On vérifie que le graphe ainsi obtenu est un arbre. Enfin, on élague les deux arêtes extrêmes sur l'axe horizontal de manière à ce que l'arbre T_{n+1} finalement obtenu rencontre bien cet axe, comme il se doit, sur l'intervalle $[-2^{n+1} + 1, 2^{n+1} - 1] \times \{0\}$. On vérifie par récurrence que chaque T_{n+1} prolonge T_n de sorte que la réunion T_∞ des T_n est un arbre de $\mathbb{A}$.

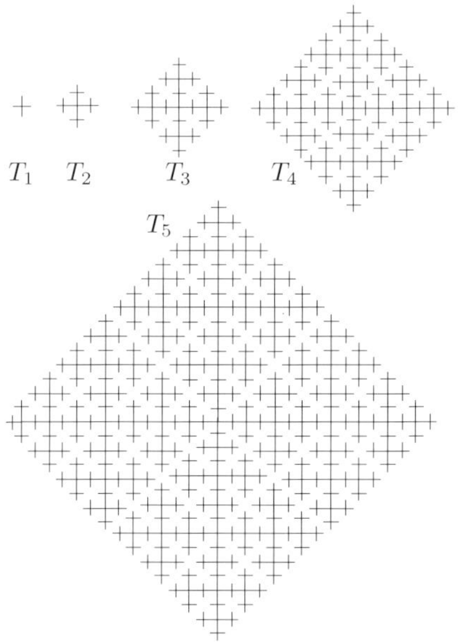

FIGURE 7

On vérifie également par récurrence que les sommets de T_∞ sont les points de coordonnées (i, j) tels que $(i, j) = (0, 0)$ ou tels que les valuations 2-adiques de i et j sont différentes.

Rappelons que le nombre de bouts d'un graphe localement fini est la borne supérieure (éventuellement infinie) du nombre de composantes connexes infinies du complémentaire d'une partie finie. On remarque que l'arbre T_∞ a exactement 4 bouts ; il est constitué des deux axes de coordonnées auxquels se greffent des arbres finis qui ne modifient donc pas les bouts de T_∞. La topologie de la feuille de $\mathcal{L}$ qui correspond à T_∞ est donc celle d'une sphère moins quatre points, même si, d'un point de vue géométrique, il faut imaginer que cette sphère comme très « boursouflée »...

Soit $\mathbb{X}$ l'adhérence de la classe d'équivalence de T_∞ dans $\mathbb{A}$. Admettons un instant les deux lemmes suivants.

Lemme 6.7. — *Pour tout arbre T de $\mathbb{X}$, l'adhérence de la classe d'équivalence de T dans $\mathbb{X}$ est dense dans $\mathbb{X}$.*

Lemme 6.8. — *Soit T un arbre de $\mathbb{X}$ qui n'est pas dans la classe d'équivalence de T_∞. Alors T possède un ou deux bouts.*

Au fermé $\mathbb{X}$ de $\mathbb{A}$ correspond un fermé $\widetilde{\mathbb{X}}$ de $\widetilde{\mathbb{A}}$ saturé par la lamination $\mathcal{L}$. Nous allons montrer que cette lamination $(\widetilde{\mathbb{X}}, \mathcal{L})$ satisfait à toutes les contraintes du théorème 6.6.

D'après le lemme 6.7, toutes les feuilles de $\mathcal{L}$ sont denses dans $\widetilde{\mathbb{X}}$. Puisque les arbres de $\mathbb{A}$ sont plongés dans le réseau des points entiers de $\mathbb{R}^2$, il est clair que le nombre de sommets d'un arbre de $\mathbb{A}$ situés à distance n de l'origine croît au plus quadratiquement en n. Il en résulte que toutes les feuilles de $\mathcal{L}$ ont une croissance au plus quadratique.

Considérons un arbre T de $\mathbb{A}$ possédant exactement deux bouts. Il existe un unique chemin infini joignant ces deux bouts et sans allers retours de sorte que T peut être considéré comme une droite sur laquelle on branche une collection d'arbres finis. La feuille L de $\mathcal{L}$ correspondante s'obtient donc à partir d'un cylindre infini en faisant la somme connexe de sphères (boursouflées !), c'est-à-dire que cette feuille L est homéomorphe à un cylindre. Nous affirmons que ce cylindre est conformément équivalent à $\mathbb{C}/\mathbb{Z} \simeq \mathbb{C}^\star$. Il suffit de remarquer que L contient une collection infinie de cylindres ouverts disjoints non homotopes à zéro et conformément équivalents à $\mathbb{S}^1 \times]0,1[$, de sorte que le module de L considéré comme une surface de Riemann est nécessairement infini. Ceci entraîne bien que L est conformément isomorphe à $\mathbb{C}^\star$.

De manière analogue, si un arbre T de $\mathbb{A}$ ne possède qu'un bout, il s'obtient à partir d'une demi-droite en greffant des arbres finis. La feuille L correspondante est donc un plan topologiquement. Pour montrer qu'elle est en fait conformément isomorphe à $\mathbb{C}$, il suffit de remarquer que L contient une réunion d'anneaux emboîtés qui sont tous isomorphes à $\mathbb{S}^1 \times]0,1[$ et donc tous de même module.

Il résulte donc de ces remarques et du lemme 6.8 que toutes les feuilles de $(\widetilde{\mathbb{X}}, \mathcal{F})$ distinctes de la feuille L_∞ correspondant à T_∞ sont des plans ou des cylindres conformément isomorphes à $\mathbb{C}$ ou $\mathbb{C}^\star$. Quant à la feuille L_∞, un argument analogue montre qu'elle est conformément équivalente à une sphère moins 4 points.

Pour démontrer le théorème 6.6, il reste à démontrer les deux lemmes... Nous commençons par deux remarques préliminaires simples dont nous laissons les preuves au lecteur. Elles se vérifient facilement en utilisant la définition de T_∞. On peut aussi utiliser la description que nous avons donnée des sommets de T_∞ en termes de valuations 2-adiques et remarquer que si i est un entier non nul multiple de 2^n et si a est un entier non nul de module strictement inférieur à 2^n, les valuations 2-adiques de a et $i+a$ sont les mêmes.

Remarque 1. — Pour toute boule $B = T_\infty((i,j), 2^{n+1})$, il existe une translation entière τ telle que l'image $\tau(T_\infty((0,0), 2^n))$ soit contenue dans B et coïncide avec la boule $T_\infty(\tau(0,0), 2^n)$.

Remarque 2. — Pour toute boule $B = T_\infty((i,j),2^n)$, il existe un sommet (i',j') de T_∞ avec $|i'| \leq 2^n$ et $|j'| \leq 2^n$ tel que la translation par $(i'-i, j'-j)$ envoie B sur la boule $T_\infty((i',j'),2^n)$.

Nous démontrons d'abord le lemme 6.7. Considérons donc un arbre T dans l'adhérence $\mathbb{X}$ de la classe d'équivalence de T_∞. Il s'agit de démontrer que la classe d'équivalence de T est également dense dans $\mathbb{X}$. Il suffit évidemment de montrer que T_∞ est dans l'adhérence de la classe de T. Autrement dit, il s'agit de montrer que, pour tout entier n, il existe une translation entière (i,j) telle que $T_\infty((0,0),2^n) + (i,j)$ soit la boule $T((i,j),2^n)$.

Puisque T est dans l'adhérence de la classe de T_∞, il existe une translation entière (i_0,j_0) telle que $T((0,0),2^{n+1}) + (i_0,j_0)$ soit la boule $T_\infty((i_0,j_0),2^{n+1})$. D'après la remarque 1, il existe (i_1,j_1) telle que $T_\infty((0,0),2^n) + (i_1,j_1)$ soit contenu dans $T((0,0),2^{n+1}) + (i_1,j_1)$ et soit la boule $T_\infty((i_1,j_1),2^n)$. Il en résulte que la translation (i_1-i, j_1-j) envoie la boule $T_\infty((0,0),2^n)$ sur la boule $T((i_1-i,j_1-j),2^n)$. C'est ce qu'il fallait démontrer.

Nous démontrons maintenant le lemme 6.8. Soit T un arbre de $\mathbb{A}$ qui possède au moins trois bouts. Alors on peut trouver dans T un Y, c'est-à-dire un sommet p d'où partent trois chemins $\gamma_1, \gamma_2, \gamma_3$ infinis, disjoints, sans points doubles ni allers retours.

Nous considérons un arbre T de $\mathbb{X}$ et nous supposons que cet arbre possède plus de deux bouts. Nous allons montrer que T est un translaté de T_∞. Pour cela, on choisit un sommet p et trois chemins comme ci-dessus. Par une translation, on peut toujours supposer que p est l'origine de T. Nous allons analyser la nature des intersections de ces chemins avec $T((0,0),2^n)$ qui est donc constituée de trois chemins disjoints $\gamma_1^n, \gamma_2^n, \gamma_3^n$ émanant de l'origine et de longueur 2^n. D'après la remarque 2, par une translation (i,j) avec $|i| \leq 2^n$ et $|j| \leq 2^n$, on peut amener $T((0,0),2^n)$ sur $T_\infty((i,j),2^n)$ qui est contenu dans $T_\infty((0,0),2^{n+1})$. L'arbre fini $T_\infty((0,0),2^{n+1})$ a la structure suivante. C'est une croix formée de quatre branches sur les axes de coordonnées de longueur 2^{n+1}, auxquelles se greffent des arbres de diamètres strictement inférieurs à 2^n (voir figure). Les trois chemins $\gamma_1^n + (i,j), \gamma_2^n + (i,j), \gamma_3^n + (i,j)$ étant disjoints et de longueur 2^n, il est clair que la seule possibilité est que ces chemins partent de l'origine, c'est-à-dire que $(i,j) = (0,0)$. Il en résulte que, pour tout n, les boules $T((0,0),2^n)$ et $T_\infty((0,0),2^n)$ coïncident. Nous avons établi que l'arbre T n'est autre que T_∞ et ceci termine la preuve du théorème 6.6.

7. Fonctions méromorphes sur les laminations

Sur toute surface de Riemann compacte, il existe des fonctions méromorphes non constantes. Plus précisément, si deux points distincts sont donnés sur cette surface, il existe une fonction méromorphe prenant des valeurs différentes en ces points ; ceci permet de montrer que toutes les surfaces de Riemann sont algébriques, c'est-à-dire qu'elles se plongent holomorphiquement dans un espace projectif complexe. C'est ce résultat de Riemann, l'un des plus importants de la théorie classique, que nous allons chercher à généraliser.

Soit $(M, \mathcal{L})$ une lamination par surfaces de Riemann et U un ouvert de M. Une *fonction holomorphe* sur U est une fonction $f : U \to \mathbb{C}$ qui est continue et qui est holomorphe dans chaque feuille. Ceci définit un faisceau d'anneaux $\mathcal{O}$ sur M.

Une *fonction méromorphe* est habituellement définie comme une fonction qui est localement le quotient de deux fonctions holomorphes. Lorsque l'on essaye de généraliser cette définition aux laminations, on rencontre plusieurs difficultés.

La première est que l'anneau des germes de fonctions holomorphes au voisinage d'un point d'une lamination n'est pas nécessairement intègre. Il suffit en effet de remarquer que cet anneau contient le sous-anneau des germes de fonctions continues et constantes sur les plaques, isomorphe à l'anneau des germes de fonctions continues sur une transversale, au voisinage de l'un de ses points. Ce dernier anneau n'est pas intègre dès que le point considéré n'est pas isolé.

La deuxième difficulté est illustrée par l'exemple suivant. Considérons la lamination triviale $\mathbb{D} \times [0, 1]$ et soient z_1, z_2 deux fonctions continues de $[0, 1]$ dans $\mathbb{D}$ telles que $z_1(t) = z_2(t)$ pour $t \leq 1/2$ et $z_1(t) \neq z_2(t)$ pour $t > 1/2$. La fonction

$$F : (z, t) \in \mathbb{D} \times [0, 1] \longmapsto (z - z_1(t))/(z - z_2(t))$$

est le quotient de deux fonctions holomorphes et doit donc être qualifiée de méromorphe. Il est cependant difficile de définir le « diviseur des pôles » de F. En effet, pour $t \leq 1/2$ la fonction F est égale à 1 et n'a donc pas de pôles, alors que la courbe $(z_2(t), t)$ est contenue dans « les pôles » de F pour $t > 1/2$. Le diviseur des pôles présente donc un « point d'arrêt ».

Rappelons que nous avons déjà défini la notion de fibré en droites au dessus de M. Si l'on note $\mathcal{O}^\star$ le faisceau des germes de fonctions holomorphes non nulles, les fibrés en droites au dessus de M sont identifiés aux éléments de $H^1(M, \mathcal{O}^\star)$.

Si U est un ouvert de M, notons $\mathcal{H}(U)$ l'ensemble des fonctions holomorphes sur U qui ne sont identiquement nulles sur aucune feuille de la restriction de $\mathcal{L}$ à U. C'est un monoïde pour la multiplication. Le faisceau en monoïdes associé à ce préfaisceau sera noté $\mathcal{H}$; il contient $\mathcal{O}^\star$ comme sous faisceau. On appellera *diviseur effectif* sur M une section globale du quotient $\mathcal{H}/\mathcal{O}^\star$. En termes moins précis, un diviseur effectif est défini localement par une équation holomorphe qui n'est identiquement nulle sur aucune plaque et ces équations locales sont bien définies, modulo une multiplication par une fonction holomorphe qui ne s'annule pas. Le *support* d'un diviseur effectif est le fermé de M où les équations locales sont nulles.

Comme dans le cas classique, la donnée d'un diviseur effectif D définit naturellement un fibré en droites muni d'une section holomorphe. Réciproquement, une section holomorphe d'un fibré en droites définit un diviseur effectif : le « diviseur de ses zéros ».

Une *fonction méromorphe* sur $(M, \mathcal{L})$ est une fonction $f : M \to \mathbb{CP}^1$ telle qu'il existe un fibré en droites E au dessus de M et deux sections holomorphes u, v de ce fibré telles que $f = u/v$ et v ne s'annule sur aucune feuille. Comme le suggère cette écriture, la fonction f n'est pas définie aux points où u et v sont nulles ; partout ailleurs, le quotient des deux sections peut effectivement être compris comme un élément de $\mathbb{C} \cup \{\infty\}$. Bien entendu, le fibré en droites E n'est pas unique. Le diviseur des zéros de la section v est appelé *un* diviseur des pôles de f.

Même si une fonction méromorphe f n'est pas définie aux zéros communs de u et v, la restriction de f à chaque feuille est une fonction méromorphe habituelle et se prolonge donc en une fonction continue à valeurs dans $\mathbb{CP}^1$. Il faut cependant prendre garde au fait que la fonction f ainsi définie sur M n'est pas nécessairement continue : c'est le phénomène que nous avons déjà vu de rencontre des zéros et des pôles.

Pour simplifier nos énoncés, et pour éviter quelques phénomènes pathologiques, nous conviendrons de dire qu'une fonction méromorphe est *non constante* si elle n'est constante sur aucune feuille.

Lemme 7.1. — *Le support d'un diviseur des pôles d'une fonction méromorphe non constante rencontre toutes les feuilles d'une lamination.*

Démonstration. — Soit $f : M \to \mathbb{CP}^1$ une fonction méromorphe non constante et X le support d'un diviseur des pôles. On commence par remarquer qu'il résulte du théorème de Rouché que, si une plaque de $\mathcal{L}$ rencontre X, il en est de même pour les plaques voisines. Autrement dit, la réunion des feuilles qui rencontrent X est ouverte. Le complémentaire, s'il était non vide, serait une lamination $\mathcal{L}'$ munie d'une fonction holomorphe continue dans $\mathbb{C}$. On pourrait alors considérer un point de $\mathcal{L}'$ maximisant le module de f et ceci est en contradiction avec le principe du maximum dans la feuille contenant ce point. □

7.1. Un contre-exemple. — Nous allons commencer par indiquer une condition nécessaire pour l'existence de fonctions méromorphes non constantes et donner des exemples de laminations ne satisfaisant pas cette condition.

D'après notre définition, un cycle feuilleté est un élément du dual de $A^2(\mathcal{L})$, qui est nul sur les formes exactes. Sous des conditions raisonnables sur l'espace ambiant M, un cycle feuilleté peut être considéré comme une classe d'homologie de dimension 2 sur M qui peut être homologue à zéro dans certains cas, comme nous le verrons plus loin. Nous ne chercherons pas le cadre le plus général où ceci aurait un sens et nous nous limiterons au cas où M est une variété différentiable compacte et où $\mathcal{L}$ est un feuilletage lisse. Par restriction, les 2-formes différentielles sur M donnent des éléments de $A^2(\mathcal{L})$ et un cycle feuilleté peut donc être considéré comme un courant fermé sur M au sens habituel, et donc possède une classe d'homologie.

Lemme 7.2. — *Soit $(M, \mathcal{L})$ un feuilletage par surfaces de Riemann sur une variété orientée. On suppose que $\mathcal{L}$ possède un cycle feuilleté μ, homologue à zéro. Alors, le support d'un diviseur effectif ne peut pas rencontrer toutes les feuilles. En particulier, si un cycle feuilleté est homologue à zéro, il n'existe pas de fonction méromorphe non constante.*

Démonstration. — Soit E un fibré en droites holomorphe au dessus de M et s une section holomorphe globale de E. Nous allons montrer que, sous les hypothèses du lemme, le lieu des zéros de s ne peut pas rencontrer toutes les feuilles.

Puisque E est un fibré en droites au dessus de M, il possède une classe de Chern $c(E)$ qui est un élément du groupe de cohomologie de de Rham $H^2(M; \mathbb{R})$. Par restriction aux feuilles, on a une application $H^2(M; \mathbb{R}) \to H^2(\mathcal{L})$ qui envoie bien sûr $c(E)$

sur la classe de Chern que nous avons définie au paragraphe 4.2. Soit γ une 2-forme fermée sur M qui représente $c(E)$.

Le cycle feuilleté μ peut-être considéré comme un courant sur M. Dire que le cycle est homologue à zéro signifie que ce courant est nul sur les formes fermées. En particulier, on a $\langle c(E), \mu\rangle = \langle \gamma, \mu\rangle = 0$ et le lemme 4.5 permet de conclure que μ-presque toute feuille ne rencontre pas le lieu des zéros de s. □

Il est facile de construire un feuilletage ne satisfaisant pas à ce critère. Considérons une surface de Hopf, quotient de $\mathbb{C}^2 \setminus \{(0,0)\}$ par une homothétie de rapport 2. On dispose d'une fibration $\pi : M \to \mathbb{CP}^1$ qui associe à chaque point la droite vectorielle de $\mathbb{C}^2$ passant par ce point. Les fibres de π sont des courbes elliptiques qui définissent une lamination de M. Puisque M est difféomorphe à $\mathbb{S}^3 \times \mathbb{S}^1$, son deuxième groupe d'homologie est nul de sorte que la classe fondamentale des feuilles est nulle dans l'homologie de M. Ainsi, *il n'existe pas de fonction méromorphe non constante sur cette lamination de M*. Ceci généralise le fait bien connu que les surfaces de Hopf ne sont pas algébriques.

Bien sûr, on peut reprocher à l'exemple précédent de ne pas être minimal. Reprenons les notations de 6.1. Le groupe à un paramètre de translations à gauche $h_+^s (s \in \mathbb{C})$ sur l'espace homogène $\mathrm{SL}(2,\mathbb{C})/\Gamma$ engendre une lamination $\mathcal{L}$ sur $M = \mathrm{SL}(2,\mathbb{C})/\Gamma$, qui est munie d'une métrique hermitienne plate pour laquelle le champ holomorphe associé est de longueur 1. Cette lamination possède un cycle feuilleté (d'ailleurs unique à constante multiplicative près) défini comme suit : si ω est une 2-forme de $\mathcal{L}$, on peut l'évaluer sur le champ de 2-vecteurs unité porté par $\mathcal{L}$ et on obtient une fonction sur M dont on calcule l'intégrale $I(\omega)$ sur M par rapport à la mesure de Haar de $\mathrm{SL}(2,\mathbb{C})/\Gamma$. Il est facile de vérifier que ceci définit bien un cycle feuilleté. D'autre part, le flot complexe d^t vérifie $d^t\, h_+^s\, d^{-t} = h_+^{\exp(2t)s}$. Cela signifie que d^t préserve globalement $\mathcal{L}$ et qu'il dilate la métrique hermitienne plate le long des feuilles par une constante différente de 1. En particulier, le cycle feuilleté précédemment décrit est lui aussi multiplié par une constante. Puisqu'un flot agit trivialement en homologie, il en résulte que la classe d'homologie du cycle feuilleté étudié est nulle. *Nous avons donc construit une lamination minimale sans fonction méromorphe non constante.*

Étant donnée une lamination $(M, \mathcal{L})$, la question de l'existence d'un diviseur effectif dont le support rencontre toutes les feuilles précède évidemment celle de l'existence de fonctions méromorphes ; il s'agit d'une question purement topologique.

7.2. Construction de fonctions méromorphes. — Nous allons décrire ici trois résultats qui concernent l'existence de fonctions méromorphes pour des laminations dont toutes les feuilles sont de même type.

Une *transversale totale* pour une lamination $(M, \mathcal{L})$ est un *fermé* $\mathcal{T} \subset M$, qui rencontre toutes les feuilles de $\mathcal{L}$ et qui rencontre chaque ouvert distingué $U_i \simeq \mathbb{D} \times T_i$ sur la réunion disjointe d'un nombre fini de graphes de la forme $\{(\sigma(t), t)\}$, où les σ sont continues et définies dans des ouverts de T_i. Évidemment, une telle transversale est un exemple de diviseur effectif, si l'on convient de lui donner une multiplicité 1.

Soit $(M, \mathcal{L})$ une lamination dont toutes les feuilles sont paraboliques. Nous dirons que $\mathcal{L}$ vérifie *la condition de croissance* s'il existe des constantes $C, \ell > 0$ ayant la propriété suivante. Soit $\phi : \mathbb{C} \to L$ un revêtement holomorphe d'une feuille L et $|d\phi|$ la norme de la dérivée de ϕ (calculée avec une métrique auxiliaire sur $\mathcal{L}$). Alors on a :

$$C^{-1}(1+|z|)^{-\ell}\,|d\phi(0)| \leq |d\phi(z)| \leq C(1+|z|)^{\ell}\,|d\phi(0)|.$$

Bien sûr, cette condition est satisfaite si la lamination est uniformisable, car alors $|d\phi|$ est bornée.

Théorème 7.3. — *Soit $(M, \mathcal{L})$ une lamination de dimension topologique finie dont toutes les feuilles sont de type elliptique. Alors les fonctions méromorphes sur $(M, \mathcal{L})$ séparent les points de M.*

Théorème 7.4. — *Soit $(M, \mathcal{L})$ une lamination de dimension topologique finie dont toutes les feuilles sont de type parabolique. Si $(M, \mathcal{L})$ possède une transversale totale et si $\mathcal{L}$ vérifie la condition de croissance, les fonctions méromorphes sur $(M, \mathcal{L})$ séparent les points de M.*

Théorème 7.5. — *Soit $(M, \mathcal{L})$ une lamination de dimension topologique finie dont toutes les feuilles sont de type hyperbolique. Si $(M, \mathcal{L})$ possède une transversale totale, les fonctions méromorphes sur $(M, \mathcal{L})$ séparent les points de M.*

Avant d'esquisser les démonstrations, faisons quelques remarques sur les hypothèses.

(1) Nous avons déjà observé dans la preuve de la proposition 5.6 qu'une lamination à feuilles paraboliques possède une suite moyennisante mais nous ignorons si une telle lamination vérifie nécessairement la condition de croissance.
(2) On peut démontrer le même résultat (avec essentiellement la même preuve) en supposant simplement l'existence d'un diviseur effectif dont le support rencontre toutes les feuilles au lieu de celle d'une transversale totale. Nous avons cependant choisi cet énoncé plus faible car nous sommes convaincus que ce type d'hypothèse topologique est provisoire et sera bientôt éliminé...
(3) Pour les feuilletages orientés de codimension 1 sur les variétés fermées de dimension 3, on sait qu'il existe une transversale fermée totale si et seulement si tous les cycles feuilletés sont non homologues à zéro (on dit alors que le feuilletage est *tendu*). Plus précisément, il n'existe pas de transversale totale seulement si le feuilletage contient un nombre fini de feuilles compactes toriques dont la réunion (orientée) borde une sous-variété à bord (voir [**43, 25**]). En particulier, si toutes les feuilles d'un feuilletage de codimension 1 sur une variété de dimension 3 sont de type hyperbolique, il existe une transversale totale et on peut donc appliquer le théorème 7.5.

La *démontration du théorème* 7.3 est bien sûr la plus facile. Soit $(M, \mathcal{L})$ une lamination dont toutes les feuilles sont elliptiques. Nous avons vu en 5.1 que les feuilles de $\mathcal{L}$ sont les fibres d'une fibration $\pi : M \to Q$. On peut procéder de la manière suivante. Soit N un entier positif et considérons le fibré en droites au dessus de $\mathbb{CP}^1$ qui est la puissance N-ième du fibré tangent. Autrement dit, les sections globales de ce fibré sont les tenseurs holomorphes qui s'écrivent de la manière suivante dans chaque carte affine de $\mathbb{CP}^1$:

$$g(z)\left(\frac{\partial}{\partial z}\right)^N.$$

L'espace des sections holomorphes est un espace E_N de dimension complexe $2N+1$ sur lequel $\mathrm{PGL}(2,\mathbb{C})$ agit naturellement ; il correspond aux fonctions g qui sont des polynômes de degré inférieur ou égal à $2N$. Comme nous l'avons vu, le « quotient » de deux éléments non nuls de E_N peut être considéré comme une fraction rationnelle sur $\mathbb{CP}^1$. On peut construire le fibré vectoriel de rang $2N+1$ au dessus de Q, associé à E_N. Puisque M est supposé de dimension topologique finie, un fibré vectoriel de rang suffisamment élevé au dessus de M possède des sections qui ne s'annulent pas. En choisissant N assez grand et en considérant le quotient de deux sections qui ne s'annulent pas, on obtient donc des fonctions méromorphes sur $(M,\mathcal{L})$. Cette construction est suffisamment générale pour produire des fonctions méromorphes qui séparent les points de M. Ceci démontre le théorème 7.3.

La *démonstration du théorème* 7.4 consiste à adapter la construction classique des fonctions elliptiques. Plaçons-nous d'abord dans un cas très particulier ; supposons que $(M,\mathcal{L})$ soit une lamination à feuilles paraboliques telle que les feuilles de $\mathcal{L}$ soient les orbites d'un flot complexe ϕ^z ($z\in\mathbb{C}$) agissant holomorphiquement dans les feuilles. Soit $\mathcal{T}\subset M$ une transversale totale. Si x est un point de M, l'ensemble $Z(x)\subset\mathbb{C}$ des $z\in\mathbb{C}$ tels que $\phi^z(x)\in\mathcal{T}$ est discret dans $\mathbb{C}$ et il existe $\varepsilon>0$ (indépendant de x) tel que les disques de rayon ε centrés sur les points de $Z(x)$ sont disjoints. Il en résulte que, pour un entier $N>2$, la série suivante converge en dehors de $\mathcal{T}$ et définit une fonction holomorphe sur $(M,\mathcal{L})$ à valeurs dans $\mathbb{CP}^1\simeq\mathbb{C}\cup\{\infty\}$:

$$f(x)=\sum_{z\in Z(x)} z^{-N}. \tag{7}$$

Remarquons que, si $s:\mathcal{T}\to\mathbb{R}$ est une fonction continue, l'image de l'application $t\in\mathcal{T}\mapsto\phi^{s(t)}(t)\in M$ est une autre transversale totale. Ceci permet de montrer que, si x et y sont deux points distincts, il existe une transversale totale qui contient x et pas y. On peut donc construire des fonctions méromorphes à valeurs dans $\mathbb{CP}^1\simeq\mathbb{C}\cup\{\infty\}$ qui ont un pôle en x et qui sont finies en y et ceci établit le théorème 7.4 dans le cas particulier d'un flot holomorphe.

Plaçons-nous maintenant dans le cas général du théorème 7.4, c'est-à-dire d'une lamination à feuilles paraboliques, vérifiant la condition de croissance et possédant une transversale totale $\mathcal{T}$. Soit x un point de M. Par hypothèse, il existe un revêtement holomorphe $\phi:\mathbb{C}\to L(x)$ de la feuille passant par x. Soit $Z(x)$ l'ensemble des $z\in\mathbb{C}$ tels que $\phi(z)\in\mathcal{T}$. C'est encore un ensemble discret et il est encore vrai qu'il existe un $\varepsilon>0$ tel que les disques centrés sur les points de $Z(x)$ et de rayon ε sont disjoints, mais à condition de considérer les disques pour la métrique de $\mathbb{C}$ qui est l'image réciproque par ϕ d'une métrique hermitienne sur $(M,\mathcal{L})$. Pour cette raison, la condition de croissance permet de garantir que l'expression (7) est convergente pour N assez grand. Cependant la somme de cette série dépend du choix du revêtement ϕ qui n'est unique qu'à une application affine près. L'objet bien défini, indépendamment du choix de ϕ, est l'expression :

$$\rho(x) = \sum_{z \in Z(x)} z^{-N}\, dz^N.$$

Autrement dit, ρ définit une différentielle méromorphe d'ordre N le long des feuilles, qui présente un pôle le long de $\mathcal{T}$. La continuité de ρ dans M résulte de la continuité de la structure affine des feuilles que nous avons établie dans 6.3. Si l'on procède de cette manière avec deux transversales et si on considère le rapport des deux différentielles ρ ainsi obtenues, on obtient une fonction méromorphe et ceci établit le théorème 7.4. Pour être précis, il faudrait dire que les deux différentielles ρ ainsi construites peuvent être considérées comme des sections holomorphes d'un fibré en droites : il suffit ici de considérer le produit de la puissance N-ième du fibré cotangent aux feuilles et des puissances N-ièmes des deux fibrés définis définis par les deux transversales.

Avant de démontrer le théorème 7.5, rappelons comment H. Poincaré construit des *fonctions fuchsiennes* **[40]**. Soit Γ un groupe fuchsien, c'est-à-dire un sous-groupe discret de $\mathrm{PSL}(2,\mathbb{R})$. Soit R une fraction rationnelle d'une variable complexe z et considérons la forme différentielle quadratique $\rho = R(z)\, dz^2$. Puisque Γ opère sur la sphère de Riemann (en préservant le disque $\mathbb{D}$), il opère sur les différentielles quadratiques. On pose alors :

$$\sigma_R = \sum_{\gamma \in \Gamma} \gamma^\star \rho.$$

Le fait que Γ soit discret et agisse proprement sur le disque $\mathbb{D}$ entraîne que la série précédente converge dans le disque $\mathbb{D}$ tout entier (privé bien entendu de l'orbite des pôles de R par Γ). Cela résulte du fait que, si x est un point du disque de Poincaré, on peut trouver un $\varepsilon > 0$ tel que les disques hyperboliques de rayon ε et centrés sur l'orbite $\Gamma.x$ soient disjoints deux à deux, de sorte que la série de leurs aires euclidiennes converge. La différentielle quadratique σ_R est bien sûr invariante par Γ. Si l'on considère deux fractions rationnelles R_1 et R_2, le quotient $\sigma_{R_1}/\sigma_{R_2}$ est une fonction méromorphe sur $\mathbb{D}$ invariante par le groupe fuchsien Γ, c'est-à-dire une fonction méromorphe f sur la surface de Riemann $\mathbb{D}/\Gamma$. Il faut cependant s'assurer que f n'est pas constante. H. Poincaré y parvient en faisant en sorte que les pôles de R_1 et R_2 ne soient pas situés sur la même orbite de Γ, ce qui assure que f a un zéro et un pôle et n'est donc pas constant.

La preuve du théorème 7.5 consiste à imiter la construction de Poincaré dans le contexte des laminations. Soit $(M, \mathcal{L})$ une lamination dont toutes les feuilles sont de type hyperbolique. Nous savons qu'il existe une métrique hermitienne g telle que toutes les feuilles sont à courbure -1. Soit $T\mathcal{L}$ le fibré tangent à la lamination. En considérant l'application exponentielle le long des feuilles pour la métrique g, on définit une application $\exp : T\mathcal{L} \to M$ qui, en restriction à chaque plan tangent, est un revêtement car nous savons que chaque feuille est à courbure négative. Nous pouvons donc équiper chaque plan tangent de la métrique image réciproque et nous considérerons dorénavant que $T\mathcal{L}$ est un fibré au dessus de M dont les fibres sont des copies du disque de Poincaré $\mathbb{D}$. L'application exp est holomorphe et isométrique dans les fibres.

Soit $T\mathcal{T}$ la partie de $T\mathcal{L}$ située au dessus de la transversale totale $\mathcal{T}$. On peut considérer $T\mathcal{T}$ comme une lamination non compacte dont les feuilles sont toutes des disques de Poincaré et qui s'envoie holomorphiquement dans $\mathcal{L}$ par l'application $\exp : T\mathcal{T} \to M$. Cette dernière application est surjective, à fibres discrètes. Pour construire une différentielle quadratique sur M, nous allons simplement prendre l'« image directe » d'une différentielle quadratique sur $T\mathcal{T}$.

Soit ρ une différentielle quadratique sur $T\mathcal{T}$. Cela signifie que ρ associe continûment à chaque point x de $\mathcal{T}$ une différentielle quadratique $\rho(x)$ sur le plan tangent correspondant, isomorphe à $\mathbb{D}$. On demande que ρ soit rationnelle, c'est-à-dire de la forme $R_x(z)\,dz^2$ où $R_x(z)$ dépend rationnellement de z. En outre, on choisit ρ de façon à ce que tous les $\rho(x)$ présentent un pôle (pas nécessairement simple) à l'origine du disque correspondant. On peut choisir $R_x(z)$ de la forme $z^{-N}P_x(z)$ où N est un entier assez grand et P_x est un polynôme non nul de degré inférieur ou égal à N. En effet, l'hypothèse sur la dimension finie de M garantit qu'un fibré vectoriel au dessus de M de dimension finie suffisamment grande possède une section continue qui ne s'annule pas.

On pose alors $\sigma = \exp_\star(\rho)$, mais il faut expliquer ce que nous entendons par cette image directe « contre nature »...

Le revêtement universel $\widetilde{L}$ d'une feuille L de $\mathcal{L}$ est isomorphe au disque $\mathbb{D}$. Choisissons un isomorphisme de sorte qu'on dispose d'une immersion holomorphe $i : \mathbb{D} \to M$ dont l'image est L. L'image réciproque $i^{-1}(\mathcal{T})$ est un ensemble discret dans $\mathbb{D}$ et il existe une borne inférieure pour la distance hyperbolique de Poincaré entre deux de ses points. Pour chaque $t \in i^{-1}(\mathcal{T})$, on dispose d'une application exponentielle $\exp_t : \mathbb{D} \to \widetilde{L} \simeq \mathbb{D}$ qui envoie l'origine sur le point t et qui est une isométrie. On dispose par ailleurs pour chaque t d'une différentielle quadratique rationnelle ρ_t sur $\mathbb{D}$. En utilisant exactement le même raisonnement que H. Poincaré, on constate que la somme $\sum_t (\exp_t^{-1})^\star(\rho_t)$ converge en dehors de ses pôles. Cette différentielle quadratique sur $\widetilde{L}$ passe naturellement au quotient sur L et définit une différentielle quadratique sur chaque feuille de L ; c'est la différentielle quadratique méromorphe que nous avons notée σ. Il faut s'assurer de la dépendance continue dans la direction transverse, mais cela résulte facilement de la convergence uniforme des séries considérées. Nous avons bien construit une différentielle méromorphe sur $(M, \mathcal{L})$ qui présente un pôle le long de la transversale $\mathcal{T}$.

Remarquons que, si s est une section du fibré $T\mathcal{T}$ au dessus de $\mathcal{T}$, l'image de l'application $t \in \mathcal{T} \mapsto \exp(s(t)) \in M$ est une autre transversale totale. Ceci permet de montrer que, si x et y sont deux points distincts, il existe une transversale totale qui contient x et pas y.

Pour construire des fonctions méromorphes non constantes sur $(M, \mathcal{L})$, il suffit de considérer le quotient de deux de ces différentielles quadratiques, correspondant au choix de deux transversales totales. Ce rapport n'est pas constant car il possède des pôles. Ici encore, pour être précis, il faut considérer ces deux différentielles méromorphes comme des sections holomorphes du même fibré en droites. Deux points distincts de M étant donnés, nous avons bien construit une fonction méromorphe sur

M qui prend des valeurs différentes en ces points. Ceci achève la preuve du théorème 7.5.

Références

[1] W. Abikhof – *Real analytic theory of Teichmüller space*, Lect. Notes in Math., vol. 820, Springer-Verlag, 1971.

[2] L. Ahlfors – *Lectures on quasiconformal mappings*, Wadsworth, 1987.

[3] L. Ahlfors & L. Bers – « Riemann's mapping theorem for variable metrics », *Ann. of Math.* **72** (1960), p. 385–404.

[4] V. Arnold – *Chapitres supplémentaires de la théorie des équations différentielles ordinaires*, MIR, 1980.

[5] S. Barré – « Polyèdres de rang 2 », Thèse, ENS Lyon, 1996.

[6] C. Bonatti, R. Langevin & R. Moussu – « Feuilletages de $\mathbb{CP}^n$: de l'holonomie hyperbolique », *Publ. Math. Inst. Hautes Études Sci.* **75** (1992), p. 123–134.

[7] K. Brown – *Buildings*, Springer-Verlag, New York, 1989.

[8] C. Camacho – « Problems on limit sets of foliations on complex projective space », *Proc. ICM Kyoto*, 1991, p. 1235–1239.

[9] C. Camacho, A. Lins Neto & P. Sad – « Minimal sets of foliations on complex projective spaces », *Publ. Math. Inst. Hautes Études Sci.* **68** (1988), p. 187–203.

[10] A. Candel – « Uniformization of surface laminations », *Ann. scient. Éc. Norm. Sup. 4*[e] *série* **26** (1993), p. 489–516.

[11] Cantwell & L. Conlon – « Every surface is a leaf », *Topology* **26** (1987), p. 265–285.

[12] ______, « Generic leaves », *Comment. Math. Helv.* **73** (1998), p. 306–336.

[13] A. Connes – « A survey of foliations and operator algebras », *Proc. of Symp. Pure Math.*, vol. 38, Amer. Math. Soc., Providence, R.I., 1982, p. 521–628.

[14] ______, *Non commutative geometry*, Academic Press, 1994.

[15] J.-P. Demailly – « Courants positifs et théorie de l'intersection », *Gaz. Math.* **53** (1992), p. 131–159.

[16] A. Douady & J. Hubbard – « On the dynamics of polynomial-like mappings », *Ann. scient. Éc. Norm. Sup. 4*[e] *série* **18** (1985), p. 287–343.

[17] A. El Kacimi – « Sur la cohomologie feuilletée », *Compositio Math.* **49** (1983), p. 195–215.

[18] B. Enriquez – « Sur le théorème de Gauss-Bonnet pour les feuilletages avec mesure harmonique », *C. R. Acad. Sci. Paris Sér. I Math.* **309** (1989), p. 733–736.

[19] L. Garnett – « Foliations, the ergodic theorem and Brownian motion », *J. Funct. Anal.* **51** (1983), p. 285–311.

[20] E. Ghys – « Gauss-Bonnet theorem for 2-dimensional foliations », *J. Funct. Anal.* **77** (1988), p. 51–59.

[21] ______, « Déformations des structures complexes sur les espaces homogènes de $\mathrm{SL}(2,\mathbb{C})$ », *J. reine angew. Math.* **468** (1995), p. 113–138.

[22] ______, « Topologie des feuilles génériques », *Ann. of Math.* **141** (1995), p. 387–422.

[23] ______, « Sur l'uniformisation des laminations paraboliques », *Integrable systems and foliations* (C. Albert, R. Brouzet & J.-P. Dufour, éds.), Progress in Math., vol. 145, Birkhäuser, 1996, p. 73–91.

[24] C. Godbillon – *Feuilletages*, Progress in Math., vol. 98, Birkhäuser, 1991.

[25] S. GOODMAN – « Closed leaves in foliations of codimension one », *Comment. Math. Helv.* **50** (1975), p. 383–388.

[26] S. GOODMAN & J. PLANTE – « Holonomy and averaging in foliated sets », *J. Differential Geom.* **14** (1979), p. 401–407.

[27] P. GRIFFITHS & J. HARRIS – *Principles of algebraic geometry*, Wiley Classics Library, John Wiley and Sons, Inc., New York, 1994.

[28] B. GRÜNBAUM & G. SHEPARD – *Tilings and patterns*, Wiley Classics Library, Freeman, New York, 1989.

[29] A. HAEFLIGER – « Deformations of transversely holomorphic flows on spheres and deformations of Hopf manifolds », *Compositio Math.* **55** (1985), p. 241–251.

[30] G. HECTOR & U. HIRSCH – *Introduction to the geometry of foliations, parts A and B*, Aspects of Mathematics, vol. E1, E3, Vieweg & Sohn, 1983.

[31] S. HURDER – « The $\overline{\partial}$-operator », in *Global analysis on foliated spaces* **[35]**, Appendix A.

[32] J.-J. LOEB & M. NICOLAU – « Holomorphic flows and complex structures on products of odd dimensional spheres », *Math. Ann.* **306** (1996), p. 781–817.

[33] S. LÓPEZ DE MEDRANO & A. VERJOVSKY – « A new family of complex, compact, non-symplectic manifolds », *Bol. Soc. Brasil. Mat.* **28** (1997), p. 253–269.

[34] W. DE MELO & S. VAN STRIEN – *One dimensional dynamics*, Springer-Verlag, 1993.

[35] C. MOORE & C. SCHOCHET – *Global analysis on foliated spaces*, MSRI Publ., vol. 9, Springer-Verlag, New York, 1988.

[36] L. MOSHER & U. OERTEL – « Spaces which are not negatively curved », *Comm. Anal. Geom.* **6** (1998), p. 67–140.

[37] R. PENROSE – *Shadows of the mind*, Oxford University Press, 1994.

[38] A. PHILLIPS & D. SULLIVAN – « Geometry of leaves », *Topology* **20** (1981), p. 209–218.

[39] J. PLANTE – « Foliations with measure preserving holonomy », *Ann. of Math.* **102** (1975), p. 327–361.

[40] H. POINCARÉ – « Sur les fonctions fuchsiennes », *Acta Math.* **1** (1882), p. 193–294.

[41] C. POMMERENKE – *Univalent functions*, Vandenhoeck and Ruprecht, 1975.

[42] J. ROE – « Remark on a paper of E. Ghys "Gauss-Bonnet theorem for 2-dimensional foliations" », *J. Funct. Anal.* **89** (1990), p. 150–153.

[43] D. SULLIVAN – « Cycles for the dynamical study of foliated manifolds and complex manifolds », *Invent. Math.* **36** (1976), p. 225–255.

[44] ______, « Bounds, quadratic differentials and renormalization conjectures », *Mathematics of the twenty-first century*, vol. 2, AMS Centennial Publications, Providence, RI, 1992, p. 417–466.

[45] A. VERJOVSKY – « A uniformization theorem for holomorphic foliations », *The Lefschetz centennial conference*, Contemp. Math., vol. 58, 1987, p. 233–253.

Panoramas & Synthèses
8, 1999, p. 97–185

DYNAMIQUE DES APPLICATIONS RATIONNELLES DE $\mathbb{P}^k$

par

Nessim Sibony

Résumé. — On se propose d'exposer les premiers éléments d'une théorie de Fatou-Julia pour les applications rationnelles dans $\mathbb{P}^k$. On considère essentiellement les aspects utilisant la théorie du pluripotentiel.

Étant donnée une application rationnelle dominante $f : \mathbb{P}^k \to \mathbb{P}^k$, on définit l'ensemble de Julia associé à f. On introduit ensuite un courant T de bidegré $(1,1)$ positif fermé dont les propriétés : invariance, support, régularité, donnent des informations sur la dynamique de f.

Le second chapitre est consacré à l'étude des biholomorphismes polynomiaux réguliers de $\mathbb{C}^k$: points périodiques, entropie, mesure ergodique définie comme intersection de courants, variétés stables, domaines de Fatou-Bieberbach.

Au dernier chapitre on traite du cas des endomorphismes holomorphes de $\mathbb{P}^k$. Le support de T coïncide avec l'ensemble de Julia. La mesure $\mu := T^k$ est mélangeante et maximise l'entropie.

Introduction

L'étude dynamique des fractions rationnelles à une variable complexe fondée par Fatou, Julia et Léau a connu un regain d'activité important au cours des deux dernières décennies. Cela est dû en partie à la visualisation des ensembles de Julia par ordinateur. C'est à présent une théorie très développée.

En comparaison, la théorie de l'itération des applications rationnelles de l'espace projectif complexe $\mathbb{P}^k$ est encore balbutiante. Les problèmes qui la motivent sont pourtant bien naturels.

Soit $F = (P, Q)$ une application polynomiale de $\mathbb{C}^2$. Supposons qu'on veuille localiser les zéros de F, c'est à dire approcher les solutions du système d'équations

$$\begin{cases} P(z,w) = 0 \\ Q(z,w) = 0. \end{cases}$$

***Classification mathématique par sujets* (1991).** — 58F23, 32H50, 58F15, 58F11.
Mots clefs. — Dynamique holomorphe, ensembles de Julia dans $\mathbb{P}^k$, courants invariants, théorie du pluripotentiel, domaines de Fatou-Bieberbach, hyperbolicité dynamique.

La méthode de Newton consiste à itérer l'application

$$(z,w) \longmapsto (z,w) - (F'(z,w))^{-1} \circ F(z,w).$$

Si on passe en coordonnées homogènes dans $\mathbb{P}^2$, on est amené à étudier les itérées d'une application rationnelle de $\mathbb{P}^2$ dans $\mathbb{P}^2$. On vérifie que, génériquement sur (P,Q), on obtient une application méromorphe de $\mathbb{P}^2$ dans $\mathbb{P}^2$, qui admet des points d'indétermination. Notons qu'à une variable, les applications rationnelles de $\mathbb{P}^1$ dans $\mathbb{P}^1$ n'ont pas de point d'indététermination.

Une autre motivation est l'étude des applications de Hénon réelles. Considérons le difféomorphisme polynomial $h_{a,c}$ dans $\mathbb{R}^2$ défini par

$$(x,y) \longmapsto (x^2 + c + ay, x).$$

On sait depuis les études expérimentales de Hénon que, pour certaines valeurs des paramètres (a,c), *l'application de Hénon* $h_{a,c}$ présente des phénomènes dynamiques nouveaux. L'existence d'un « attracteur étrange » pour certaines valeurs des paramètres est à présent bien établie grâce aux travaux de Benedicks-Carleson [**12**]. Il est tentant de considérer les applications $h_{a,c}$ comme des biholomorphismes de $\mathbb{C}^2$ et d'en étudier la dynamique en utilisant les outils de l'analyse complexe. En fait, il est même utile de considérer les applications de Hénon en coordonnées homogènes

$$h_{a,c} : [z:w:t] \longmapsto [z^2 + ct^2 + awt : zt : t^2].$$

On voit que $h_{a,c}$ admet un point d'indétermination $I_+ = [0:1:0]$ et que $h_{a,c}^{-1}$ considérée comme application méromorphe dans $\mathbb{P}^2$ admet un point d'indétermination $I_- = [1:0:0]$. Le point I_- est attractif pour $h_{a,c}$ et I_+ est attractif pour $h_{a,c}^{-1}$. C'est cette propriété : $I_+ \cap I_- = \varnothing$, qui distingue les applications de Hénon généralisées parmi les automorphismes polynomiaux de $\mathbb{C}^2$. Les applications élémentaires

$$[z:w:t] \longmapsto [w^2 + ct^2 : azt : wt : t^2]$$

vérifient $I_+ = I_- = [1:0:0]$ et leur dynamique est très simple (chapitre 2).

Pour la théorie de l'itération des fractions rationnelles de $\mathbb{P}^1$, un outil de base est le théorème de Montel : une famille d'applications holomorphes du disque unité à valeurs dans $\mathbb{P}^1 \setminus \{0,1,\infty\}$ est localement équicontinue. Les résultats correspondants, pour les applications holomorphes à valeurs dans $\mathbb{P}^k$ privé d'hypersurfaces, n'ont pas la même souplesse d'utilisation.

Ces notes traitent essentiellement de résultats qu'on peut obtenir à l'aide de techniques de théorie du pluripotentiel.

Étant donnée une application méromorphe dominante f de $\mathbb{P}^k$ dans $\mathbb{P}^k$, c'est-à-dire dont l'image contient un ouvert, on peut définir l'ensemble de Fatou de f comme le plus grand ouvert où la famille des itérées (f^n) est localement équicontinue. L'ensemble de Julia J est le complémentaire de l'ensemble de Fatou. Il s'agit d'introduire sur J des courants positifs fermés dynamiquement intéressants et de les analyser.

Donnons un aperçu de la théorie dans le cadre des polynômes d'une variable complexe. Dans ce cas, les courants considérés sont simplement des mesures positives. Soit

$$f_a(z) = z^d + a_1 z^{d-1} + \cdots + a_d$$

un polynôme de $\mathbb{C}$ de degré d, paramétré par $a \in \mathbb{C}^d$. Posons

$$K_a = \{z \in \mathbb{C} \mid \{f_a^n(z)\} \text{ borné}\}.$$

L'ensemble de Julia J_a est le bord de K_a. Notons ε_w la masse de Dirac en w. Brolin **[16]** avait montré que la mesure harmonique μ_a de K_a relativement au point à l'infini a des propriétés dynamiques remarquables. D'une part elle est mélangeante pour f_a, d'autre part, sauf pour au plus un point $w \in \mathbb{C}$, la suite des mesures ponctuelles

$$\text{(1)} \qquad \frac{(f^n)^*\varepsilon_w}{d^n} = \frac{1}{d^n} \sum_{f^n(w_i)=w} \varepsilon_{w_i}$$

converge vaguement vers μ_a.

Tortrat **[81]** a montré que la suite de mesures

$$\text{(2)} \qquad \nu_n = \frac{1}{d^n} \sum_{f^n(z)=z} \varepsilon_z.$$

converge également vers μ.

J'avais observé en 1981 (**[74]**) qu'on pouvait traiter des aspects de la théorie élémentaire de la dynamique des polynômes, sans faire appel au théorème de Montel mentionné plus haut. Ce qui en tient lieu est un théorème de compacité sur les fonctions sousharmoniques localement majorées (voir le théorème A.1.2). Posons

$$\text{(3)} \qquad G(z,a) = \lim_{n\to\infty} \frac{1}{d^n} \log^+ |f_a^n(z)|.$$

On montre que cette limite existe et qu'elle définit une fonction plurisousharmonique continue dans $\mathbb{C} \times \mathbb{C}^d$. Elle satisfait l'équation fonctionnelle

$$\text{(4)} \qquad G(f_a(z), a) = dG(z,a).$$

On a de plus

$$K_a = \{z \mid G(z,a) = 0\}.$$

De plus la fonction G est pluriharmonique (localement partie réelle d'une fonction holomorphe) hors du fermé

$$\mathcal{K} = \{(z,a) \in \mathbb{C} \times \mathbb{C}^d \mid z \in K_a\}.$$

Pour a fixé, $G(\cdot, a)$ est la fonction de Green dans $\mathbb{C}$ du compact de K_a avec pôle à l'infini. Si Δ_z désigne le laplacien par rapport à z, on a

$$\mu_a = \Delta_z(G(z,a)).$$

C'est la mesure harmonique considérée par Brolin.

L'ensemble de Julia apparaît comme le support de μ_a. C'est l'ensemble des points adhérents à $\{G_a > 0\}$, au voisinage desquels la fonction G_a n'admet pas de prolongement harmonique. Des résultats élémentaires de théorie du potentiel entraînent que l'ensemble de Julia est parfait.

L'équation fonctionnelle (4) permet de montrer qu'en fait la fonction $G(\cdot, a)$ est localement höldérienne. On en déduit, toujours parce que J_a est le support de μ_a, des estimations de la dimension de Hausdorff locale de l'ensemble de Julia.

Les points critiques de $G(\cdot, a)$ rendent compte des propriétés de connexité de J_a. En dérivant l'équation (4) dans $(G(z, a) > 0)$ où la fonction G est harmonique, on obtient le résultat classique : si les points critiques de f_a sont dans K_a, alors le bord J_a de K_a est connexe. Pour la théorie de l'itération à une variable complexe, nous renvoyons à la monographie de Carleson-Gamelin in **[18]**

La continuité, par rapport au paramètre a, de la fonction $G(z, a)$ montre que la mesure μ_a varie continûment, bien que les ensembles de Julia J_a ne varient pas continûment pour la distance de Hausdorff sur les compacts.

Pour établir la distribution des images réciproques d'un point w, on est amené à étudier la convergence de la suite de fonctions sousharmoniques

$$u_n(z) = \frac{1}{d^n} \log |f_a^n(z) - w|.$$

On montre que la suite u_n converge vers G_a. De même, l'approximation de la mesure μ_a par des masses de Dirac placées aux points périodiques provient de l'étude de la convergence vers G_a de la suite de fonctions sousharmoniques.

$$v_n(z) = \frac{1}{d^n} \log |f_a^n(z) - z|.$$

Ces notions se généralisent à plusieurs variables. C'est Hubbard **[50]** qui a eu l'idée de considérer la fonction de Green des applications de Hénon. Pour une application de Hénon h, il a défini

$$G^{\pm}(z, w) = \lim_{n\to\infty} \frac{1}{2^n} \log^+ |h^{\pm n}(z, w)|,$$

et il a montré que G^+ et G^- sont des fonctions plurisousharmoniques dans $\mathbb{C}^2$, pluriharmoniques en dehors des ensembles

$$K^{\pm} = \{(z, w) \mid \{h^{\pm n}(z, w)\} \text{ borné}\}.$$

Le compact

$$K = K^+ \cap K^-$$

est l'ensemble des points dont les itérés h^n et h^{-n}, $n \geq 0$, sont bornés.

On a $K^+ = \{G^+ = 0\}$ et $K^- = \{G^- = 0\}$. La fonction $G = \sup(G^+, G^-)$ s'annule exactement sur K. La fonction G^+ mesure la rapidité de convergence vers l'infini **[50]**.

Il était naturel d'envisager l'étude dynamique des courants positifs fermés

$$T_+ := dd^c G^+, \quad T_- := dd^c G^-$$

et de la mesure

$$\mu := (dd^c)^2 G.$$

Ici $(dd^c)^2$ désigne l'opérateur de Monge-Ampère. Le courant T_+ est porté par le bord de K^+, c'est-à-dire par l'ensemble des points au voisinage desquels la fonction G^+ n'est pas pluriharmonique.

Les premières propriétés de ces courants et de μ ont été établies conjointement avec E. Bedford. Certaines d'entre elles apparaissent dans [**7**]. La théorie des applications de Hénon complexes a été développée dans de nombreux travaux par Bedford-Smillie [**6, 7, 8, 9**], Bedford-Smillie-Lyubich [**3, 4**]. Hubbard-Obersthe-Vorth [**51**], Fornæss et l'auteur [**27, 29**].

Bedford-Smillie-Lyubich ont montré en particulier que la mesure invariante μ maximise l'entropie et est limite de masses de Dirac aux points périodiques hyperboliques.

L'ensemble de Julia de h a une certaine rigidité. On montre dans [**29**] que les seuls courants positifs fermés dont le support est dans K^+ sont proportionnels à T_+. Cette propriété d'unicité peut se comprendre heuristiquement, en disant que les variétés stables qui laminent ∂K^+ forcent le courant a être égal T_+.

L'étude des applications de Hénon dans $\mathbb{C}^2$ est sans doute l'aspect le plus développé de la théorie des applications holomorphes. Le fait que les applications soient algébriques est responsable de la rigidité des objets qu'on construit. Notons par exemple que, pour un automorphisme transcendant de $\mathbb{C}^k$, l'ensemble

$$K_f = \{z \in \mathbb{C}^k \mid \{f^n(z)\} \text{ borné}\}$$

peut être partout dense et différent de $\mathbb{C}^k$. Nous renvoyons pour l'étude dynamique des applications transcendantes au survey de Fornæss [**26**].

On peut se poser la question : pourquoi introduire des courants positifs fermés dans l'étude de la dynamique des applications rationnelles ?

Considérons l'exemple très simple de l'endomorphisme f de $\mathbb{P}^2$ défini par

$$f[z : w : t] = [z^2 : w^2 : t^2].$$

Il est de degré algébrique 2 et de degré topologique 4. Il admet trois points fixes attractifs : les points $[0 : 0 : 1]$, $[1 : 0 : 0]$ et $[0 : 1 : 0]$. La réunion de leurs bassins d'attraction constitue l'ensemble de Fatou. Son bord est l'ensemble de Julia. Plaçons nous dans la carte $\{t \neq 0\}$. On est dans $\mathbb{C}^2$ et le bassin d'attraction au point $[0 : 0 : 1]$ est le polydisque $D^2 = \{|z| < 1, |w| < 1\}$. Son bord est constitué par

$$A_1 = \{z = e^{i\theta}, |w| < 1\}, \quad A_2 = \{w = e^{i\varphi}, |z| < 1\}, \quad A_3 = \{z = e^{i\theta}, w = e^{i\varphi}\}.$$

L'ouvert A_1 de l'ensemble de Julia est feuilleté par les variétés stables correspondant aux points du cercle $|z| = 1$. Le cercle $\{w = 0, |z| = 1\}$ est invariant. Les points périodiques y sont denses et la mesure mélangeante qui décrit leur distribution est la mesure de Lebesgue. Chaque point a une variété stable qui est une réunion de disques

$z = e^{i\theta}$. Le courant

$$\frac{1}{2\pi}\int_0^{2\pi}[z = e^{i\theta}]d\theta = dd^c \log^+ |z|,$$

où on a noté $[z = e^{i\theta}]$ le courant d'intégration sur la droite $z = e^{i\theta}$, a donc une interprétation dynamique. Ce courant décrit la distribution des variétés stables. C'est, dans le contexte des endomorphismes, l'analogue des courants dynamiques introduits par Ruelle-Sullivan [**68**].

On montre que, si ω est la forme de Kähler usuelle dans $\mathbb{P}^2$, la suite de formes $\dfrac{(f^n)^*\omega}{d^n}$ converge vers un courant positif fermé T, dont nous avons décrit la restriction à A_1. En fait ce courant T contient d'autres informations. Si on définit convenablement le produit d'intersection $\mu := T \wedge T$, on trouve la mesure le Lebesgue sur le tore A_3 ; elle est invariante par f. Le tore A_3 contient tous les points périodiques répulsifs de f. Sur cet exemple, on vérifie facilement que, si $a \notin \{zwt = 0\}$, on a

$$\frac{1}{d^{2n}}(f^n)^*\varepsilon_a \longrightarrow \mu \qquad \text{et} \qquad \frac{1}{d^{2n}}\sum_{f^n(z)=z}\varepsilon_z \longrightarrow \mu.$$

Ce sont ces questions que nous allons étudier pour les endomorphismes de $\mathbb{P}^k$. Les démonstrations dans le cas général font intervenir la théorie du pluripotentiel.

Ces notes sont divisées en trois chapitres et un appendice.

Au chapitre 1, on introduit les notions de base sur les applications méromorphes dans $\mathbb{P}^k$. Soit $f : \mathbb{P}^k \to \mathbb{P}^k$, une application méromorphe dominante ; on définit l'ensemble de Fatou de f et son complémentaire, l'ensemble de Julia J. Soit ω la forme de Kähler sur $\mathbb{P}^k$; on montre que, si f est algébriquement stable (définition 1.4.4), et de degré $d \geq 2$, la suite des formes

$$\frac{1}{d^n}(f^n)^*\omega$$

converge vers un courant positif fermé T, qui vérifie

$$f^*T = dT.$$

Lorsque f est normale (définition 1.5.2), le support de T coincide avec l'ensemble de Julia J (théorème 1.6.5). On donne des estimées sur la dimension de Hausdorff de J et du courant T. On montre enfin un résultat de convergence vers le courant T. (théorème 1.10.1).

Le chapitre 2 est consacré à une généralisation des applications de Hénon de $\mathbb{C}^2$ à $\mathbb{C}^k$. On introduit la notion d'automorphisme régulier de $\mathbb{C}^k$. Ce sont les automorphismes polynomiaux f tels que les ensembles d'indétermination, I_+ associé à f et I_- associé à f^{-1}, sont disjoints. Pour la simplicité de l'exposé, on s'est limité à cette hypothèse, bien que nombre de propriétés soient vraies sous des hypothèses plus générales. L'hypothèse $I_+ \cap I_- = \varnothing$ assure une relation entre le degré de f et celui de f^{-1}.

Les automorphismes réguliers sont normaux. Le courant T_+ n'est pas nécessairement porté par K^+, comme en dimension 2.

Si de plus $\dim I_- = 0$, T_+ est porté par ∂K^+ et tous les courants positifs fermés portés par K^+ sont proportionnels à T_+. En particulier les variétés stables sont denses dans ∂K^+ (théorème de Bedford-Smillie pour les composées d'applications de Hénon généralisées).

On discute ensuite de résultats classiques sur les domaines d'attraction de points périodiques attractifs (domaines de Fatou-Bieberbach), ainsi que de propriétés globales des variétés stables.

Sous l'hypothèse dimension $I_- = \ell - 1$, on montre que la mesure $\mu := T_+^\ell \wedge T_-^{k-\ell}$ est invariante. Elle est mélangeante pour f si $\dim I_- = 0$. En particulier, elle est mélangeante pour les applications de Hénon de $\mathbb{C}^2$ **[9]** et pour tout automorphisme régulier de $\mathbb{C}^3$.

Au chapitre 3, on traite du cas des endomorphismes holomorphes de $\mathbb{P}^k$ de degré algébrique $d \geq 2$. On essaie de donner une version des propriétés les plus élémentaires de la théorie de l'itération des fractions rationnelles de $\mathbb{P}^1$. Les composantes de Fatou sont Kobayashi-hyperboliques (théorème de Ueda). Le support de T a quelques propriétés de l'ensemble de Julia de $\mathbb{P}^1$. C'est en particulier le complémentaire de l'ensemble de Fatou, mais il n'est pas nécessairement contenu dans l'ensemble des points non errants. Le support de $\mu := T^k$, noté J_k, est contenu dans l'ensemble des points récurrents. En fait la mesure μ est invariante pour f, maximise l'entropie et est mélangeante (paragraphe 3.6). Si U est une union de composantes de Fatou et vérifie $f^{-1}(U) \subset U$, alors $J_k \subset \partial U$.

Les points périodiques sont denses dans J_k et les exposants de Lyapounov de la mesure μ sont strictement positifs (théorème de Briend-Duval).

Nous avons rappelé dans un appendice les propriétés, qui sont utilisées constamment, des fonctions plurisousharmoniques et des courants.

Signalons enfin que ces notes utilisent largement des travaux en commun avec J.E. Fornæss.

Julien Duval, Charles Favre, Vincent Guedj et Monique Hakim ont contribué à la mise au point de ce texte. Je les en remercie vivement.

CHAPITRE 1
ITÉRATION DES APPLICATIONS RATIONNELLES DE $\mathbb{P}^k$

1.1. Définitions. Applications dominantes

Soit $\mathbb{P}^k$ l'espace projectif complexe de dimension k. Nous noterons

$$z = [z_0 : z_1 : \ldots : z_k]$$

un point z de $\mathbb{P}^k$ défini par ses coordonnées homogènes. Une application rationnelle de degré d s'écrit alors

$$f = [F_0 : F_1 : \ldots : F_k],$$

où les F_j sont des polynômes homogènes de degré d, sans facteurs communs. Nous supposerons toujours dans la suite $d \geq 2$.

À f, on associe l'application $F = (F_0, F_1, \ldots, F_k)$ de $\mathbb{C}^{k+1}$ dans $\mathbb{C}^{k+1}$. Si

$$\pi : \mathbb{C}^{k+1} \setminus 0 \longrightarrow \mathbb{P}^k$$

est la projection canonique, on a la propriété de commutation : $\pi \circ F = f \circ \pi$. On notera $J(F)$ le jacobien de F.

En fait, la fonction f n'est pas définie partout. Il y a un sous-ensemble d'indétermination $I = \pi(F^{-1}\{0\})$ dans $\mathbb{P}^k$. Puisque les F_j n'ont pas de facteur commun, I est un ensemble analytique de codimension ≥ 2.

On dira que l'application f est *dominante* si elle est génériquement de rang k, c'est-à-dire si le jacobien $J(F)$ n'est pas identiquement nul. On notera $\mathcal{M}_d$ l'espace des fonctions rationnelles dominantes de degré d. Lorsque $I = \varnothing$, on dit que f est holomorphe. On note $\mathcal{H}_d$ le semi-groupe des applications holomorphes de degré d de $\mathbb{P}^k$ dans $\mathbb{P}^k$. On montre que toute application méromorphe de $\mathbb{P}^k$ dans $\mathbb{P}^k$ est rationnelle. Toute application holomorphe de $\mathbb{P}^k$ dans $\mathbb{P}^k$ appartient donc à un $\mathcal{H}_d$.

L'espace de toutes les applications de degré d,

$$f = [F_0 : F_1 : \ldots : F_k],$$

où les F_j sont des polynômes homogènes de même degré, s'identifie à $\mathbb{P}^N$ pour $N = (k+1)\frac{(d+k)!}{d!k!} - 1$. On a donc

$$\mathcal{H}_d \subset \mathcal{M}_d \subset \mathbb{P}^N.$$

Proposition 1.1.1. — *$\mathcal{H}_d$ et $\mathcal{M}_d$ sont des ouverts de Zariski de $\mathbb{P}^N$. En particulier, ce sont des sous-ensembles connexes de $\mathbb{P}^N$.*

Démonstration. — Le complémentaire de $\mathcal{M}_d$ est en effet le sous-ensemble analytique des fonctions f de $\mathbb{P}^N$ défini par $J(F, z) \equiv 0$. Montrons que le complémentaire Σ de $\mathcal{H}_d$ est un sous-ensemble analytique de $\mathbb{P}^N$. Σ est en effet le sous-ensemble des fonctions

$f \in \mathbb{P}^N$ pour lesquelles il existe $z \in \mathbb{P}^k$ tel que $F(z) = 0$. C'est donc la projection sur $\mathbb{P}^N$ du sous-ensemble analytique Σ' de $\mathbb{P}^N \times \mathbb{P}^k$

$$\Sigma' = \{(f, z) \in \mathbb{P}^N \times \mathbb{P}^k \mid F(z) = 0\}$$

par l'application propre $(f, z) \mapsto f$. □

Corollaire 1.1.2. — *Si $f \in \mathcal{M}_d$, le degré de $J(F, z)$ est toujours égal à $(k+1)(d-1)$.*

Démonstration. — Le degré de $J(F, z)$ dépendant continûment de f, il est constant puisque $\mathcal{M}_d$ est connexe. Pour avoir sa valeur, il suffit de le calculer pour l'application $f = [z_o^d : z_1^d : \ldots : z_k^d]$. □

Exemples 1.1.3

(1) Soit $k = 2$. L'application $f_o = [z^d : w^d : t^d]$ et plus généralement les applications de la forme $f_1 = [P(z, w) : Q(z, w) : t^d]$, pour P et Q des polynômes homogènes de degré d tels que $\{P = Q = 0\} = \{0\}$ sont dans $\mathcal{H}_d$.

L'application $f_2 = [(z-2w)^2 : (z-2t)^2 : z^2]$ est dans $\mathcal{H}_2$ et l'orbite de son ensemble critique est algébrique.

(2) L'application de $\mathbb{C}^2$ dans $\mathbb{C}^2$ définie par $f(z, w) = (p(z) + aw, z)$, où p est un polynôme de degré d, $d \geq 2$, en une variable et $a \neq 0$, est un automorphisme polynomial de $\mathbb{C}^2$ appelé *application de Hénon*. Il est utile de considérer son extension méromorphe à $\mathbb{P}^2$ que nous noterons encore f par abus de notation. On a alors

$$f([z : w : t]) = \left[t^d p(\frac{z}{t}) + awt^{d-1} : zt^{d-1} : t^d\right]$$

et pour l'automorphisme inverse

$$f^{-1}([z : w : t]) = \left[wt^{d-1} : \frac{1}{a}\left(zt^{d-1} - t^d p\left(\frac{w}{t}\right)\right) : t^d\right].$$

Les ensembles d'indétermination respectifs de f et de f^{-1} sont les deux points

$$I_+ = [0 : 1 : 0], \qquad I_- = [1 : 0 : 0].$$

Les points d'indétermination sont dans l'hyperplan à l'infini, défini par $t = 0$.

(3) Donnons maintenant l'exemple d'un automorphisme dynamiquement intéressant de $\mathbb{C}^3$:

$$g([x : y : z : t]) = [\alpha x^2 + \beta y^2 + azt : \gamma x^2 + byt : xt : t^2],$$

où $\alpha, \beta, a, \gamma, b \in \mathbb{C}^*$. On a

$$g^{-1}([x : y : z : t]) = \left[zt^3 : \frac{1}{b}(yt^3 - \gamma z^2 t^2) : \frac{1}{a}\left(xt^3 - \alpha z^2 t^2 - \beta\left(\frac{yt - \gamma z^2}{b}\right)^2\right) : t^4\right]$$

On a ici $I_+ = [0 : 0 : 1 : 0]$ et $I_- = \{[x : y : 0 : 0]\}$. On observera que le degré de g^{-1} est 4 alors que celui de g est 2.

1.2. Ensemble critique. Blow up

Soit $f \in \mathcal{M}_d$. Le jacobien $J(F)$ de la transformation F de $\mathbb{C}^{k+1}$ associée à f est un polynôme homogène de degré $(k+1)(d-1)$. L'ensemble $\{J(F)=0\}$ définit un sous-ensemble analytique de $\mathbb{P}^k$, c'est l'ensemble critique C_f de f.

Lorsque $f \in \mathcal{M}_d$, on ne peut pas parler de $f(p)$ lorsque p est un point d'indétermination. On introduit le blow-up $\mathcal{B}(p)$ de f en p. Notons $B(p,\varepsilon)$ la boule de centre p et de rayon ε pour une métrique fixée de $\mathbb{P}^k$. On définit

$$\mathcal{B}_p = \bigcap_{\varepsilon>0} \overline{f(B(p,\varepsilon)\setminus I)}.$$

On peut encore définir $\mathcal{B}_p$ en considérant le graphe

$$\Gamma_f = \{(z, f(z)) \mid z \in \mathbb{P}^k \setminus I\}.$$

C'est un sous-ensemble analytique de $(\mathbb{P}^k \setminus I) \times \mathbb{P}^k$. Son adhérence $\overline{\Gamma}_f$ est encore un ensemble analytique. $\mathcal{B}_p$ est alors le sous-ensemble analytique de $\overline{\Gamma}_f$ qui se projette en p.

Il est clair que $\mathcal{B}_p$ est connexe car, pour tout $\varepsilon > 0$, $(B(p,\varepsilon)\setminus I)$ est connexe. Si $\mathcal{B}_p$ est de dimension 0, alors f se prolonge holomorphiquement en p et p n'appartient pas à I.

Rappelons qu'une application $f \in \mathcal{M}_d$ est *birationnelle* s'il existe $g \in \mathcal{M}_d$ telle que $f \circ g = \mathrm{Id}$ et $g \circ f = \mathrm{Id}$ hors d'une hypersurface $\mathcal{C}$ de $\mathbb{P}^k$. On écrira que $g = f^{-1}$. On notera I_+ l'ensemble d'indétermination de f et I_- celui de f^{-1}. On a la propriété suivante des blow-up :

Proposition 1.2.1. — *Soit f birationnelle dans $\mathbb{P}^k$. Si p appartient à $\mathcal{B}_q^-$, alors q appartient à $\mathcal{B}_p^+$. On a en particulier $f(\mathcal{B}_q^- \setminus I_+) = q$.*

Démonstration. — Soit $p \in \mathcal{B}_q^-$. Il existe une suite $\{z_n\}$, $z_n \notin I_-$ telle que $\lim_n z_n = q$, $\lim_n f^{-1}(z_n) = p$ et $f^{-1}(z_n) \notin I_+$. On en déduit que $f(f^{-1}(z_n)) = z_n$ tend vers q, donc que q est dans $\mathcal{B}_p^+$. □

Exemple 1.2.2. — Soit f un automorphisme polynomial de $\mathbb{C}^2$. Notons $[z:w:t]$ les coordonnées dans $\mathbb{P}^2$ et soit H l'hyperplan à l'infini défini par $t=0$. Il est clair que, pour tout point $p \in I_+$, on a $\mathcal{B}_p^+ = H$ (ce doit être un sous-ensemble analytique de dimension 1 et d'après la proposition 1.2.1, $f^{-1}(\mathcal{B}_q^+ \setminus I_-) = p$). De même pour tout $q \in I_-$, on a $\mathcal{B}_p^+ = H$. Donc la proposition précédente affirme que $f(H \setminus I_+) = q$ pour tout $q \in I_-$. Il en résulte I_+ et I_- sont réduits chacun a un seul point.

Définition 1.2.3. — Soit V un sous ensemble analytique de dimension ℓ de $\mathbb{P}^k$ et soit $f \in \mathcal{M}_d$. On dit que V est un ensemble de dégénérescence pour f si le rang de la restriction $f\big|_{V\setminus I}$ est $\leq \ell - 1$. Si $k=2$, cela signifie que $f\big|_{V\setminus I}$ est constante.

Exemple 1.2.4. — Si $f([z:w:t]) = [z^2 : w^2 : wt]$, la droite $(w=0)$ a pour image par f le point $[1:0:0]$

1.3. Préimages d'un point. Points périodiques

Rappelons l'énoncé du théorème de Bézout.

Théorème 1.3.1. — *Soient $P_1, \dots, P_k$ des polynômes homogènes de $\mathbb{P}^k$. Si l'ensemble de leurs zéros communs est discret, alors le nombre de ces zéros, en tenant compte de leurs multiplicités, est égal au produit $d_1 \cdots d_k$ des degrés des polynômes $P_1, \dots, P_k$.*

On en déduit le corollaire suivant :

Corollaire 1.3.2. — *Soit $f \in \mathcal{H}_d(\mathbb{P}^k)$; alors, pour tout $a \in \mathbb{P}^k$, le cardinal de $\{f^{-1}(a)\}$, compté avec multiplicité, est égal à d^k.*

Démonstration. — Soit $f = [F_0 : F_1 : \dots : F_k]$ où $F_0, F_1, \dots, F_k$ sont des polynômes homogènes de degré d en $z = (z_0, z_1, \dots, z_k)$. Introduisons une nouvelle variable t et résolvons le système d'équations homogènes dans $\mathbb{P}^{k+1}$,

$$F_j(z) - t^d a_j = 0, \quad j = 0, 1, \dots, k.$$

En regardant ce système dans $\mathbb{C}^{k+2}$, on voit que l'intersection avec $t=0$ est réduite à 0. Donc $f = at^d$ définit un sous-ensemble analytique de $\mathbb{P}^{k+1}$ qui ne rencontre pas $t=0$. C'est donc un sous-ensemble analytique compact de $\mathbb{C}^{k+1}$, c'est-à-dire un ensemble fini. En appliquant le théorème de Bézout dans $\mathbb{P}^{k+1}$, on voit que l'ensemble $S = \{f = at^d\}$ a d^{k+1} points et $\{f^{-1}(a)\}$ s'identifie à la projection de S sur $\mathbb{P}^k$. Mais S ne rencontre pas $t=0$ et ne contient pas le point $[0 : \dots : 0 : 1]$. Au dessus de chaque point de $\{f^{-1}(a)\}$, il y a donc exactement d points distints de S, obtenus en multipliant t par les d racines d-ièmes de l'unité. On en déduit que le cardinal de $\{f^{-1}(a)\}$ est égal à d^k. □

On obtient de la même façon :

***Théorème 1.3.3* ([30]).** — *Soient f et g deux applications holomorphes de $\mathbb{P}^k$ dans $\mathbb{P}^k$. On suppose f de degré d et g de degré d', $d' < d$. Alors l'ensemble $\{f = g\}$ est discret et, si l'on tient compte des multiplicités, son cardinal est $\dfrac{d^{k+1} - d'^{k+1}}{d - d'}$.*

Corollaire 1.3.4. — *Soit f une application holomorphe, de $\mathbb{P}^k$ dans $\mathbb{P}^k$, $f \in \mathcal{H}_d$ où $d \geq 2$. Alors le nombre des points périodiques d'ordre n de f, comptés avec leur multiplicité, est $\dfrac{d^{n(k+1)} - 1}{d^n - 1}$.*

Démonstration. — Rappelons qu'un point p est dit périodique de période n si on a $f^n(p) = p$. On suppose usuellement que n est la plus petite période de p. Le corollaire résulte du théorème précédent appliqué à f^n et à $g = \mathrm{Id}$. □

Rappelons maintenant le théorème suivant de Shub et Sullivan :

Théorème 1.3.5 ([**73**]). — *Soit $f : U \to \mathbb{R}^p$ une application de classe $\mathcal{C}^1$ définie dans un voisinage $U \subset \mathbb{R}^p$ de 0. On suppose que le point 0 est un point fixe isolé de f^n pour tout n. Alors la multiplicité $\mu(f^n - I, 0)$ de $f^n - I$ en 0 est bornée par une constante indépendante de n.*

On obtient alors le corollaire :

Corollaire 1.3.6. — *Soit f une application holomorphe de $\mathbb{P}^k$ dans $\mathbb{P}^k$, $f \in \mathcal{H}_d$. Alors f admet une infinité d'orbites périodiques distinctes.*

Observons que les applications méromorphes n'ont pas nécessairement des points périodiques. Par exemple, soit f définie par

$$f(x, y) = (\alpha x + P(y), y + \beta),$$

où P est un polynôme de degré d, et $\alpha.\beta \neq 0$. L'application n'a clairement aucun point périodique dans $\mathbb{C}^2$ et, quand on passe en coordonnées homogènes, on a

$$f[x : y : t] = \left[\alpha x t^{d-1} + t^d P\left(\frac{y}{t}\right) : y t^{d-1} + \beta t^d : t^d\right].$$

Dans cet exemple, $t = 0$ est envoyé sur le point d'indétermination $[1 : 0 : 0]$, donc f n'a pas de point périodique dans $t = 0$.

1.4. Ensemble d'indétermination. Degré des itérés. Applications algébriquement stables

Soit $f \in \mathcal{M}_d$. Soit I l'ensemble des points d'indétermination de f, et pour tout $n \in \mathbb{N}$, soit I_n l'ensemble d'indétermination de f^n. I_n est le sous-ensemble analytique de $\mathbb{P}^k$ défini par $(F_n)^{-1}(0)$, où F_n est un relevé de f^n. On a $I_n \subset I_m$ si $m > n$.

Définition 1.4.1. — On désignera par $E = \overline{\bigcup_{n \in \mathbb{N}} I_n}$ l'adhérence de l'ensemble des points d'indétermination des itérés de f.

Proposition 1.4.2. — *Soit $f \in \mathcal{M}_d$. Si on a $z \notin E$ et $f(z) \in E$, alors z est sur un ensemble de dégénérescence.*

Démonstration. — Soit

$$\Sigma = \{z \in \mathbb{P}^k \setminus E \mid \dim f^{-1}(f(z)) > 0\}.$$

On sait ([**45**], p. 136) que Σ est un sous-ensemble analytique propre de $\mathbb{P}^k \setminus E$. Il est clair que tout point z de Σ appartient à l'ensemble de degenérescence $f^{-1}(f(z))$. Si $z \notin \Sigma$, il existe des voisinages V de z arbitrairement petits sur lesquels $f^n_{|V} : V \to U$ est finie propre surjective. Mais si chaque image contient un point de I_ℓ, V contient un point de $I_{\ell+n}$. Donc $z \in E$. □

Soit $f \in \mathcal{M}_d$. Le degré d_n de f^n peut être strictement plus petit que d^n. Il se peut, en effet, que les composantes de F^n aient un facteur commun. On a donc en général $d_{n+m} \leq d_n \cdot d_m$. On aura cependant l'égalité $d_n = d^n$ s'il n'existe aucune hypersurface de $\mathbb{P}^k$ dont l'image par f^{n-1} soit contenue dans I. Plus précisément, on a le résultat suivant :

Proposition 1.4.3 (**[29]**). — *Soient $f \in \mathcal{M}_d$, $g \in \mathcal{M}_{d'}$. Le degré algébrique de $f \circ g$ est égal à $d \cdot d'$, si et seulement si il n'existe pas d'hypersurface V telle que $g(V \setminus I_g) \subset I_f$.*

Démonstration. — Si on a $g(V \setminus I_g) \subset I_f$, toutes les composantes de $F \circ G$ ont un facteur commun, définissant l'équation de V. Le degré de $f \circ g$ est donc strictement plus petit que $d \cdot d'$. La réciproque est aussi claire. □

Définition 1.4.4. — On dit que $f \in \mathcal{M}_d$ est *algébriquement stable* s'il n'existe pas d'entier n ni d'hypersurface V tels que toutes les composantes de F^n soient nulles sur V.

Il résulte de la proposition 1.4.3 que, pour f algébriquement stable de degré d, f^n est de degré d^n.

Si f est algébriquement stable, et si I_n désigne l'ensemble d'indétermination de f^n, on a $I_n \subset I_m$ pour $m > n$. Les applications algébriquement stables sont introduites dans **[32]** sous le terme « generic map ».

Exemples 1.4.5

(1) Les applications de Hénon (Exemple 1.1.3(2)) sont algébriquement stables. En effet $\{t = 0\}$ est envoyé sur le point fixe $[1 : 0 : 0]$.

(2) L'automorphisme g (Exemple 1.1.3(3)) est algébriquement stable car $\{t = 0\}$ a pour image l'ensemble $\{[\alpha x^2 + \beta y^2 : \gamma x^2 : 0 : 0]\}$ qui est stable par g et ne rencontre pas I_+.

(3) L'application h définie par $h([x : y : t]) = [xt + t^2 : yt + x^2 : t^2]$ n'est pas algébriquement stable car $\{t = 0\}$ est envoyé sur le point d'indétermination $[0 : 1 : 0]$.

Exemples 1.4.6

(1) Soit $f \in \mathcal{M}_d$ une application algébriquement stable. Si g est une application méromorphe, birationnellement équivalente à f, alors g n'est pas nécessairement algébriquement stable. Il suffit de prendre

$$f[z : w : t] = \left[z^d : w^d : t^d\right], \quad \varphi_a = \left[az^2 + wt : zt : t^2\right].$$

On a

$$\varphi_a^{-1}[z : w : t] = \left[wt : zt - aw^2 : t^2\right]$$

et

$$g_a[z : w : 1] = \varphi_a^{-1} \circ f \circ \varphi_a[z : w : 1] = \left(z^d, (az^2 + w)^d - az^{2d}\right).$$

L'hyperplan $(t=0)$ a pour image le point d'indétermination $I=[0:1:0]$, lorsque $a\neq 0$. Si a tend vers zéro, alors g_a tend vers f. Il est clair que la dynamique de g est essentiellement celle de f. Il faut donc choir la "bonne" représentation pour une application dans une classe de conjugaison donnée.

(2) Donnons un exemple (dû à V. Guedj) d'un automorphisme f, algébriquement stable de $\mathbb{C}^3$ tel que f^{-1} ne soit pas algébriquement stable, mais que f^{-2} le soit. Posons, pour $\lambda\in\mathbb{C}^*$, $a\in\mathbb{C}^*$,

$$f(x,y,z) = (x^2+\lambda y+az,\ \lambda^{-1}x^2+y,x).$$

On a $f(t=0)=[\lambda:1:0:0]$ qui est un point fixe, donc f est algébriquement stable. Par ailleurs

$$f^{-1}(x,y,z) = \left(z,y-\lambda^{-1}z^2,\frac{1}{a}(x-\lambda y)\right).$$

Or, $f^{-1}(t=0)=[0:1:0:0]$ est un point d'indétermination pour f^{-1}. On vérifie que f^{-2} est algébriquement stable. On a même $I(f^2)\cap I(f^{-2})=\varnothing$.

(3) Soit l'automorphisme de $\mathbb{C}^3$ défini par

$$f(x,y,z) = \left(x^2+y,\ z^2+x,\ z\right).$$

On a

$$f^{-1}(x,y,z) = \left(y-z^2,\ x-(y-z^2)^2,\ z\right).$$

On vérifie que f est algébriquement stable et que, pour tout $n\geq 1$, f^{-n} ne l'est pas, car $f^{-n}(t=0)=[0:1:0:0]\in I_-$.

Lorsque f n'est pas algébriquement stable on a, pour n assez grand, $F^n=h_nF_n$, où h_n est un polynôme homogène non constant et où les composantes de F_n sont sans facteur commun. Si d_n désigne le degré de F_n on a $d_n<d^n$. On vérifie que

$$d_{n+m} \leq d_n\cdot d_m$$

et que par conséquent

$$\lim_{n\to\infty} d_n^{1/n} = \inf_n d_n^{1/n}.$$

On peut donc poser la définition suivante :

Définition 1.4.7. — Étant donné $f\in\mathcal{M}_d$, on définit le degré dynamique δ_f de f par la relation

$$\delta_f = \lim_{n\to\infty} d_n^{1/n}.$$

Si g est birationnellement équivalente à f, alors on vérifie facilement que $\delta_f=\delta_g$. Si f est algébriquement stable, on a $\delta_f=d$. Par suite, lorsque g est birationnellement équivalente à une application algébriquement stable $f\in\mathcal{M}_d$, on a $\delta_g=d$.

1.5. Ensembles de Fatou. Ensembles de Julia. Applications normales

Définitions 1.5.1. — Soit $f \in \mathcal{M}_d$ une application méromorphe algébriquement stable.

- Un point p est dans *l'ensemble de Fatou* de f, s'il existe un voisinage U de p tel que la famille $f^n_{|U}$ soit équicontinue.
- *L'ensemble de Julia* est le complémentaire de l'ensemble de Fatou.
- Un point p est dit *normal* s'il existe un voisinage U de p et un voisinage V de l'ensemble d'indétermination I, tels qu'on ait $f^n(U) \cap V = \varnothing$, pour tout $n \in \mathbb{N}$.

Il résulte des définitions précédentes que l'ensemble de Fatou est ouvert et disjoint de E (voir la définition 1.4.1), que l'ensemble de Julia est fermé et que l'ensemble des points normaux est un ouvert de $\mathbb{P}^k \setminus E$.

Définition 1.5.2. — Une application méromorphe est *normale* si l'ensemble N de ses points normaux est égal à $\mathbb{P}^k \setminus E$.

Exemples 1.5.3

(1) Les applications de Hénon sont normales. En effet, le point d'indétermination $p_- = [0 : 1 : 0]$ est attractif pour f^{-1}. Si $f^{n_j}(p_j) \to p_-$, on a donc $p_j = f^{-n_j}(f^{n_j}(p_j)) \to p_-$.

(2) Toutes les applications de $\mathcal{H}_d$ sont normales puisque E est vide.

(3) Soit g l'application définie par

$$g([z : w : t]) = [z^d : w^d : t^{d-1}w].$$

Alors

$$g^n([z : w : t]) = [z^{d^n} : w^{d^n} : t^{(d-1)^n} w^{d^n-(d-1)^n}],$$

et $E = I = \{[0 : 0 : 1]\}$. Soit $\Omega = \{[z : w : t] \mid |z| < |w| < |t|\}$. Dans la carte $t = 1$, on a, pour $[z : w : t] \in \Omega$,

$$g^n(z, w) = \left(\frac{z^{d^n}}{w^{d^n-(d-1)^n}}, w^{(d-1)^n} \right).$$

Donc $g^n_{|\Omega}([z : w : t])$ converge vers $[0 : 0 : 1]$. Les points de Ω ne sont donc pas normaux. L'ouvert Ω est cependant contenu dans l'ensemble de Fatou.

(4) Si $f([z : w : t]) = [z^d : w^d : t^d]$, l'ensemble de Julia de f est

$$J_f = \{|z| = |w| \geq |t|\} \cup \{|z| = |t| \geq |w|\} \cup \{|w| = |t| \geq |z|\}.$$

1.6. Courant de Green associé à une application méromorphe

Soit $f \in \mathcal{M}_d$ une application méromorphe dominante dans $\mathbb{P}^k$. Nous allons lui associer un courant T de bidegré $(1, 1)$ positif fermé dont les propriétés sont liées à la dynamique de f.

Soit ω la forme de Kähler standard dans $\mathbb{P}^k$. Si π est la projection $\mathbb{C}^{k+1}\setminus 0$ sur $\mathbb{P}^k$, la forme de Kähler est définie par la propriété que $\pi^*\omega = dd^c \log|z|$, où $z = (z_0, z_1, \ldots, z_n)$. Nous avons vu (voir le paragraphe A.5) que, pour tout courant S positif fermé de bidegré $(1,1)$ dans $\mathbb{P}^k$, il existe une fonction u p.s.h. dans $\mathbb{C}^{k+1}$ telle que

$$u(\lambda z) = c\log|\lambda| + u(z), \quad \forall\lambda\in\mathbb{C}^*, \quad \text{et } \pi^* S = dd^c u.$$

De plus, on a $\|S\| = \displaystyle\int S\wedge\omega^{k-1} = c$ et u est unique, si on impose la normalisation $\displaystyle\int_{\partial B} u = 0$. On dira que u est le potentiel de S. La convergence faible des courants se traduit par la convergence des potentiels dans $L^1_{\text{loc}}(\mathbb{C}^{k+1})$.

Soit $f\in\mathcal{M}_d$, soit S un courant de bidegré $(1,1)$ positif fermé dans $\mathbb{P}^k$ et soit u le potentiel de S. On peut alors définir $f^*(S)$ par la relation $\pi^*(f^*(S)) = dd^c(u\circ F)$. Autrement dit, $f^*(S)$ est le courant de potentiel $u\circ F$. Comme f est dominante, l'image d'un ouvert n'est pas contenue dans un sous-ensemble analytique et l'opération $S\mapsto f^*(S)$ est continue pour la topologie des courants.

Théorème 1.6.1. — *Soit $f\in\mathcal{M}_d$ $(d\geq 2)$ une application méromorphe dominante algébriquement stable dans $\mathbb{P}^k$. La suite des courants $\left\{\dfrac{1}{d^n}(f^n)^*(\omega)\right\}$ converge vers un courant positif fermé T de bidegré $(1,1)$ qui vérifie*

$$f^*(T) = d\cdot T.$$

Si $F = (F_0, F_1, \ldots, F_k)$ est un relèvement de f, T admet un potentiel G plurisousharmonique dans $\mathbb{C}^{k+1}$ vérifiant

$$\begin{cases} G(\lambda z) = \log|\lambda| + G(z) \\ G(F(z)) = d\cdot G(z). \end{cases}$$

De plus, toute fonction v vérifiant les propriétés ci-dessus est telle que $v\leq G$.

Démonstration. — La fonction F étant définie à une constante multiplicative près, on peut supposer que, sur la boule unité de $\mathbb{C}^{k+1}$, on a $\sup_B|F| = 1$. Par l'homogénéité, on en déduit

$$|F(z)|\leq|z|^d, \quad \text{d'où} \quad |F^{n+1}(z)|\leq|F^n(z)|^d.$$

Posons $G_n = \dfrac{1}{d^n}\log|F^n|$. On a

$$G_{n+1}(z) = \frac{1}{d^{n+1}}\log|F^{n+1}(z)| \leq \frac{1}{d^n}\log|F^n(z)| = G_n(z).$$

La suite des $\{G_n\}$ est donc une suite décroissante de fonctions p.s.h. Donc G_n converge vers une limite G qui est soit une fonction p.s.h., soit $G\equiv-\infty$. Nous montrerons plus loin qu'on n'a pas $G\equiv-\infty$.

Si c'est le cas, il résulte de la définition de G_n qu'on a

$$\frac{1}{d}G(F(z)) = \lim \frac{1}{d}G_n(F(z)) = \lim G_{n+1}(z) = G(z).$$

On a donc bien $G(F(z)) = d \cdot G(z)$.

De même la relation $G(\lambda z) = \log|\lambda| + G(z)$ résulte de la même relation vérifiée par les G_n. Le courant T tel que $\pi^*T = dd^cG$ a alors les propriétés annoncées :

$$f^*T = d \cdot T \quad \text{et} \quad \|T\| = 1.$$

Montrons maintenant qu'on n'a pas $G \equiv -\infty$. Posons, pour $N \geq 1$,

$$\sigma_N = \frac{1}{N}\sum_{n=0}^{N-1} \frac{1}{d^n}(f^n)^*(\omega).$$

La suite $\{\sigma_N\}$ est une suite de courants positifs fermés tels que $\|\sigma_N\| = 1$. On peut donc en extraire une sous-suite convergente, $\sigma_{N_i} \to \sigma$. On déduit facilement de la définition des σ_N et de la continuité de l'opération f^* qu'on a $\frac{1}{d}f^*(\sigma) = \sigma$. Soit h le potentiel de σ. L'égalité précédente implique $\frac{1}{d}(h \circ F) = h + c$, où c est une constante.

La fonction H définie par $H := h + \dfrac{cd}{d-1}$ est alors un potentiel de σ tel que $H \circ F = d \cdot H$. Montrons qu'un tel potentiel est toujours un minorant de G, ce qui impliquera $G \not\equiv -\infty$.

De la relation $H(\lambda z) = \log|\lambda| + H(z)$, on déduit en effet la majoration

$$H(z) \leq \log|z| + C;$$

d'où

$$H(z) = \frac{1}{d^n}H(F^n) \leq \frac{1}{d^n}(\log|F^n| + C).$$

En passant à la limite quand n tend vers $+\infty$, on en déduit $H \leq G$. On a donc $G \not\equiv -\infty$. □

Remarques 1.6.2

(i) Des cas particuliers du théorème 1.6.1 sont démontrés dans **[32]**. Diller **[23]** a montré que $G \not\equiv -\infty$, pour les applications birationnelles algébriquement stables de $\mathbb{P}^2$.

(ii) La démonstration ci-dessus montre aussi qu'on a $v \leq G$ pour toute fonction v qui vérifie $v \circ F = d \cdot v$ et $v(z) \leq \log(|z|) + C$.

Proposition 1.6.3. — *Soit $\mathcal{G}$ l'ensemble des courants positifs fermés S de bidegré $(1,1)$, tels que $f^*(S) = d \cdot S$ et $\|S\| = 1$. Alors le courant de Green T est extrémal dans le convexe compact $\mathcal{G}$.*

Démonstration. — Supposons qu'on ait

$$T = \frac{T_1 + T_2}{2}, \quad \text{avec } f^*(T_j) = d \cdot T_j,\ \|T_j\| = 1,\ j = 1, 2.$$

On peut choisir des potentiels G_j des T_j vérifiant $G_j(F(z)) = d \cdot G_j(z)$. La remarque 6.2. (ii) entraîne

$$G_j \leq G \quad \text{et donc} \quad H = \frac{G_1 + G_2}{2} \leq G.$$

Mais $H = G$, car $G - H = c$ et $c(F(z)) = d \cdot c$ donc $c = 0$. On en déduit que $G = G_1 = G_2$. □

Exemple 1.6.4. — Soit f l'application définie par $f = [z^d : w^d : t^d]$. On a donc $F^n = (z^{d^n}, w^{d^n}, t^{d^n})$. On trouve pour G la fonction

$$G = \lim \frac{1}{d^n} \log(\sup\{|z|^{d^n}, |w|^{d^n}, |t|^{d^n}\}) = \sup(\log|z|, \log|w|, \log|t|).$$

Les fonctions $\log|z|$, $\log|w|$ et $\log|t|$ vérifient aussi les équations fonctionnelles.

Par la suite, sauf au paragraphe 1.9, nous sous limiterons au cas des applications algébriquement stables, c'est-à-dire pour lesquelles le relevé de f^n est F^n.

Théorème 1.6.5 **([32])**. — *Soit $f \in \mathcal{M}_d$ une application algébriquement stable. Alors*

(1) *le courant T est à support contenu dans l'ensemble de Julia, qui est donc non vide ;*
(2) *si N désigne l'ensemble des points normaux, alors pour tout compact K de N, on a*

$$\forall j \geq 1, \quad |G_{n+j} - G_n| \leq \frac{C_K}{d^n}$$

et $N \cap (\mathbb{P}^k \setminus \operatorname{Supp} T)$ est contenu dans l'ensemble de Fatou ; en particulier, la fonction de Green G est continue sur $\pi^{-1}(N)$.

Démonstration. — Soit $p \in U$ où U est un ouvert contenu dans l'ensemble de Fatou. Quitte à restreindre U, on peut supposer qu'une sous-suite $\{f^{n_j}\}$ converge dans U vers une application holomorphe h et qu'on a $f^{n_j}(U) \subset \{z_0 = 1, |z_j| < 2\}$. On peut alors écrire

$$G_{n_j} = \frac{1}{d^{n_j}} \log|F_0^{d^{n_j}}| + \frac{1}{d^{n_j}} \log|(1, A_j^1, \ldots, A_j^k)|.$$

Le dernier terme converge uniformément vers 0 et le premier est pluriharmonique. Donc G est pluriharmonique dans U et U ne rencontre pas le support de T.

Soit maintenant U un ouvert biholomorphe à une boule, tel que $U \subset K \subset N$. On va démontrer que, si $dd^c G = 0$ dans $\pi^{-1}(U)$, la suite $\{f^n_{|U}\}$ est équicontinue. D'après l'hypothèse, il existe une constante C_K telle que la distance $\delta(f^n(z), I)$ soit supérieure ou égale à C_K. On en déduit :

$$\left| F\left(\frac{F^n(z)}{|F^n(z)|}\right) \right| \geq C, \quad \text{donc} \quad |F^{n+1}(z)| \geq C|F^n(z)|^d,$$

D'où :

$$\frac{\log C}{d^n} \leq G_{n+1} - G_n \leq 0.$$

On a donc, pour tout j, $|G_{n+j} - G_n| \leq \frac{c_1}{d^n}$. En passant à la limite quand j tend vers $+\infty$, on en déduit $|G - G_n| \leq \frac{c_1}{d^n}$.

D'après l'hypothèse, G est pluriharmonique dans $\pi^{-1}(U)$. Il existe donc une fonction holomorphe h telle que $G = \log|h|$ et l'estimation précédente peut encore s'écrire :

$$\left|\frac{1}{d^n}\log\frac{|F^n|}{|h|^{d^n}}\right| = \left|\frac{1}{d^n}\log|F^n| - \frac{1}{d^n}\log|h|^{d^n}\right| \leq \frac{c_1}{d^n}.$$

D'où $e^{-c_1} \leq \frac{|F^n|}{|h|^{d^n}} \leq e^{c_1}$. Comme $\frac{F^n}{h^{d^n}}$ est un relevé de f^n, la famille $\{f^n\}$ est équicontinue dans U. □

Corollaire 1.6.6 (**[32]**). — *Soit $f \in \mathcal{M}_d$ algébriquement stable ; si, dans un ouvert U contenu dans l'ensemble de normalité N, une sous-suite f^{n_i} est équicontinue, alors U est dans l'ensemble de Fatou.*

Démonstration. — La démonstration du théorème précédent montre que G_{n_i} converge vers G pluriharmonique dans U. Donc U est dans l'ensemble de Fatou. □

Corollaire 1.6.7 (**[32]**). — *Si f est normale, alors le support de T est égal à J. Le support de T est toujours connexe et l'ensemble de Fatou est une variété de Stein.*

Démonstration. — Si f est normale, le théorème précédent entraîne que le support de T coïncide avec J.

Il est facile de voir que le complémentaire du support d'un courant positif fermé de bidegré $(1,1)$ dans une variété complexe est un ensemble pseudoconvexe (voir **[20, 33]**). Dans $\mathbb{P}^k$ le problème de Lévi a une solution positive, c'est-à-dire que tout ouvert de $\mathbb{P}^k$, différent de $\mathbb{P}^k$, qui est pseudoconvexe est une variété de Stein. Lorsqu'on a une variété de Stein Ω et K un compact de Ω, on sait que $\Omega \setminus K$ ne peut être de Stein. Soit $\Omega = \mathbb{P}^k \setminus J$. Si on avait $J = K_1 \cup K_2$, avec K_1 et K_2 deux compacts disjoints non vides, K_1 serait le support d'un courant positif fermé, $T_1 = T_{|K_1}$ et $\mathbb{P}^k \setminus K_1$ serait une variété de Stein, ainsi que $\mathbb{P}^k \setminus (K_1 \cup K_2)$, ce qui, comme on vient de le rappeler, est impossible. □

1.7. Continuité Hölder du potentiel de T dans le domaine de normalité

La continuité Hölder de la fonction de Green a été démontrée pour les applications de Hénon dans **[27]**, pour les applications de $\mathcal{H}_d$ par Briend-Duval **[14, 15]** et pour certains cas par Kosek **[56]**, (voir également Carleson-Gamelin **[18]**).

Théorème 1.7.1. — *Soit $f \in \mathcal{M}_d$ une application dominante algébriquement stable. Soit N l'ouvert des points normaux. Alors la fonction de Green G est höldérienne dans $\pi^{-1}(N)$.*

Démonstration. — Soit z_1 tel que $\pi(z_1) \in N$. On peut supposer $G(z_1) > 0$. Soit $U \Subset N$ un ouvert contenant $\pi(z_1)$ et soit $\widetilde{U}$ le cône de $\mathbb{C}^{k+1}$, $\widetilde{U} = \pi^{-1}(U)$. On peut, grâce au théorème 6.5, supposer que, pour tout $z \in \widetilde{U}$, on a

$$\frac{1}{d^n} \log |F^n(z)| - \frac{C}{d^n} \leq G(z) \leq \frac{1}{d^n} \log |F^n(z)|.$$

On en déduit que, si $G(z) = 0$, alors $|F^n(z)| \leq e^C$. Notons $\delta(z)$ la distance de z à $G^{-1}(0)$ et soit z_o le point tel que $G(z_o) = 0$ et $\delta(z_1) = |z_1 - z_o|$. Supposons z_1 assez proche de $\{G = 0\}$ pour que $z_0 \in \widetilde{U}$. Considérons le segment ℓ d'extrémités z_o et z_1. Soit m le premier indice tel que $F^m(\ell)$ ne soit pas contenu dans la boule $B(0, 2e^C)$. Il existe donc $z_2 \in \ell$ tel que $|F^m(z_2)| \geq 2e^C$. Posons $M = \sup_{|z| \leq 2e^C} \|F'(z)\|$, où $\| \ \|$ désigne la norme d'opérateur. D'après le théorème des accroissements finis, on a

$$e^C \leq |F^m(z_2) - F^m(z_o)| \leq M^m |z_2 - z_o| \leq M^m \delta(z_1).$$

Posons $\alpha = \dfrac{\log d}{\log M}$, d'où $d^m = M^{m\alpha}$. On déduit des inégalités ci-dessus

$$G(z_1) = \frac{1}{d^m} G(F^m(z_1)) \leq \sup_{|z| \leq 2e^C} \frac{1}{d^m} G(F(z)) \leq \frac{A}{d^m} = \frac{A}{M^{m\alpha}} \leq C' \delta^\alpha(z_1),$$

pour A et C' des constantes convenables.

Prenons z_1 et z_1' dans $\widetilde{U}$ proches de $\{G = 0\}$, tels que $G(z_1)$ et $G(z_1')$ soient strictement positifs. Soit ζ_o tel que $z_1' = \lambda_o \zeta_o$ et $G(\zeta_o) = 0$, avec $|\lambda_o| > 1$. Considérons la fonction sousharmonique en la variable λ

$$v(\lambda) = G(\lambda\zeta_o + z_1 - z_1') - C'|z_1 - z_1'|^\alpha.$$

D'après l'homogénéité, pour $|\lambda| = 1$, on a encore $G(\lambda\zeta_o) = 0$. On peut donc appliquer l'estimation précédente à $z = \lambda\zeta_o + z_1 - z_1'$. Comme, pour $|\lambda| = 1$,

$$\delta(\lambda\zeta_o + z_1 - z_1') \leq |z_1 - z_1'|,$$

on en déduit

$$G(\lambda\zeta_o + z_1 - z_1') \leq C'|z_1 - z_1'|^\alpha,$$

c'est-à-dire $v(\lambda) \leq 0$ sur $|\lambda| = 1$.

Or la fonction sousharmonique $v(\lambda) - \log|\lambda|$ est majorée à l'infini, et elle est négative ou nulle sur $|\lambda| = 1$. D'après le principe du maximum, on en déduit que

$$v(\lambda) \leq \log|\lambda| \qquad \text{sur} \qquad |\lambda| \geq 1.$$

Mais, toujours par l'homogénéité, on a $G(\lambda\zeta_o) = \log|\lambda|$. D'où, en prenant $\lambda = \lambda_o$, on a

$$G(z_1) - G(z_1') \leq C'|z_1 - z_1'|^\alpha.$$

En permutant les rôles de z_1 et de z_1', on a la continuité Hölder de la fonction de Green dans $\pi^{-1}(N)$ au voisinage de $\{G = 0\}$, donc dans tout $\pi^{-1}(N)$ par l'homogénéité. □

Remarque 1.7.2. — Si $f \in \mathcal{H}_d$, on trouve que G est höldérienne avec un exposant de Hölder α pour tout $\alpha < \alpha_o$, où $\alpha_o = \dfrac{\log d}{\log \Lambda}$, avec $\Lambda = \sup\limits_{G(z)\leq 0} \|F'(z)\|$.

La continuité de Hölder de la fonction de Green a des conséquences sur la dimension de Hausdorff de certains sous-ensembles invariants associés à f. Il suffit d'utiliser des méthodes classiques [**48**].

Théorème 1.7.3. — *Soient $u_1, \ldots, u_\ell$ des fonctions p.s.h. höldériennes d'exposant $\alpha > 0$ dans un ouvert de $\mathbb{C}^k$. Le courant*

$$S_\ell := dd^c u_1 \wedge \cdots \wedge dd^c u_\ell$$

ne donne pas de masse aux ensembles A dont la mesure de Hausdorff $\Lambda_{2(k-\ell)+\alpha\ell}(A)$ en dimension $2(k-\ell)+\alpha\ell$ est nulle.

Démonstration. — Esquissons la démonstration. On peut supposer A compact. Posons $\tau = 2(k-\ell)+\alpha\ell$. Pour $\varepsilon > 0$ donné, on peut recouvrir A par des cubes dyadiques Q_i de côtés s_i, de centres c_i, tels que $\sum s_i^\tau < \varepsilon$. Soit $(\psi_i)_{1\leq i\leq N}$ une partition de l'unité associée telle que

$$\operatorname{Supp}\psi_i \subset \frac{3}{2}Q_i, \quad \sum_{i=1}^N \psi_i = 1, \quad |D^\alpha \psi_i| \leq C_\alpha s_i^{-|\alpha|}.$$

Posons $U_\varepsilon = \bigcup_{i=1}^N Q_i$ et $S_{\ell-j} := dd^c u_1 \wedge \cdots \wedge dd^c u_{\ell-j}$. Alors

$$\int_A S_\ell \wedge \omega^{k-\ell} \leq \int_{U_\varepsilon} S_\ell \wedge \omega^{k-\ell} \leq \sum_i \int_{(3/2)Q_i} S_\ell \cdot \psi_i = \sum_i \int S_{\ell-1} \wedge u_\ell dd^c \psi_i \wedge \omega^{k-\ell}$$

$$= \sum_i \int S_{\ell-1} \wedge (u_\ell(z) - u_\ell(c_i)) dd^c \psi_i \wedge \omega^{k-\ell} \leq C \sum_i s_i^{\alpha-2} \int_{(3/2)Q_i} S_{\ell-1} \wedge \omega^{k-\ell+1} \psi_i.$$

On répète ensuite le procédé. □

Corollaire 1.7.4. — *Soit $f \in \mathcal{M}_d$. Soit α un exposant de Hölder de G. Alors les courants $T^\ell = T \wedge \cdots \wedge T$ (ℓ fois) ne chargent pas les ensembles $A \subset N$ tels que $\Lambda_{2(k-\ell)+\alpha\ell}(A) = 0$, $\alpha < \alpha_o = \log d / \log \Lambda$.*

1.8. Le courant T ne charge pas les ensembles analytiques

Théorème 1.8.1. — *Soit $f \in \mathcal{M}_d$ une application algébriquement stable. Le courant T ne charge pas les hypersurfaces.*

Démonstration. — Supposons que T donne de la masse à une hypersurface V_o de $\mathbb{P}^k$. D'après le théorème de Siu [**76**], on a $T = T_1 + T_2$, où T_1 n'a pas de masse sur une hypersurface et $T_2 = \sum_j c_j[V_j]$, les $[V_j]$ étant des hypersurfaces et les c_j des constantes positives. En utilisant l'invariance

$$T = \frac{1}{d}(f^*T_1 + f^*T_2),$$

et

$$\frac{f^*T_2}{d} = \frac{1}{d}\sum_j c_j f^*[V_j] \leq \sum_j c_j[V_j],$$

et en comparant les deux termes de l'inégalité, on voit que $T_2 = \dfrac{1}{d}f^*T_2$.

Le courant T étant extrémal parmi les courants invariants, on en déduit que $T = T_2$. On en déduit en particulier que $G = -\infty$ sur $\pi^{-1}(\cup V_j)$.

Soit $\alpha = \sup_j \|c_j[V_j]\|$. La borne supérieure est atteinte puisque la masse de T est finie et que celle de chaque $[V_j]$ est un entier. Supposons, par exemple, que $\alpha = \|c_o[V_o]\|$. On a $\|\dfrac{1}{d^j}(f^j)^* c_o[V_o]\| = \alpha$. Le courant T domine chaque courant $\dfrac{1}{d^j}(f^j)^* c_o[V_o]$. La masse de T étant bornée, les composantes de $f^{-j}(V_o)$ ne peuvent pas être toutes distinctes. Il existe donc une sous-variété irréductible V telle que $V \subset f^{-\ell}(V)$. On peut supposer pour simplifier que $\ell = 1$. On a $f(V \setminus I) \subset V$. Définissons alors par récurrence la suite de sous-ensembles analytiques

$$X_1 = \overline{f(V \setminus I)}, \ldots, X_j = \overline{f(X_{j-1} \setminus I)}.$$

L'ensemble analytique $X := \cap_j X_j \neq \varnothing$, car f est algébriquement stable. On peut considérer qu'on a un ensemble analytique irréductible X tel que $\overline{f(X \setminus I)} = X$, c'est-à-dire que $f_{|X}$ est dominante.

Si X est réduit à un point x, c'est un point fixe et $G(x) \neq -\infty$, ce qui est la contradiction cherchée. C'est cette idée que nous allons généraliser. Posons

$$\sigma_N := \frac{1}{N}\sum_{n=0}^{N-1} \frac{1}{d^n}(f^n)^*\omega_{|X}.$$

On a $\sigma_N - \omega = dd^c v_N$, avec $v_N \in L^1(X)$. La masse des σ_N est bornée. Donc on peut prendre la limite σ d'une sous-suite qui est un courant de bidegré $(1,1)$ sur X et qui vérifie

$$\sigma - \omega_{|X} = dd^c v.$$

Par conséquent, $\pi^*\sigma$ a un potentiel $u = \log|z| + v$ sur $\widetilde{X} = \pi^{-1}(X)$. Le courant σ étant invariant, on construit, comme dans le théorème 1.6.1, un potentiel H sur $\widetilde{X}$ tel que $H(F(z)) = dH(z)$ et on montre que $H \leq G_{|\widetilde{X}}$. On en déduit que $G_{|\widetilde{X}}$ n'est pas identiquement $-\infty$, ce qui termine la démonstration. □

1.9. Le cas non algébriquement stable

Supposons que $f \in \mathcal{M}_d$ soit non algébriquement stable. On a alors, pour n assez grand, $F^n = h_n F_n$, où h_n est un polynôme homogène et où F_n est de degré $d_n < d^n$, les composantes de F_n n'ayant pas de facteurs communs.

On vérifie, pour tous m, n, l'inégalité $d_{m+n} \leq d_m d_n$. On pose encore dans ce cas

$$G_n = \frac{1}{d^n} \log |F^n|.$$

On montre comme au théorème 1.6.1. que $G = \lim G_n$ n'est pas identiquement égale à $-\infty$. On définit encore le courant $T = dd^c G$.

Lorsque S est un courant positif fermé, tel que $\pi^* S = dd^c u$, nous définissons S_n et ω_n par les relations

$$\pi^* S_n = \frac{1}{d^n} dd^c u \circ F^n, \quad \pi^* \omega_n = \frac{1}{d^n} dd^c \log |F^n|.$$

Théorème 1.9.1. — *Soit $f \in \mathcal{M}_d$ non algébriquement stable. On a alors les propriétés :*

- *Le courant T est porté par une réunion d'hypersurfaces.*
- *Si $F^n = h_n F_n$, on a $T = \lim_n \frac{1}{d^n}[h_n = 0]$, où $[h_n = 0]$ désigne le courant d'intégration sur l'hypersurface $(h_n = 0)$.*
- *Pour tout courant positif fermé S de bidegré $(1,1)$, on a $T = \lim_n S_n$.*

Démonstration. — Puisque f est non algébriquement stable, il existe $\ell \geq 2$ tel que $F^\ell = h_\ell F_\ell$, avec degré de $F_\ell = d_\ell < d^\ell$. On déduit alors de l'inégalité $d_{m+n} \leq d_m d_n$ que $\frac{d_n}{d^n} \to 0$. On a

$$\frac{1}{d^n} \log |F^n| = \frac{1}{d^n} \log |h_n| + \frac{1}{d^n} \log |F_n|.$$

D'où

$$\omega_n = \frac{1}{d^n}[h_n = 0] + \sigma_n,$$

avec $\pi^* \sigma_n = \frac{1}{d_n} dd^c \log |F_n|$. On a $\|\sigma_n\| = \frac{d_n}{d^n} \to 0$, d'où le résultat.

Soit S un courant positif fermé de bidegré $(1,1)$, de masse 1. Supposons que $\pi^* S = dd^c u$, avec u une fonction p.s.h. telle que $u(\lambda z) = \log |\lambda| + u(z)$.

On a donc

$$\frac{1}{d^n} u \circ F^n = \frac{1}{d^n} \log |h_n| + \frac{1}{d^n} u \circ F_n;$$

d'où

$$S_n = \frac{1}{d^n}[h_n = 0] + \sigma'_n,$$

avec encore $\|\sigma'_n\| = \frac{d_n}{d^n} \to 0$.

Donnons maintenant une description de T. Pour tout n, on a

$$G \leq G_n = \frac{1}{d^n} \log |h_n| + O(1).$$

La fonction $G - \frac{1}{d^n}\log|h_n|$ est p.s.h. car elle est majorée près de $h_n = 0$. Par conséquent, le courant $T - \frac{1}{d^n}[h_n = 0]$ est un courant positif fermé. La masse de $\frac{1}{d^n}[h_n = 0]$ tend vers 1. Il en résulte que toute la masse de T est portée par $\bigcup_n [h_n = 0]$. □

Remarques 1.9.2

(1) Le comportement de la suite $\{d_n\}$ pour une application non algébriquement stable peut être assez varié. Voir Bonifant **[13]**, qui a étudié des exemples.

(2) Il est naturel d'étudier la convergence au sens de Cesarò des courants de potentiels $\frac{1}{d_n}\log|F_n|$. Le courant T du théorème 1.9.1 ne rend compte que de la distribution des hypersurfaces qui, par itération, arrivent sur l'ensemble d'indétermination.

1.10. Convergence en moyenne vers T

Soit $f \in \mathcal{M}_d$ une application algébriquement stable. Étant donné un courant positif fermé S de bidegré $(1,1)$, on se pose la question de la convergence de la suite des courants $\frac{1}{d^n}(f^n)^*S$ vers T. Cela n'est pas toujours le cas, car il peut exister d'autres courants que T, satisfaisant à l'équation

$$f^*S = d \cdot S.$$

Par exemple, si f est l'application $f([z : w : t]) = [z^d : w^d : t^d]$, les courants $[z = 0]$ ou $[t = 0]$ sont aussi des solutions. Pour un courant S donné, il faut des hypothèses dynamiques sur f ou sur le support de S (voir le théorème 3.5.1). Il y a cependant un résultat de convergence presque sûre pour une famille de courants, dont la démonstration reprend une méthode classique en théorie de distribution des valeurs (**[19, 44, 61, 70, 69]**). Soit B_ℓ la boule unité de $\mathbb{C}^\ell$ dont on note w la variable.

Soit $U : \mathbb{C}^{k+1} \times B_\ell \to [-\infty, \infty[$ une fonction mesurable telle que

(1) $U(\lambda z, w) = \log|\lambda| + U(z, w)$,

(2) $z \mapsto U(z, w)$ est p.s.h. pour tout w,

(3) $w \mapsto U(z, w)$ est p.s.h. pour tout z,

(4) $U(\zeta, w) \leq 0$ si $|\zeta| = 1$.

(5) $\int_{B_\ell} |U(\zeta, w)| dm(w) \leq C$ où m désigne la mesure de Lebesgue, p.p. sur $|\zeta| = 1$, par rapport à la mesure de Lebesgue sur $|\zeta| = 1$.

Pour tout $w \in B_\ell$, soit S_w le courant positif fermé de bidegré $(1,1)$ sur $\mathbb{P}^k$ défini par

$$\pi^*(S_w) = dd^c_z U(z, w).$$

Nous dirons que la famille S_w est une famille admissible de courants. La condition (5) assure que la famille est assez vaste ou bien que les potentiels sont localement bornés.

Donnons quelques exemples :

(1) $U(z,w) = \log|\langle z,w\rangle| \in \mathbb{C}^{k+1}\setminus 0$. On obtient la famille des hyperplans.

(2) $U(z,w) = \log|P(z,w)|$, $P(.,w)$ décrivant un ouvert de polynômes de degré d.

Le théorème suivant est une variante d'un résultat de Russakovski-Sodin **[70]** et Russakovski-Shiffman **[69]**.

Théorème 1.10.1. — *Soit $f \in \mathcal{M}_d$ une application algébriquement stable. Soit S_w, $w \in B_\ell$, une famille admissible de courants de bidegré $(1,1)$, positifs fermés. Il existe alors un ensemble pluripolaire $\mathcal{E} \subset B_\ell$ tel que*

$$\frac{1}{d^n}(f^n)^* S_w \longrightarrow T,$$

pour tout $w \in B_\ell \setminus \mathcal{E}$.

Nous prouvons d'abord le lemme suivant :

Lemme 1.10.2. — *Soit ν une mesure de probabilité sur B_ℓ telle que*

$$\int |U(\zeta,w)|d\nu(w) \leq C_\nu,$$

pour presque tout $\zeta \in \partial B$ (par rapport à la mesure de Lebesgue).

Alors $\dfrac{1}{d^n}(f^n)^* S_w \to T$, ν-presque partout, quand n tend vers ∞.

Démonstration. — Soit φ une forme test. Posons $K(z,w) := \log|z| - U(z,w)(\geq 0)$. On a

$$\begin{aligned}|\langle f^*\omega - f^*S_w, \varphi\rangle| &= |\langle dd^c K(F(z),w), \varphi\rangle| = |\langle K(F(z),w), dd^c\varphi\rangle| \\ &\leq |\varphi|_2 |\langle K(F(z),w), \omega_z^k\rangle| =: |\varphi|_2 m_F(w).\end{aligned}$$

On a noté $|\varphi|_2$ la norme $\mathcal{C}^2$ de φ.

En utilisant la propriété que $K(F(z),w) = -U\left(F(z)/|F(z)|, w\right)$ et le théorème de Fubini, on a

$$\int K(F(z),w)\omega_z^k d\nu(w) = \int \omega_z^k \int \left| U\left(\frac{F(z)}{|F(z)|}, w\right)\right| d\nu(w) \leq C_\nu.$$

Par suite,

$$\nu(m_F(w) \geq s) \leq \frac{C_\nu}{s}.$$

Soit

$$\mathcal{E}_j^N := \bigcup_{n\geq N} \left\{\frac{m_{F^n}}{d^n} \geq \frac{1}{j}\right\};$$

on a

$$\nu(\mathcal{E}_j^N) \leq \sum_{n\geq N} \frac{jC_\nu}{d^n}.$$

Par suite $\mathcal{E} := \bigcup_j \cap_N \mathcal{E}_j^N$ est de ν-mesure nulle. Pour $w \notin \mathcal{E}$, on a

$$\left|\left\langle \frac{(f^n)^*(\omega)}{d^n} - \frac{(f^n)^* S_w}{d^n}, \varphi\right\rangle\right| \longrightarrow 0.$$

Il suffit d'observer que $\dfrac{(f^n)^*S_w}{d^n}$ converge vers T. □

Démonstration du théorème. — Si l'ensemble $\mathcal{E}$, sur lequel $\dfrac{(f^n)^*S_w}{d^n}$ ne converge pas vers T, n'était pas pluripolaire, il contiendrait un compact $K \subset B_\ell$ non pluripolaire. Or on sait (appendice, théorème A.9.2) que, pour tout compact non pluripolaire, il existe une fonction bornée p.s.h. u_K, définie dans B_ℓ telle que $\nu := (dd^c u_K)^\ell$ soit une mesure de probabilité portée par K. D'après les inégalités de Chern-Levine-Nirenberg (voir la proposition A.6.3), on a

$$\int |U(\zeta, w)|(dd^c u_K)^\ell(w) \leq C\|U_\zeta\|_{L^1(B_\ell)} \leq C_\nu.$$

□

Remarque 1.10.3. — Dans le cas où la famille $\{S_w\}$ est constituée d'hyperplans, on étudie dans **[61]** les mesures ν qui vérifient les hypothèses du lemme.

Russakovski et Shiffman **[69]** ont établi un résultat d'équidistribution des images réciproques de sous-espaces de codimension supérieure à 1. Pour toute application méromorphe $f : \mathbb{P}^k \to \mathbb{P}^k$, d'ensemble d'indétermination I, on pose

$$\delta_\ell(f) := \int_{\mathbb{P}^k \setminus I} f^*\omega^\ell \wedge \omega^{k-\ell}.$$

$\delta_\ell(f)$ est le degré générique de la variété $f^{-1}(W)$, où $W \in G(\ell, k)$, la grassmannienne des sous-espaces de codimension ℓ. Ils prouvent le résultat suivant :

Théorème 1.10.4 **([69])**. — *Soit $\{f_n\}$ une suite d'applications rationnelles de $\mathbb{P}^k$ dans $\mathbb{P}^k$. Soit $\{a_n\}$ une suite de nombres positifs tels que*

$$\sum_{n=1}^{\infty} \frac{\delta_\ell(f_n)}{a_n} < \infty.$$

Soit $\mathcal{E}$ l'ensemble des W tels que, pour $W \in G(\ell, k) \setminus \mathcal{E}$, on ait

$$\frac{1}{a_n}(f_n^*[W] - f_n^*\omega^\ell) \longrightarrow 0.$$

Alors $\mathcal{E}$ est pluripolaire.

CHAPITRE 2
AUTOMORPHISMES POLYNOMIAUX DE $\mathbb{C}^k$

2.1. Introduction

Soit $f = (f_1, f_2, \ldots, f_k)$, un automorphisme polynomial de $\mathbb{C}^k$ de degré algébrique $d \geq 2$. On notera $\overline{f}$ l'extension méromorphe de f à $\mathbb{P}^k$ (lorsqu'il n'y a pas d'ambiguïté, on écrit simplement f au lieu de $\overline{f}$).

On note $z = (z_1, z_2, \ldots, z_k)$ les coordonnées dans $\mathbb{C}^k$ et $[z_1 : \ldots : z_k : t]$ les coordonnées dans $\mathbb{P}^k$. L'hyperplan à l'infini a pour équation $t = 0$.

Nous noterons respectivement I_+ et I_- les sous-ensembles d'indétermination de $\overline{f}$ et $\overline{f^{-1}}$. Ce sont des ensembles analytiques de codimension au moins 2 dans $\mathbb{P}^k$ qui sont contenus dans $\{t = 0\}$.

Nous avons vu quelques exemples d'automorphismes de $\mathbb{C}^2$ et de $\mathbb{C}^3$. Revenons sur le cas de $\mathbb{C}^2$. Un automorphisme *élémentaire* [**40**] est un automorphisme de la forme

$$e(z, w) = (\alpha z + p(w), \beta w + \gamma),$$

où p est un polynôme de degré $d \geq 2$. On a donc

$$\overline{e}([z : w : t]) = \left[\alpha z t^{d-1} + t^d p\left(\frac{w}{t}\right) : \beta w t^{d-1} + \gamma t^d : t^d\right].$$

L'automorphisme e n'est pas algébriquement stable. En effet $\{t = 0\}$ a pour image le point d'indétermination $I_+ = [1 : 0 : 0]$. La dynamique de e est assez facile à étudier (voir [**40**]). Observons que, dans ce cas, on a $I_+ = I_-$.

On a par ailleurs les automorphismes de Hénon. Ce sont les compositions finies d'automorphismes h_j définis par

$$h_j(z, w) = (p_j(z) - a_j w, z),$$

où $a_j \in \mathbb{C}^*$ et p_j est un polynôme de degré $d_j \geq 2$. Chaque h_j a pour point d'indétermination le point $I_+ = [0 : 1 : 0]$, et $\{t = 0\}$ est envoyé dans $I_- = [1 : 0 : 0]$ qui est un point fixe attractif. Il en résulte que les éléments du semi-groupe $\mathcal{H}$ formé des composés $h = h_m \circ \cdots \circ h_1$ sont algébriquement stables. Observons que pour tout $h \in \mathcal{H}$ on a $I_+ \cap I_- = \varnothing$.

Signalons le résultat suivant qui permet de voir que seuls les éléments conjugués à des éléments de $\mathcal{H}$ parmi les automorphismes polynomiaux de $\mathbb{C}^2$ sont dynamiquement intéressants.

Théorème 2.1.1 ([**40**]). — *Soit f un automorphisme polynomial de $\mathbb{C}^2$. Alors f est conjugué, dans le groupe des automorphismes polynomiaux, soit à une application élémentaire, soit à une application de Hénon (i.e. un élément de $\mathcal{H}$).*

On a de plus le critère suivant dû à J.-Ph. Furter.

Théorème 2.1.2 **([41])**. — *Un automorphisme polynomial f de $\mathbb{C}^2$ est conjugué à une application élémentaire si et seulement si on a* $\deg f^2 \leq \deg f$

2.2. Automorphismes réguliers de $\mathbb{C}^k$

Définition 2.2.1. — Soit f un automorphisme polynomial de $\mathbb{C}^k$ de degré d. On dit que f est *régulier* si les ensembles d'indétermination I_+ de $\overline{f}$ et I_- de $\overline{f^{-1}}$ sont disjoints.

Nous avons vu qu'un automorphisme polynomial de $\mathbb{C}^2$ est conjugué soit à un automorphisme élémentaire, soit à un automorphisme régulier (application de Hénon).

Soit f un automorphisme régulier. Si h est un automorphisme de $\mathbb{P}^k$ laissant stable $\{t = 0\}$, l'automorphisme $g = h^{-1} f\, h$ est régulier. Ce n'est pas le cas lorsque h est un automorphisme polynomial de $\mathbb{C}^k$.

Exemple. — Si $f(z,w) = (z^2 + aw, z)$, $a \neq -1$ et $h(z,w) = (w, z + w^2)$, $g = h^{-1} f\, h$ n'est pas régulier.

Soit f un automorphisme polynomial de $\mathbb{C}^k$. On suppose que f et f^{-1} sont respectivement de degrés d et d_-. Comme $d \geq 2$, on a aussi $d_- \geq 2$. On désigne par F et F^{-1} des relèvements à $\mathbb{C}^{k+1}$ de $\overline{f}$ et $\overline{f^{-1}}$. On a alors :

$$F \circ F^{-1}(z_1, \ldots, z_k, t) = F^{-1} \circ F(z_1, \ldots, z_k, t) = t^{d \cdot d_- - 1}(z_1, \ldots, z_k, t).$$

On en déduit les inclusions $f(\{t = 0\} \setminus I_+) \subset I_-$ et $f^{-1}(\{t = 0\} \setminus I_-) \subset I_+$.

Soient $E_+ = \overline{\bigcup I_{+,n}}$ et $E_- = \overline{\bigcup I_{-,n}}$ l'adhérence des ensembles d'indétermination de f^n et f^{-n}. La proposition suivante résulte de la définition 2.1.

Proposition 2.2.2. — *Soit f un automorphisme polynomial régulier de $\mathbb{C}^k$. On a alors les propriétés :*

- $f(\{t = 0\} \setminus I_+) \subset I_-$, $f^{-1}(\{t = 0\} \setminus I_-) \subset I_+$,
- $E_+ = I_+$ *et* $E_- = I_-$,
- f *est algébriquement stable.*

Démonstration. — La première propriété est toujours vérifiée. Les deux autres s'en déduisent ; en effet, comme $I_+ \cap I_- = \varnothing$, aucun point de $\{t = 0\} \setminus I_+$ ne peut être envoyé sur I_+. □

Proposition 2.2.3. — *Soit f un automorphisme polynomial régulier de $\mathbb{C}^k$. Alors f est normale. En particulier, la fonction de Green $G^+(z) := G(z, 1)$ est höldérienne dans $\mathbb{C}^k$.*

Démonstration. — Rappelons qu'on dit que f est normale en $q \in \mathbb{C}^k$ s'il existe un voisinage U de q et un voisinage V de I_+ tel que, pour tout n, on ait $f^n(U) \cap V = \varnothing$.

On a $f^{-1}(\{t = 0\} \setminus I_-) \subset I_+$. D'autre part la dérivée de f^{-1} dans la direction t est nulle sur $\{t = 0\} \setminus I_-$. En effet, la composante correspondante est t^d et d est supérieur ou égal à 2. Il en résulte qu'il existe un voisinage V de I_+, disjoint de I_-, tel que $f^{-1}(V) \Subset V$. On utilise la continuité de f^{-1} sur $\{t = 0\} \setminus I_-$, l'inclusion $f^{-1}(V \cap \{t = 0\}) \subset I_+$ et le fait que f^{-1} est contractante dans la direction t.

Soit $q \in \mathbb{C}^k$. Soit V un voisinage de I_+ comme ci-dessus. On peut supposer que $q \notin \overline{V}$. Si f n'était pas normale en q, il existerait une suite $\{q_j\}$ de $\mathbb{C}^k$, telle que $q_j \to q$ et $f^{n_j}(q_j) \to I_+$. Pour j assez grand, on aurait alors $f^{n_j}(q_j) \in V$, donc $q_j = f^{-n_j} \circ f^{n_j}(q_j) \in V$, ce qui contredirait que $q \notin \overline{V}$. Il est clair que les points de $\{t = 0\} \setminus I_+$ sont normaux. □

Donnons quelques exemples :

(1) Soit f l'automorphisme

$$f(z) = (P_1(z_1, \ldots, z_{k-1}) + a_k z_k, P_2(z_1, \ldots, z_{k-2}) + a_{k-1} z_{k-1}, P_{k-1}(z_1) + a_2 z_2, z_1),$$

où, pour tout j, a_j est une constante non nulle et P_j est un polynôme de degré $d \geq 2$, dans lequel le coefficient de z_{k-j}^d n'est pas nul. Il est clair que f est un automorphisme.

On a $I_+ = \{[0 : 0 : \ldots : 0 : 1 : 0]\}$ et

$$f(\{t = 0\} \setminus I_+) \subset \{[\zeta_1 : \ldots : \zeta_{k-1} : 0 : 0]\}.$$

Observons que

$$f^{-1}(z) = \Big(z_k, \frac{1}{a_2}(z_{k-1} - P_{k-1}(z_k)), \frac{1}{a_3}(z_{k-2} - P_{k-2}(z_k, \frac{1}{a_2}(z_{k-1} - P_{k-1}(z_k)))), \ldots\Big).$$

On vérifie que $\overline{f^{-1}}$ est bien définie en I_+.

L'automorphisme f est donc régulier. Remarquons qu'il est facile de construire des exemples de tels f, pour lesquels on ait $\deg f = d$ et $d_- = \deg f^{-1} = d^{k-1}$. Si on autorise le coefficient de z_{k-j}^d dans le polynôme P_j à s'annuler, alors f est encore un automorphisme, mais il n'est pas nécessairement régulier.

(2) Soit, pour $a \in \mathbb{C}^*$, g l'automorphisme de $\mathbb{C}^3$ défini par

$$g(z_1, z_2, z_3) = (z_1^2 + a z_2, z_1, z_3);$$

donc

$$g^{-1}(z_1, z_2, z_3) = (z_2, \frac{1}{a}(z_1 - z_2^2), z_3).$$

On a

$$I_+ = \{[0 : z_2 : z_3 : 0]\}, \quad I_- = \{[z_1 : 0 : z_3 : 0]\}, \quad I_+ \cap I_- = \{[0 : 0 : 1 : 0]\}.$$

L'automorphisme g n'est pas régulier, mais il est dynamiquement intéressant. Son étude se ramène à l'étude d'une application de Hénon dans $\mathbb{C}^2$.

Fornæss et Wu **[37]** ont décrit les classes de conjugaison des automorphismes polynomiaux de degré 2 dans $\mathbb{C}^3$.

Nous utiliserons plus loin la notion d'attracteur. Nous en rappelons ci-dessous la définition :

Définition 2.2.4. — Soit M un espace métrique et soit f une application continue de M dans M. Un compact $X \subset M$ est attirant pour f s'il existe un voisinage U de X tel que $f(U) \Subset U$ et $X = \bigcap_{n \geq 0} f^n(U)$. On dit que c'est un attracteur si, pour tous x, y appartenant à X, et pour tout $\varepsilon > 0$, il existe une $\varepsilon-$chaîne de x à y. Plus précisément, il existe $x_0 = x$, x_1, ..., $x_k = y$ des points de X avec $d(f(x_i), x_{i+1}) \leq \varepsilon$ pour $0 \leq i \leq k-1$ (voir [**67**]).

Définition 2.2.5. — À un automorphisme polynomial f de $\mathbb{C}^k$, nous associons les ensembles K^+, K^-, U^+, U^- et K définis de la façon suivante :

$$K^+ = \{z \in \mathbb{C}^k ;\ f^n(z) \text{ est borné}\}, \quad U^+ = \mathbb{C}^k \setminus K^+,$$

$$K^- = \{z \in \mathbb{C}^k ;\ f^{-n}(z) \text{ est borné}\}, \quad U^- = \mathbb{C}^k \setminus K^-,$$

$$K = K^+ \cap K^-.$$

Nous introduisons aussi les notations G^+, G^- et G_K pour désigner les fonctions

$$G^+(z) = G^+(z,1) = \lim \frac{1}{d^n} \log^+ |f^n(z)|,$$

$$G^-(z) = G^-(z,1) = \lim \frac{1}{d_-^n} \log^+ |f^{-n}(z)|,$$

et

$$G_K(z) = \sup(G^+(z), G^-(z)).$$

Remarques

(1) Bedford et Pambuccian [**5**] ont démontré l'existence des fonctions G^+, G^- et des courants associés pour certains automorphismes (shift like) de $\mathbb{C}^n$.
(2) Les ensembles K^+, K^- ne sont en général pas fermés. On peut même trouver des exemples d'automorphismes non polynomiaux pour lesquels ils sont partout denses ([**34**]).

Dans le cas des automorphismes réguliers, on a cependant la proposition qui suit :

Proposition 2.2.6. — *Soit f un automorphisme polynomial régulier de $\mathbb{C}^k$, de degré algébrique $d \geq 2$. On a alors les propriétés suivantes :*

– *Les fonctions G^+ et G^- sont continues dans $\mathbb{C}^k$ et on a*

$$K^+ = \{G^+ = 0\}, \quad K^- = \{G^- = 0\}.$$

– *Les adhérences $\overline{K^+}$ et $\overline{K^-}$ de K^+ et K^- dans $\mathbb{P}^k$ vérifient :*

$$\overline{K^+} \subset K^+ \cup I_+ \quad \text{et} \quad \overline{K^-} \subset K^- \cup I_-.$$

– *L'ensemble I_+ est attirant pour f^{-1} et I_- est attirant pour f.*
– *L'ensemble $K = K^+ \cap K^-$ est un compact de $\mathbb{C}^k$.*

Démonstration. — On a vu que les points de $\mathbb{C}^k$ et par conséquent les points de $\mathbb{P}^k \setminus I_+$ sont normaux. Donc (théorème 1.6.5), G est continue sur $\mathbb{C}^{k+1} \setminus \pi^{-1}(I_+)$ et en fait $\exp G$ est continue sur $\mathbb{C}^{k+1}$.

L'inclusion $K^+ \subset \{G^+ = 0\}$ résulte de ce que f^n est bornée sur K^+. D'autre part, l'application étant normale, en tout point z de $\mathbb{C}^k$, on a

$$|G^+(z) - G_n^+(z)| \leq \frac{C}{d^n}.$$

Donc, si $G^+(z) = 0$, on a les inégalités $\log^+ |f^n(z)| \leq C$, donc $|f^n(z)| \leq e^C$. On en déduit l'inclusion inverse $\{G^+ = 0\} \subset K^+$.

Comme les points de $\{t = 0\} \setminus I_+$ sont envoyés dans I_-, on a certainement

$$\overline{K^+} \cap \{t = 0\} \subset I_+ \quad \text{d'où} \quad \overline{K^+} \subset K^+ \cup I_+.$$

Le fait que I_- soit attirant pour f résulte de la propriété, déjà utilisée dans la proposition 2.2.3, qu'il existe un voisinage V de I_- tel que $f(V) \Subset V$.

Il résulte alors de l'hypothèse $I_+ \cap I_- = \varnothing$ que $K = K^+ \cap K^-$ est un compact de $\mathbb{C}^k$. □

Proposition 2.2.7. — *Soit f un automorphisme régulier de $\mathbb{C}^k$. Alors la distance de $f^n(z)$ à K tend uniformément vers 0 sur les compacts de K^+. En particulier la famille $\{f^n\}$ est équicontinue sur l'intérieur de K^+.*

Démonstration. — Soit X un compact de K^+. Supposons que, sur X, on ait $G^- \leq C$. On a alors, pour $z \in X$,

$$G^+(f^n(z)) = 0 \quad \text{et} \quad G^-(f^n(z)) = \frac{1}{d_-^n} G^-(z) \leq \frac{C}{d_-^n};$$

donc

$$G_K(f^n(z)) \leq \frac{C}{d_-^n}.$$

D'où le résultat, puisque G_K est continue et $K = \{G_K = 0\}$. □

Définition 2.2.8. — Soit f un automorphisme polynomial algébriquement stable. Soit $\{X_j\}$ la suite d'ensembles analytiques définie par récurrence par

$$X_1 = \overline{f(\{t = 0\} \setminus I_+)}, \ldots, X_j = \overline{f(X_{j-1} \setminus I_+)}.$$

Cette suite est décroissante, donc stationnaire, nous définissons X_+ comme l'ensemble analytique limite, c'est-à-dire $X_+ = X_h$, où h est le premier indice tel que $X_h = X_{h+1}$. L'ensemble X_+ est non vide car f est algébriquement stable.

Donnons un exemple. Soit f l'automorphisme algébriquement stable de $\mathbb{C}^3$ défini par

$$f(x, y, z) = (x^2 + z^2 + y, z^2 + x, z).$$

On a $I_- = X_1 = \{z = t = 0\}$ et $X_2 = X_+ = \{y = z = t = 0\}$ On n'a pas nécessairement comme on le voit $I_- = X_+$.

Remarque 2.2.9. — Si f est un automorphisme régulier avec dim $I_+ = 0$, alors $X_+ = I_-$. En effet, en tout point $q \in I_-$, le blow-up $\mathcal{B}_q^-$ de f^{-1} en q qui est de dimension supérieure ou égale à 1 ne peut pas être contenu dans I_+. Or $f(\mathcal{B}_q^- \setminus I_+) = q$. Par conséquent $f(I_-) = I_-$ et $I_- = X_+$.

Proposition 2.2.10. — *Soit f un automorphisme régulier de $\mathbb{C}^k$. Alors X_+ est attirant pour f, c'est-à-dire que la distance de $f^n(x)$ à X_+ tend unifomément vers 0 sur les compacts de U^+. Si X_+ est de dimension 0, alors c'est un point attractif, U^+ est dans l'ensemble de Fatou et G^+ est pluriharmonique dans U^+. Si X_+ est de dimension 0, le support dans $\mathbb{C}^k$ du courant $T_+ := dd^cG^+$ est égal à $J^+ := \partial K^+$.*

Démonstration. — On a vu que I_- a un voisinage V tel que $f(V) \Subset V$. Un voisinage de $\{t = 0\} \setminus I_+$ est donc envoyé dans V. On en déduit que X_+ est attirant.

L'ensemble X_+ est toujours connexe. Donc, s'il est de dimension 0, il est réduit à un point qui est nécessairement attractif. La famille $\{f^n\}$ est alors équicontinue dans U^+, donc G^+ est pluriharmonique dans U^+. Comme $K^+ = \{G^+ = 0\}$, le principe du minimum pour les fonctions harmoniques permet de voir que G^+ ne peut pas avoir de prolongement pluriharmonique au voisinage d'un point de J^+. Par conséquent, on a $\operatorname{Supp} T \cap \mathbb{C}^k = J^+$. □

Remarque 2.2.11. — Nous noterons $\overline{T}_+$ le courant associé à la fonction méromorphe $\overline{f}$ qui prolonge f. C'est un courant dans $\mathbb{P}^k$. Nous omettrons parfois la barre car ce courant n'a pas de masse sur $t = 0$.

Théorème 2.2.12. — *Soit f un automorphisme régulier de $\mathbb{C}^k$. Pour tout courant positif fermé S de bidegré $(1,1)$ sur $\mathbb{P}^k$, dont le potentiel u dans $\mathbb{C}^{k+1}$ est borné sur un voisinage V de $\pi^{-1}(X_+) \cap \{\|z\| = 1\}$, on a*

$$\lim \frac{1}{d^n}(f^n)^*(S) = \overline{T}_+.$$

De plus la convergence est uniforme sur l'ensemble $\mathcal{G}_{V,C}$ des courants positifs fermés S de bidegré $(1,1)$ et de masse totale $\|S\| = 1$, dont le potentiel u est borné sur l'ouvert V par une même constante C.

Démonstration. — Soit $\{S_j\}$ une suite de courants positifs fermés de $\mathcal{G}_{V,C}$. On peut supposer que leurs potentiels $\{u_j\}$ sont normalisés par $\sup_B u_j = 0$ sur la boule unité B. On veut montrer que $\left\{\dfrac{1}{d^n} u_j \circ F^n\right\}$ converge vers G^+ uniformément en j.

On a $u_j \leq \log|z|$. On en déduit $\dfrac{1}{d^n} u_j \circ F^n \leq \dfrac{1}{d^n} \log|F^n|$. Donc la suite est localement majorée. Dans le cône $\widetilde{V}$ engendré par V, on a

$$\log|z| - C \leq u_j \leq \log|z|.$$

Ce cône est stable par F puisque X_+ est attirant. Donc $\{(1/d^n)u_j \circ F^n\}$ converge vers G^+ sur U^+.

Si $\frac{1}{d^n}(f^n)^*(S)$ ne converge pas uniformément vers T_+ par rapport à $S \in \mathcal{G}_{V,C}$, alors on peut trouver une suite n_j tendant vers l'infini et $S_j \in \mathcal{G}_{V,C}$ de potentiel u_j tel qu'on ait

$$\widetilde{v} = \lim \frac{1}{d^{n_j}} u_j \circ F^{n_j} \neq G^+.$$

On sait que $\widetilde{v} = G$ sur $\pi^{-1}(U^+)$. Considérons maintenant les restrictions à $\mathbb{C}^k$. Posons $v(z) = \widetilde{v}(z,1)$ et $v_j(z) = \widetilde{u}_j(z,1)$. On a $v = G^+$ sur U^+ et $v \leq G^+$ partout.

La fonction G^+ est positive sur U^+ et nulle sur $J^+ = \partial U^+$. La fonction v étant s.c.s., on a nécessairement $v = 0$ sur J^+. Il faut montrer qu'on a aussi $v = 0$ sur l'intérieur de K^+. Supposons qu'on ait $v < -2\delta$, avec $\delta > 0$ sur un ouvert W de K^+. Le lemme de Hartogs (voir le théorème A.1.2) entraîne alors que, pour j assez grand, on a

$$\frac{1}{d^{n_j}} v_j \circ f^{n_j} < -\delta.$$

Soit E_j l'ensemble défini par $E_j = \{z \in \mathbb{C}^k ; v_j(z) < -\delta d^{n_j}\}$. D'après la proposition A.7.1 de l'appendice et le théorème de Fubini, on a

$$\operatorname{vol}(E_j \cap B(0,R)) \leq C_1 e^{-\delta d^{n_j}},$$

où C_1 est une constante indépendante de j. Or f a un jacobien constant de module égal à $|a|$. Donc

$$\operatorname{vol}(f^{n_j}(W)) \geq C_2 |a|^{2n_j}.$$

Mais on ne peut pas avoir $C_2|a|^{2n_j} < C_1 e^{-\delta d^{n_j}}$ pour n_j assez grand. On a donc $v = G^+$ partout. □

Corollaire 2.2.13. — *Soit f un automorphisme régulier de $\mathbb{C}^k$.*

1. *Le courant T_+ est extrémal dans le cône des courants positifs fermés de bidegré $(1,1)$.*
2. *S'il existe un courant positif fermé S de bidegré $(1,1)$, non nul, de $\mathbb{P}^k$ dont le support est contenu dans $\overline{K}^+$, alors le support de T_+ est contenu dans $\overline{K}^+$ et on a $S = cT_+$ où c est une constante positive.*

Démonstration. — Soit S un courant positif fermé de bidegré $(1,1)$ de masse $c > 0$, vérifiant $S \leq T_+$. Il nous faut montrer qu'on a $S = cT_+$.

Posons $S_n = d^n (f^{-n})^* S$ dans $\mathbb{C}^k$ et soit $\widetilde{S}_n$ le prolongement trivial de S_n à $\mathbb{P}^k$. C'est un courant positif fermé, puisque $\{t = 0\}$ est un ensemble analytique et que la masse de S_n est bornée au voisinage de $\{t = 0\}$ (voir, dans l'appendice A.4, le théorème de Skoda de prolongement des courants de masse bornée au voisinage d'un ensemble analytique).

D'autre part, on a $S_n \leq d^n (f^{-n})^* T = T$. En effet, on a $d^n G^+(f^{-n}) = G^+$ dans $\mathbb{C}^k$. De plus, on sait que $\dfrac{(\overline{f}^n)^*}{d^n}$ conserve la masse des courants dans $\mathbb{P}^k$. Or $\dfrac{(\overline{f}^n)^*}{d^n}(\widetilde{S}_n) \leq T_+$

et dans $\mathbb{C}^k$, le premier terme est égal à S. L'égalité a donc aussi lieu dans $\mathbb{P}^k$. Par suite on a

$$\|\widetilde{S}_n\| = \|S\| = c.$$

Soient v_n un potentiel pour $\widetilde{S}_n$ et w_n un potentiel pour $T - \widetilde{S}_n$ tels que $v_n + w_n = G^+$. On peut supposer

$$\int_{\partial B} v_n = 0 \qquad \text{et} \qquad \int_{\partial B} w_n = \int_{\partial B} G.$$

On en déduit que v_n et w_n sont uniformément majorées. Or G^+ est continue dans un voisinage de $Y_- := \pi^{-1}(I_-) \cap \partial B$. Il en résulte que $|v_n| \leq C$ dans un voisinage de Y_-.

Posons $\widetilde{S}_n^1 = \dfrac{S_n}{\|S_n\|}$. D'après le théorème 2.2.12, $\dfrac{(f^n)^*}{d^n}(\widetilde{S}_n^1)$ converge vers T_+. On a donc $\lim \dfrac{S}{\|S_n\|} = T_+$, d'où $S = cT_+$.

Soit S un courant porté par $\overline{K}^+$. Supposons que $\|S\| = 1$. Soit u son potentiel. Posons comme précédemment $S_n = d^n(f^{-n})^* S$ et soit $\widetilde{S}_n$ son prolongement par 0. Le courant $\widetilde{S}_n$ (propriété (e) du paragraphe A.4) est fermé.

Montrons que $S' := \dfrac{(\overline{f}^n)^*}{d^n}(\widetilde{S}_n)$ est égal à S. Il est clair que c'est vrai dans $\mathbb{C}^k$. Il suffit donc de vérifier que S' n'a pas de masse sur $\{t = 0\}$. Les courants S_n et $\widetilde{S}_n$ sont portés par $\overline{K}^+$. Soit $\widetilde{v}_n$ le potentiel de $\widetilde{S}_n$. La fonction $\widetilde{v}_n$ est pluriharmonique dans $\pi^{-1}(U^+ \cup \{t = 0\} \setminus (I_+))$. Posons $\widetilde{U}^+ = (U^+ \cup \{t = 0\} \setminus (I_+))$. Comme f^n envoie $\widetilde{U}^+$ dans $\widetilde{U}^+$, le potentiel de S' est aussi pluriharmonique sur $\pi^{-1}(\widetilde{U}^+)$. On a donc bien la relation

$$S = \frac{(\overline{f}^n)^*}{d^n}(\widetilde{S}_n).$$

Par conséquent $\|\widetilde{S}_n\| = 1$. Les potentiels $\widetilde{v}_n$ de $\widetilde{S}_n$ étant pluriharmoniques au voisinage de Y_-, quitte à supposer $\widetilde{v}_n(p) = 0$, on voit qu'ils sont majorés par une constante fixe C dans un voisinage fixe de Y_- (il suffit d'utiliser les inégalités de Harnack). On peut donc appliquer le théorème 2.2.12 et on a

$$T_+ = \lim \frac{(\overline{f}^n)^*}{d^n}(\widetilde{S}_n) = \lim \frac{f^n}{d^n} S_n = S.$$

La démonstration prouve que, si $\operatorname{Supp} T \neq \overline{K}^+$, alors il n'existe pas de courant positif fermé non nul de bidegré $(1,1)$ porté par $\overline{K}^+$. □

Remarques 2.2.14

(1) Pour les applications de Hénon dans $\mathbb{C}^2$, X^+ est réduit à un point. Le seul courant positif fermé porté par $\overline{K}^+$ et de masse 1 est le courant T_- ([**29**]). On trouve des versions du théorème 2.2.12 pour les applications de Hénon dans [**7, 8, 9, 27, 29**]. Nous avons suivi l'approche de [**27**].

(2) Reprenons l'exemple déjà vu plus haut

$$g([x:y:z:t]) = [P(x,y) + azt^{d-1} : Q(x) + byt^{d-1} : xt^{d-1} : t^d],$$

où P et Q sont des polynômes homogènes de degré d. On a

$$g(\{t=0\}) = \{z=t=0\} = X_+ \quad \text{et} \quad g^{-1}(\{t=0\}) = \{[0:0:1:0]\}.$$

Donc le seul courant positif fermé porté par $\overline{K^-}$ et de masse 1 est le courant T_-. Quant au courant T_+ associé à g, on peut s'arranger pour que son support soit tout $\mathbb{P}^3$. En effet, si le jacobien Jg est tel que $|Jg| = |ab| > 1$, alors K^+ est d'intérieur vide.

On peut choisir les polynômes P, Q de façon que l'ensemble de Julia de $g_{|X^+}$,

$$g_{|X^+}[x:y] = [P(x,y) : Q(x)],$$

soit $\mathbb{P}^1$. La famille $\{g^n\}$ n'est donc pas équicontinue dans U^+. Donc l'ensemble de Julia coïncide avec $\mathbb{P}^3$. Le support de T_+ est donc $\mathbb{P}^3$. C'est donc un exemple de courant positif fermé de bidegré $(1,1)$ extrémal et de support $\mathbb{P}^3$. Le compact X_+ est alors un attracteur.

Remarque 2.2.15. — On a utilisé le fait que $(f^{-1})^*(T_+) = \frac{1}{d}T_+$ dans la démonstration du théorème. Cette propriété vient de ce que $G^+(f^{-1}) = \frac{1}{d}G^+$.

Observons cependant qu'on a

$$(\overline{f^{-1}})^*(\overline{T}_+) = \frac{1}{d}\overline{T}_+ + (d_- - \frac{1}{d})[t=0],$$

(les surlignements sont destinés à insister sur le fait qu'on considère l'image inverse dans le projectif.) En effet on déduit ce résultat de

$$d \cdot G(F^{-1}(z)) = G(FF^{-1}(z)) = G((t^{d \cdot d_- -1})z) = G(z) + (d \cdot d_- - 1)\log|t|.$$

L'essentiel de la masse du courant $(\overline{f^{-1}})^*(\overline{T}_+)$ est donc sur $t=0$.

2.3. Relation entre les degrés de f et de f^{-1}. Points périodiques. Entropie

Nous avons vu des exemples d'automorphismes $\mathbb{C}^k$ de degré d dont l'inverse était de degré d^{k-1}. Nous allons préciser la relation entre le degré d'un automorphisme f et celui de f^{-1}. Commençons par l'estimation du degré de l'inverse (voir [**2**]).

Proposition 2.3.1. — *Soit f un automorphisme polynomial de $\mathbb{C}^k$. Supposons que f soit de degré d et que f^{-1} soit de degré d_-. On a alors $d \leq (d_-)^{k-1}$.*

Démonstration. — Soit ω la forme de Kähler de $\mathbb{P}^k$. Comme t n'est pas un facteur commun des composantes de f, $\overline{f}^*(\omega)$ n'a pas de masse sur $\{t=0\}$. Donc

$$1 = \frac{1}{d}\int_{\mathbb{C}^k} f^*(\omega) \wedge (\omega)^{k-1} = \frac{1}{d}\int_{\mathbb{C}^k} \omega \wedge ((f^{-1})^*\omega)^{k-1} \leq \frac{(d_-)^{k-1}}{d}.$$

□

Supposons à présent f régulier. Soit ℓ un entier, $1 \leq \ell \leq k-1$, tel que

$$\dim I_- \leq \ell - 1 \quad \text{et} \quad \dim I_+ \leq k - \ell - 1.$$

Puisque $I_+ \cap I_- = \varnothing$, on a nécessairement $\dim I_+ + \dim I_- \leq k-2$.

Proposition 2.3.2. — *Soit f un automorphisme régulier de $\mathbb{C}^k$. Il existe un ℓ tel que*

$$d^\ell = (d_-)^{k-\ell}.$$

On a de plus : $\dim I_+ + \dim I_- = k-2$ *et* $\dim I_+ = k - \ell - 1$.

Démonstration. — Le potentiel de $(\overline{f})^*\omega$ est localement borné en dehors de I_+ qui est de dimension inférieure ou égale à $k-\ell-1$. Il résulte de la théorie de l'intersection de **[75, 33, 22]** (voir le paragraphe A.6), qu'on peut définir les courants $((\overline{f})^*\omega)^j$ pour tout $j \leq \ell + 1$ et que ce sont des courants positifs fermés. En particulier, le courant $((\overline{f})^*\omega)^\ell$ qui est de bidimension $(k-\ell, k-\ell)$ n'a pas de masse sur I_+, dont la dimension est $\leq k - \ell - 1$. Comme il est de potentiel localement borné dans $\{t = 0\} \setminus I_+$, il n'a pas de masse sur $\{t = 0\}$ (voir le théorème A.6.2). On a la même situation pour le courant $((\overline{f^{-1}})^*\omega)^{k-\ell}$. On a donc

$$\begin{aligned} d^\ell &= \int_{\mathbb{P}^k} (\overline{f}^* \omega)^\ell \wedge \omega^{k-\ell} = \int_{\mathbb{C}^k} (f^*\omega)^\ell \wedge \omega^{k-\ell} \\ &= \int_{\mathbb{C}^k} \omega^\ell \wedge \left((f^{-1})^*\omega\right)^{k-\ell} = \int_{\mathbb{P}^k} \omega^\ell \wedge \left((\overline{f^{-1}})^*\omega\right)^{k-\ell} = d_-^{k-\ell}. \end{aligned}$$

Le résultat étant vrai pour tout ℓ vérifiant les inégalités de l'énoncé, ℓ est unique et on a nécessairement :

$$\dim I_- = \ell - 1 \quad \text{et} \quad \dim I_+ = k - \ell - 1.$$

□

Remarque 2.3.3. — La proposition précédente est encore vraie si

$$\dim I_- \leq \ell - 1 \quad \text{et} \quad \dim I_+ \leq k - \ell - 1,$$

même si ces ensembles ne sont pas disjoints.

Théorème 2.3.4. — *Soit f un automorphisme régulier de $\mathbb{C}^k$. Pour tout n, l'ensemble*

$$A_n := \{z \in \mathbb{C}^k \,;\, f^n(z) = z\}$$

est discret. L'automorphisme f admet une infinité d'orbites périodiques distinctes. Si $N(n)$ désigne le nombre de points périodiques d'ordre n dans $\mathbb{C}^k$, comptés avec leur multiplicité, on a $N(kn) = d^{k\ell n}$, où on a posé $\dim I_- = \ell - 1$.

Démonstration. — Dans $\mathbb{C}^k$, l'équation $f^{kn}(z) = z$ est équivalente à

$$f^{\ell n}(z) - f^{-(k-\ell)n}(z) = 0.$$

Passant en coordonnées homogènes, on obtient un système de k équations polynomiales, avec des polynômes homogènes tous de même degré $d^{\ell n}$ puisque $d_-^{k-\ell} = d^\ell$.

Or il n'y a aucune solution dans $\{t = 0\}$ puisque I_+ et I_- sont disjoints. On peut donc appliquer le théorème de Bézout, puisque l'ensemble des solutions est discret. On trouve que $N(kn) = d^{k\ell n}$. On en déduit que A_n est discret pour tout n.

Le théorème de Shub-Sullivan affirme que la multiplicité d'un point périodique est bornée. Il en résulte qu'il existe une infinité d'orbites périodiques distinctes. □

Remarque 2.3.5. — Favre ([**24**]) a donné des estimations précises du nombre de points périodiques pour les applications birationnelles algébriquement stables de $\mathbb{P}^2$.

Remarque 2.3.6. — Notons $\mathcal{A}_{k,d}$ l'ensemble des automorphismes polynomiaux de $\mathbb{C}^k$ de degré algébrique inférieur ou égal à d. Plus précisément $f = (f_1, \dots, f_k) \in \mathcal{A}_{k,d}$ si f est un automorphisme et si $\max_{i \leq k} \deg f_i \leq d$.

Il est clair que $\mathcal{A}_{k,d}$ est un sous-ensemble analytique de l'espace des applications polynomiales de degré inférieur ou égal à d. En effet, on a vu que le degré de l'inverse est majoré par d^{k-1}. L'ensemble $\mathcal{A}_{k,d}$ apparaît comme la projection sur l'espace des f de l'ensemble analytique défini par

$$(*) \qquad g \circ f = f \circ g = \mathrm{Id},$$

où g est une application polynomiale de degré $\leq d^{k-1}$. Comme on peut considérer que les applications $(*)$ sont des équations dans $\mathbb{P}^N \times \mathbb{P}^M$ avec N et M convenables, on voit que $\mathcal{A}_{k,d}$ est un ensemble analytique. On vérifie que $\mathcal{A}_{k,d}$ est connexe. La description des composantes irréductibles de $\mathcal{A}_{k,d}$ est un problème délicat. Pour le cas où $k = 2$, la question est étudiée par Friedland-Milnor [**40**].

Notons $\widetilde{A}_{k,d}$ l'ensemble des automorphismes de $\mathbb{C}^k$ de degré exactement d. C'est un ouvert de Zariski de $\mathcal{A}_{k,d}$. Les automorphismes réguliers de $\widetilde{A}_{k,d}$ forment un ouvert de Zariski de $\widetilde{A}_{k,d}$; en effet, la condition $I_+ \cap I_- \neq \varnothing$ décrit un ensemble analytique qui d'après les exemples du paragraphe 2.2 n'est pas égal à $\widetilde{A}_{k,d}$.

Il existe cependant des composantes irréductibles ne contenant pas d'automorphisme régulier. Par exemple dans $\widetilde{A}_{2,d}$ la composante contenant les automorphismes élémentaires de degré d

$$e(z, w) = (P(w) + az, \; bw + d)$$

avec $\deg P = d$ et $a, b \neq 0$.

Les travaux de Yomdin [**87**] (voir aussi Gromov [**43**]) ont montré les liens entre l'entropie d'une application $\mathcal{C}^\infty$ g, d'une variété compacte M dans M, et la croissance du volume de l'image des variétés de dimension s par g.

Dans le contexte des applications rationnelles de $\mathbb{P}^k$ dans $\mathbb{P}^k$, Friedland introduit l'entropie suivante : soit $\rho_j(f)$ le degré de $f^*[L]$, où L est un sous-espace générique de dimension $k - j$. On pose ([**38**])

$$H(f) = \liminf_{m \to \infty} \max_{1 \leq j \leq k} \frac{\log \rho_j(f^m)}{m}.$$

Proposition 2.3.7. — *Soit f un automorphisme régulier de $\mathbb{C}^k$. Si $\dim I_- = \ell - 1$, on a $H(f) = \log d^\ell$.*

Démonstration. — Soit L un sous-espace générique de dimension $k - j$.

– Si $j \leq \ell$, on a
$$\int_{\mathbb{C}^k} f^*[L] \wedge \omega^{k-j} = d^j,$$
car $f^*[L]$ n'a pas de masse sur I_+ ni par conséquent sur $\{t = 0\}$.

– Si $j > \ell$, et si L n'est pas contenu dans $\{t = 0\}$, on a
$$\int_{\mathbb{C}^k} f^*[L] \wedge \omega^{k-j} = \int_{\mathbb{C}^k} [L] \wedge \left(f^{-1*}\omega\right)^{k-j} = d_-^{k-j}.$$

Donc
$$\max_{1 \leq j \leq k} \log \rho_j(f^m) = d^{\ell m} \quad \text{et} \quad H(f) = \log d^\ell.$$
□

Il existe aussi une notion bien connue d'entropie métrique qui quantifie la complexité des orbites (voir [**86**]). Rappelons en la définition. Soit (X, d) un espace métrique et soit g une application continue de X dans X. On pose
$$d_n(x, y) = \max_{0 \leq i \leq n-1} d(g^i(x), g^i(y)).$$
On a donc $d_n(x, y) \geq \varepsilon$ si, avant le temps n, deux points des orbites $g^i(x), g^i(y)$ se sont éloignés de plus de ε. Soit $M(n, \varepsilon, X)$ le nombre minimum de boules de rayon ε nécessaire pour recouvrir X quand il est muni de la distance d_n. On définit l'entropie $h_d(g)$ par la formule
$$h_d(g) = \lim_{\varepsilon \to 0} \limsup_{n \to \infty} \frac{1}{n} \log M(n, \varepsilon, X).$$

Lorsqu'on a une application méromorphe $f : \mathbb{P}^k \to \mathbb{P}^k$, on considère son graphe $\Gamma \subset \mathbb{P}^k \times \mathbb{P}^k$. L'ensemble des orbites est l'ensemble Γ_∞ défini par
$$\Gamma_\infty = \{(x_i)_1^\infty;\ (x_i, x_{i+1}) \in \Gamma\}.$$
et on munit Γ_∞ de la métrique
$$\delta((x_i), (y_i)) = \max_{i \geq 1} \frac{d(x_i, y_i)}{2^{i-1}}.$$
On introduit l'opération de décalage σ, où $\sigma(x_i)_1^\infty = (x_i)_2^\infty$, et on pose
$$h(f) = h_\delta(\sigma).$$
Friedland a montré ([**38, 39**]) qu'on a toujours $h(f) \leq H(f)$. Dans le cas que nous considérons, on a donc $h(f) \leq \log d^\ell$. Si on considère la restriction de f à K, on a aussi
$$h(f_{|K}) \leq \log d^\ell.$$

Dans le cadre des applications $\mathcal{C}^\infty$, $g : M \to M$ de variétés compactes, Yomdin a montré que l'entropie métrique $h(g)$ vérifiait

$$h(g) \geq \limsup_{m\to\infty} \frac{\log \operatorname{vol}(g^m(V_s))}{m},$$

où V_s désigne une variété de dimension s.

Smillie [**78**] a prouvé que l'argument de Yomdin pouvait s'adapter aux applications de Hénon de $\mathbb{C}^2$. La raison essentielle est que K est compact. Dans le cas présent, $K = K^+ \cap K^-$ est aussi compact. Les arguments de Smillie peuvent donc être repris dans ce cadre. On obtient donc :

Théorème 2.3.8. — *Soit f un automorphisme régulier de $\mathbb{C}^k$. Supposons que I_- soit de dimension $\ell - 1$. Alors $h(f_{|K}) = \log d^\ell$.*

2.4. Domaines d'attraction. Variétés stables

Le cas attractif. — Commençons par rappeler un résultat de Sternberg [**79**] sur la forme normale d'une application holomorphe au voisinage d'un point fixe attractif ([**79**] traite du cas plus général des applications $\mathcal{C}^\infty$).

Soit $f : U \to \mathbb{C}^k$ une application holomorphe définie dans un voisinage U de 0 et telle que $f(0) = 0$. Soient $\lambda_1, \dots, \lambda_k$ les valeurs propres de $f'(0)$, où on suppose

$$0 < |\lambda_k| \leq \cdots \leq |\lambda_1| < 1.$$

On dit que 0 est un point fixe attractif. Notons

$$R_j = \{I = (i_1, \dots, i_j) \in \mathbb{N}^j ;\ \lambda_{j+1} = \lambda_1^{i_1} \dots \lambda_j^{i_j}\},$$

et $\mathcal{P}_j$ l'espace vectoriel des polynômes en j variables engendré par les monômes $z_1^{i_1} \dots z_j^{i_j}$ avec $I \in R_j$.

Nous dirons qu'une application g est triangulaire, associée à $\lambda_1, \dots, \lambda_k$, si elle est de la forme

$$g = (g_1, \dots, g_k) \quad \text{avec} \quad g_j = \lambda_j z_j + p_j(z_1, \dots, z_{j-1}),\ p_j \in \mathcal{P}_{j-1}.$$

Théorème 2.4.1 **([79])**. — *Soit f une application holomorphe $f : U \to \mathbb{C}^k$, telle que $f(0) = 0$. On suppose que les valeurs propres de $f'(0)$ sont comme ci-dessus. Alors il existe un germe de biholomorphisme h et une application triangulaire g telle que*

$$f \circ h = h \circ g, \quad h(0) = 0, \quad h'(0) = \mathrm{Id}.$$

En particulier f est linéraisable au voisinage de 0, si pour tout j, R_j est vide.

Corollaire 2.4.2. — *Soit f une application holomorphe injective de $\mathbb{C}^k$ dans $\mathbb{C}^k$. Si 0 est un point fixe attractif, alors le domaine d'attraction de l'origine*

$$\Omega = \{z;\ \lim_n f^n(z) = 0\}$$

est biholomorphe à $\mathbb{C}^k$.

Démonstration. — Soit h et g les applications dont l'existence est garantie par le théorème. Observons que g est un automorphisme polynomial de $\mathbb{C}^k$ et que le domaine d'attraction de 0 pour g est égal à $\mathbb{C}^k$. Il s'agit de prolonger l'application h qui est définie dans une boule $B(0,r)$ en une application définie sur $\mathbb{C}^k$. Pour cela, on définit le prolongement $\widetilde{h}$ par la relation

$$\widetilde{h}(z) = f^{-n} \circ h \circ g^n(z).$$

On vérifie sans peine que, pour un z donné, $\widetilde{h}(z)$ est bien défini, si n est assez grand, et que la définition ne dépend pas du n choisi. □

On dit que $\Omega \subset \mathbb{C}^k$ est un *domaine de Fatou-Bieberbach* si Ω est biholomorphe à $\mathbb{C}^k$ et si $\overline{\Omega} \neq \mathbb{C}^k$.

Corollaire 2.4.3. — *Soit f un automorphisme polynomial régulier de $\mathbb{C}^k$. Le domaine d'attraction d'un point fixe attractif de f est un domaine de Fatou-Bieberbach contenu dans l'intérieur de K^+.*

Démonstration. — On a vu que l'ensemble X_+ est non vide et est attirant pour f. Si p est un point fixe attractif, son domaine d'attraction Ω_p est nécessairement disjoint de U^+. C'est donc un domaine de Fatou-Bieberbach. □

Théorème 2.4.4. — *Soit f un automorphisme polynomial régulier de $\mathbb{C}^k$. Soit Ω une composante de Fatou associée à un point périodique p de f, dont l'une des valeurs propres λ est de module strictement plus petit que 1 (les autres valeurs propres sont de module inférieur où égal à 1). Soit S un courant positif fermé de $\mathbb{P}^k$ de bidegré $(1,1)$ dont le support Σ est disjoint de I_+.*

Alors $\Sigma \cap \Omega$ est non vide et $\Sigma \cap K^+$ est compact.

Démonstration. — L'hypothèse sur le support de Σ entraîne, d'après le théorème 2.2.12 que

$$\frac{1}{d_-^n}(f^{-n})^* S \longrightarrow T_-.$$

Or le support de T_- rencontre Ω car la famille $\{f^{-n}\}$ ne peut être équicontinue en p. Le support de $(f^{-n})^* S$ est contenu dans $f^n(\Sigma)$ dont l'intersection avec Ω serait vide. Par conséquent, $\Sigma \cap \Omega$ est non vide.

On a vu que $\overline{K^+} \cap \{t = 0\} \subset I_+$. Donc le compact $\overline{K^+} \cap \Sigma$ est contenu dans $\mathbb{C}^k$. □

Remarques 2.4.5

(1) Si Ω est un domaine de Fatou-Bieberbach associé à un point fixe attractif d'un automorphisme régulier, il en résulte que Ω ne contient aucune variété algébrique, mais qu'il les rencontre toutes sur un ensemble borné ; cela a été démontré pour les applications de Hénon dans [**6**].

(2) Il est clair qu'il faut une condition sur le support de S ; par exemple le support de T_+ ne rencontre aucune composante de Fatou.

Le cas d'un point selle. — Soit f une application holomorphe $f : U \to \mathbb{C}^k$, $f(0) = 0$. Nous considérons maintenant le cas où les valeurs propres de $f'(0)$ vérifient :

$$0 < |\lambda_k| \leq \cdots \leq |\lambda_{j+1}| < 1 < |\lambda_j| \leq \cdots \leq |\lambda_1|, j < k.$$

On dit alors que 0 est un *point selle.*

On peut supposer que l'espace $\mathbb{C}^k$ se décompose en deux sous-espaces supplémentaires, $\mathbb{C}^k = E_1 \oplus E_2$, avec E_2 le sous-espace propre associé à $\{\lambda_{j+1}, \ldots, \lambda_k\}$, E_1 le sous-espace propre associé à $\{\lambda_1, \ldots, \lambda_j\}$, et que les coordonnées ont été choisies en sorte que :

$$E_1 = \{z \in \mathbb{C}^k;\ z_{j+1} = \cdots = z_k = 0\}, \quad E_2 = \{z \in \mathbb{C}^k;\ z_1 = \cdots = z_j = 0\}$$

On démontre (**[53]** ou **[72]**) qu'il existe une variété holomorphe stable $W^s(0, r)$, définie par

$$W^s(0, r) = \{z \in B(0, r);\ \lim_{n \to +\infty} f^n(z) = 0\}.$$

C'est le graphe d'une application holomorphe φ définie dans un voisinage U_2 de 0 dans E_2,

$$\varphi : U_2 \longrightarrow U, \quad \varphi(z') = (\varphi_1(z'), \ldots, \varphi_j(z'), z'), \quad z' = (z_{j+1}, \ldots, z_k).$$

où $\varphi_1'(0) = \cdots = \varphi_j'(0) = 0$.

Lorsque f est définie dans $\mathbb{C}^k$, on pose

$$W^s(0) = \bigcup_n f^{-n}(W^s(0, r)).$$

C'est une variété immergée.

Proposition 2.4.6. — *Soit f une application holomorphe injective de $\mathbb{C}^k$ dans $\mathbb{C}^k$. Si 0 est un point fixe selle, avec $k - j$ valeurs propres de module plus petit que 1, la variété $W^s(0)$ est biholomorphe à $\mathbb{C}^{k-j}$.*

Démonstration. — On considère l'application $\varphi^{-1} \circ f \circ \varphi$ au voisinage de 0 dans $\mathbb{C}^{k-j}$. Le théorème de Sternberg affirme l'existence d'un automorphisme polynomial de $\mathbb{C}^{k-j}$, g et d'un biholomorphisme h tels que

$$\varphi^{-1} \circ f \circ \varphi = h \circ g \circ h^{-1}.$$

Posons $\psi = \varphi \circ h$. On a donc $f \circ \psi = \psi \circ g$. On cherche un prolongement $\widetilde{\psi}$ de ψ à $\mathbb{C}^{k-j}$. Il suffit de poser dans $B(0, R)$,

$$\widetilde{\psi}(z) = f^{-n} \circ \psi \circ g^n(z)$$

pour n assez grand. □

Proposition 2.4.7. — *Soit f un automorphisme régulier de $\mathbb{C}^k$. Soit p un point fixe selle de f. Alors la variété stable $W^s(p)$ est contenue dans J^+.*

Démonstration. — Nous avons vu que $W^s(p)$ est biholomorphe à $\mathbb{C}^{k-j}$. Comme $W^s(p) = \{z;\ \lim_{n\to+\infty} f^n(z) = p\}$, on a $W^s(p) \subset K^+$. Dans l'intérieur de K^+, la famille f^n est équicontinue. Soit v un vecteur tel que $f'(p)v = \lambda_1 v$, $|\lambda_1| > 1$. Si $W^s(p)$ rencontrait l'intérieur de K^+ en q, on devrait avoir $(f^n)'(q)v$ borné, ce qui n'est pas le cas car f est expansive sur $W^s(p)$ dans la direction v. □

Le cas des transformations tangentes à l'identité. — Cette étude a été faite par Hakim ([**47, 46**]). Nous résumons ici les principaux résultats.

Soit $f(Z) = Z + P_2(Z) + P_3(Z) + \cdots$, une transformation holomorphe tangente à l'identité, définie dans un voisinage U de 0 dans $\mathbb{C}^k$, où, pour $h \in \mathbb{N}$, P_h désigne la partie polynomiale homogène de degré h du développement en série entière de f. On montre qu'il existe des morceaux de variétés invariantes formées de points de U qui sont attirés par l'origine dans une direction donnée. Désignons pour $V \in \mathbb{C}^k \setminus \{0\}$, par $[V] = \pi(V)$ son image dans le projectif $\mathbb{P}^{k-1}$.

Définition 2.4.8. — Soit $Z \in U$ et soit $V \in \mathbb{C}^k \setminus \{0\}$. On dit que Z est attiré par l'origine dans la direction V, si on a $f^n(Z) \to 0$ (dans $\mathbb{C}^k$) et $[f^n(Z)] \to [V]$ (dans $\mathbb{P}^{k-1}$).

Pour simplifier, on considère le cas où $P_2(Z)$ n'est pas identiquement nul. On démontre alors le lemme élémentaire suivant ([**47**]).

Lemme 2.4.9. — *Soit $Z \in U$ et $V \in \mathbb{C}^k \setminus \{0\}$. Si $f^n(Z) \to 0$ dans la direction V, on a soit $P_2(V) = 0$, soit $[P_2(V)] = [V]$.*

Définition 2.4.10. — On appelle *direction caractéristique non dégénérée* toute direction $V \in \mathbb{C}^k \setminus \{0\}$ telle que $P_2(V) \neq 0$ et $[P_2(V)] = [V]$.

Étude au voisinage d'une direction caractéristique non dégénérée. — Les directions caractéristiques sont les solutions d'un système de $k-1$ équations polynomiales homogènes de degré 3. Il y a donc en général 3^{k-1} telles directions. Soit V une direction caractéristique non dégénérée. On peut choisir les coordonnées de sorte que $V = (1, 0, \ldots, 0)$, et que $P_2(V) = (-1, 0, \ldots, 0)$. Si on appelle alors (z, w) les coordonnées avec $z \in \mathbb{C}$ et $w \in \mathbb{C}^{k-1}$, et si on fait l'éclatement $w = uz$ au voisinage de $u = 0$, la transformation f peut alors s'écrire dans les coordonnées (z, u).

$$\begin{aligned} z_1 &= z - z^2 + O(\|u\|z^2, z^3) \\ u_1 &= (I - zA)u + O(\|u\|^2 z, z^2) \end{aligned}$$

où I est la matrice unité $(k-1, k-1)$ et où A est une matrice $(k-1, k-1)$ associée à V. On vérifie facilement que la classe d'équivalence de A par changement linéaire est un invariant et on peut choisir les coordonnées pour que A soit sous forme canonique de Jordan.

Les principaux résultats sont les suivants ([**46**]) :

Théorème 2.4.11. — *Soit V une direction caractéristique non dégénérée et soit A la matrice associée à V. Soit d la somme des multiplicités des valeurs propres λ_j de A telles que $\Re e\lambda_j > 0$ ($d = 0$, si toutes les valeurs propres de A ont une partie réelle négative ou nulle).*

- *Il existe alors un morceau de variété stable W^s de dimension $d+1$ formé de points attirés par l'origine, dans la direction de V, tel que 0 soit dans ∂W^s.*
- *Le morceau de variété W^s est l'image par une application holomorphe injective de classe $\mathcal{C}^1$ jusqu'au bord d'un secteur*

$$S_{\gamma,s,\rho} = \{(z,v) \in \mathbb{C} \times \mathbb{C}^d;\ |\Im mz| \leq \gamma \Re ez,\ |z| \leq s,\ \|v\| < \rho\},$$

- *La restriction de f à W^s est conjuguée à la transformation de $S_{\gamma,s,\rho}$:*

$$\left\{\frac{1}{z_1} = \frac{1}{z} + 1,\ v_1 = v\right\}.$$

Théorème 2.4.12. — *Soit f un isomorphisme global de $(\mathbb{C}^k, 0)$, soit 0 un point fixe de f où la transformation est tangente à l'identité et soit V une direction caractéristique non dégénérée en 0. On suppose que la matrice A associée à V a d valeurs propres, en comptant les multiplicités, de partie réelle positive, alors*

- *Si A n'a aucune valeur propre de partie réelle nulle, posons $Z_n = f^n(z)$ et*

$$\Omega_{(0,V)} = \{Z \in \mathbb{C}^p;\ \lim_{n\to\infty} Z_n = 0 \ et\ \lim_{n\to\infty} [Z_n] = [V]\}.$$

  Alors $\Omega_{(0,V)}$ est isomorphe à $\mathbb{C}^{d+1}$.
- *S'il existe des valeurs propres de partie réelle nulle, on a encore $\Omega_{(0,V)}$ isomorphe à $\mathbb{C}^{d+1}$, en modifiant la définition de $\Omega_{(0,V)}$ de la façon suivante (on utilise les coordonnées (z,u) introduites plus haut et on suppose que $V = (1,0)$; la définition ne dépend pas du α choisi) : soit $\alpha > 0$ tel que les valeurs propres de partie réelle positive vérifient $\Re e\lambda_j > \alpha$, on pose*

$$\Omega_{(0,V)} = \{Z \in \mathbb{C}^p;\ \lim_{n\to\infty} Z_n = 0 \quad et \quad \lim_{n\to\infty} z_n^{-\alpha} u_n = 0\}$$

Lorsque dans la transformation f considérée ci-dessus, la partie de degré 2, $P_2(Z)$, est identiquement nulle, soit $P_h(Z)$ la partie polynomiale de plus petit degré non identiquement nulle. Il faut alors introduire les directions caractéristiques non dégénérées correspondantes, c'est-à-dire les directions $V \in \mathbb{C}^k \setminus \{0\}$ solutions de $P_h(V) \neq 0$ et $[P_h(V)] = [V]$. Les résultats précédents se généralisent facilement, à la différence près que, pour chaque direction, on trouve h morceaux de variétés stables, analogues aux h pétales des domaines de Fatou, pour les transformations de $(\mathbb{C}, 0)$ tangentes à l'identité.

Remarque 2.4.13. — Soit f un automorphisme polynomial. Si $f(0) = 0$ et $f'(0) = I$, le jacobien est partout égal à 1. L'application conserve le volume et la condition du théorème 2.4.12 ne peut être réalisée avec $d = k - 1$, car aucun domaine ne peut être attiré par 0. Par contre, on peut avoir des exemples de morceaux de variétés stables de dimension $d+1$ avec $0 \leq d \leq k-2$.

2.5. Les courants invariants $\overline{T}_+^j$ et $\overline{T}_-^{k-j}$

Définition 2.5.1. — Soit f un automorphisme régulier de $\mathbb{C}^k$ avec $\dim I_- = \ell - 1$. Pour $j \leq \ell+1$, on note $\overline{J_j^+}$ et on appelle ensemble de Julia d'ordre j le support dans $\mathbb{P}^k$ du courant $\overline{T}_+^j$. Son intersection avec $\mathbb{C}^k$ est notée J_j^+. On a les ensembles analogues pour f^{-1} notés $\overline{J_j^-}$ et J_j^-.

On définit aussi $J := J_\ell^+ \cap J_{k-\ell}^-$. En particulier, J_1^+ est le support de T_+. Il peut être égal à $\mathbb{C}^k$ et différent de $J^+ := \partial K^+$.

Le courant $\overline{T}_+$ ayant un potentiel localement borné hors de I_+ qui est de dimension $k-\ell-1$, on peut (voir le paragraphe A.6) définir les courants $\overline{T}_+^j$ pour $j \leq \ell+1$ et $\overline{T}_-^j$ pour $j \leq k-\ell+1$.

Théorème 2.5.2. — *Soit f un automorphisme régulier de $\mathbb{C}^k$. On a les propriétés suivantes :*

(1) $(dd^cG^+)^\ell = 0$ *dans* U^+. *Le courant* $\overline{T}_+^{\ell+1}$ *est un cycle porté par* $[I_+]$. *En particulier,* $(dd^cG^+)^{\ell+1} = 0$ *dans* $\mathbb{C}^k$ *et* $J_\ell^+ \subset J^+ (= \partial K^+)$.
(2) $(dd^cG^-)^{k-\ell} = 0$ *dans* U^-. *Le courant* $\overline{T}_-^{k-\ell+1}$ *est un cycle porté par* $[I_-]$. *En particulier,* $(dd^cG^-)^{k-\ell+1} = 0$ *dans* $\mathbb{C}^k$ *et* $J_{k-\ell}^- \subset J^-(= \partial K^-)$.
(3) *Soit* $\mu := T_+^\ell \wedge T_-^{k-\ell}$. *Alors* μ *est une mesure de probabilité sur* $J = J_\ell^+ \cap J_{k-\ell}^-$. *Elle est invariante par* f, *c'est-à-dire qu'on a* $f^*\mu = \mu$.

Démonstration. — Montrons d'abord que $T_+^{\ell+1}$ est nul dans $\mathbb{C}^k$.

$$\int_{\mathbb{C}^k} \Big(\frac{f^{n*}\omega}{d^n}\Big)^{\ell+1} \wedge \omega^{k-\ell-1} = \frac{1}{d^{(\ell+1)n}} \int_{\mathbb{C}^k} \omega^{\ell+1} \wedge \big(f^{-n*}\omega\big)^{k-\ell-1}$$
$$\leq \Big(\frac{(d_-)^{k-\ell-1}}{d^{\ell+1}}\Big)^n = \frac{1}{(dd_-)^n} \longrightarrow 0.$$

Comme $T_+^{\ell+1}$ n'a pas de masse sur $\{t=0\} \setminus I_+$, on en déduit qu'il est porté par I_+. Mais c'est un courant positif fermé de bidimension $(k-\ell-1, k-\ell-1)$ qui est porté par l'ensemble analytique I_+ qui est de dimension $k-\ell-1$. On en déduit (A.4, propriété g) que $T_+^{\ell+1}$ est de support contenu dans I_+. Montrons que son support est égal à I_+. On sait qu'on a

$$G \leq \frac{1}{d} \log |F|.$$

Pour $p \in I_+$, soit Δ_p un polydisque centré en p de dimension $\ell+1$ transverse à I_+. On a $G_{|\Delta_p} \leq c \log |z-p|$, $z \in \Delta_p, c > 0$. Il en résulte que $(dd^cG_{|\Delta_p})^{l+1} \geq c\varepsilon_p$ où ε_p désigne la masse de Dirac en p (voir **[22]**). La théorie du slicing appliquée au courant

$T_+^{\ell+1}$ permet de conclure que p appartient au support de $T_+^{\ell+1}$. Le raisonnement pour $T_-^{k-\ell+1}$ est identique.

Supposons d'abord que I_- soit de dimension 0. On peut supposer que l'on a $I_- = [1 : 0 : \ldots : 0]$. Donc si $f_1^n, \ldots, f_k^n$ sont les composantes de f^n, pour $z \in U^+$, on a $|f_1^n(z)| \gg |f_j^n(z)|, j \geq 2$. On en déduit que dans U^+, on a

$$G^+(z) = \lim \frac{1}{d^n} \log^+ |f^n(z)| = \lim \frac{1}{d^n} \log^+ |f_1^n(z)|.$$

Donc G^+ est pluriharmonique dans U^+ et $dd^c G^+ = 0$ dans U^+.

Observons alors que, si $g_1, \ldots g_\ell$ sont ℓ fonctions holomorphes sans zéro commun dans un ouvert W, on a $\left(dd^c \log(|g_1|^2 + \cdots + |g_\ell|^2)\right)^\ell = 0$. En effet, si, au voisinage d'un point, on a $g_1 \neq 0$, on peut écrire

$$\log(|g_1|^2 + \cdots + |g_\ell|^2) = \log(|g_1|^2) + \log\left(1 + |\frac{g_2}{g_1}|^2 + \cdots + |\frac{g_\ell}{g_1}|^2\right).$$

Mais la restriction à la variété de codimension $\ell - 1$, $g_2 = a_2 \cdot g_1, \ldots, g_\ell = a_\ell \cdot g_1$, de la fonction est pluriharmonique. Donc, sur n'importe quel sous-espace de dimension ℓ, il y a une valeur propre de $dd^c \log(|g|^2)$ qui est égale à zéro.

Traitons maintenant le cas général où I_- est de dimension $\ell - 1$. On peut alors trouver des coordonnées dans $\{t = 0\}$ identifié à $\mathbb{P}^{k-1}$ telles que, sur I_-, on ait

$$|z_{\ell+1}| + \cdots + |z_k| \leq C(|z_1| + \cdots + |z_\ell|).$$

Il suffit que le sous-espace $z_1 = \cdots = z_\ell = 0$ ne rencontre pas I_-, ce qui est toujours possible pour des raisons de dimensions. Puisque f^n converge vers I_- dans U^+, on a cette fois

$$G^+(z) = \lim \frac{1}{2d^n} \log(|f_1|^2 + \cdots + |f_\ell|^2),$$

la convergence étant localement uniforme. On trouve, par le même argument que plus haut, que $(dd^c G^+)^\ell = 0$ dans U^+. On en déduit que $G^+(dd^c G^+)^\ell = 0$ dans $\mathbb{C}^k$ et par suite que $(dd^c G^+)^{\ell+1} = 0$ dans $\mathbb{C}^k$.

On sait que $\mu := \overline{T}_+^\ell \wedge \overline{T}_-^{k-\ell}$ est une mesure de probabilité. On a vu que $\overline{T}_+^\ell$ est porté par $J^+ = \partial \overline{K^+}$ et que $\overline{T}_-^{k-\ell}$ est porté par $J^- = \partial \overline{K^-}$. On en déduit que la mesure μ est portée par $J = J^+ \cap J^-$.

Prouvons alors l'invariance de μ par f. On a en effet :

$$f^* \mu = f^* T_+^\ell \wedge f^* T_-^{k-\ell} = d^l T_+^\ell \wedge \frac{1}{(d_-)^{k-\ell}} T_-^{k-\ell} = \mu.$$

□

Le résultat suivant a été obtenu avec V. Guedj :

Proposition 2.5.3. — *Soit f un automorphisme régulier de $\mathbb{C}^k$, on a $f(\{t = 0\} \setminus I_+) = I_-$, d'où $X_+ = I_-$ et $X_- = I_+$.*

Démonstration. — Montrons que $X_- = I_+$. On a vu (proposition 2.2.2) que $X_- \subset I_+$. Soit $p \in I_+$. On sait que, si $\mathcal{B}_p^+ \setminus I_-$ est non vide, alors $f^{-1}(\mathcal{B}_p^+ \setminus I_-) = p$ (proposition 1.2.1). Il suffit donc de vérifier qu'on ne peut avoir $\mathcal{B}_p^+ \subset I_-$. Si tel était le cas, pour ε assez petit, on aurait $f(B(p,\varepsilon) \setminus I_+)$ contenu dans un voisinage V de I_-. On peut supposer que $\overline{T}_+^\ell = 0$ dans V. La relation $f^*(\overline{T}_+) = d\overline{T}_+$ entraîne que $\overline{T}_+^\ell = 0$ dans $B(p,\varepsilon) \setminus I_+$. On le vérifie d'abord dans $B(p,\varepsilon) \setminus \{t=0\}$ puis on utilise le fait que le potentiel est localement borné hors de I_+.

Le courant $\overline{T}_+^\ell$ étant de bidimension $(k-\ell, k-\ell)$, il n'a pas de masse sur I_+ qui est de dimension $k-\ell-1$ (appendice A.4, propriété (h)). Par suite, $\overline{T}_+^\ell = 0$ dans $B(p,\varepsilon)$. Mais, d'après le théorème 2.5.2, le support de $\overline{T}_+^{\ell+1}$ contient p. C'est la contradiction cherchée. On en déduit que $f^{-1}(\{t=0\} \setminus I_-) = I_+$. En appliquant le même résultat à f^{-2}, on trouve que $f^{-1}(I_+) = I_+$. Donc $X_- = I_+$. □

Proposition 2.5.4. — *Soit f un automorphisme régulier de $\mathbb{C}^k$. Supposons que* $\dim I_- = \ell - 1$. *Alors il existe une application holomorphe surjective de $\mathbb{P}^{\ell-1}$ sur $I_- = X_+$. En particulier si I_- est lisse alors I_- est isomorphe à $\mathbb{P}^{\ell-1}$ et la restriction f_0 de f à I_- est conjuguée à un endomorphisme de degré d de $\mathbb{P}^{\ell-1}$.*

Démonstration. — On a vu que $f(\{t=0\} \setminus I_+) = I_- = X_+$ (proposition 2.5.3). Le rang de la restriction f_0 de f à $\{t=0\}$ est par suite égal à $\ell-1$. L'ensemble I_+ étant de dimension $k-\ell-1$ on peut trouver un sous-espace $\mathbb{P}^{\ell-1}$ contenu dans$\{t=0\}$ disjoint de I_+ et sur lequel le rang est égal à $\ell-1$. Il en résulte que $f_0(\mathbb{P}^{\ell-1}) = X_+$.

Un théorème de Lazarsfeld **[58]** affirme que l'existence d'une application holomorphe surjective de $\mathbb{P}^{\ell-1}$ sur une variété lisse projective X de même dimension entraîne que X est isomorphe à $\mathbb{P}^{\ell-1}$.

Soit G_0 la fonction p.s.h. dans $\mathbb{C}^{k+1}$ définie par

$$G_0(z,t) = \lim_{n\to\infty} \frac{1}{d^n} \log |F^n(z,0)| .$$

On peut associer à G_0 un courant T_0, positif fermé de bidegré $(1,1)$ sur $\mathbb{P}^k$. Le potentiel de T_0 est continu au voisinage de $X_+ = I_-$. Si T_1 désigne la restriction de T_0 à la variété I_- on a

$$f_0^* T_1 = d T_1$$

et

$$f_0^*(T_1^{\ell-1}) = d^{\ell-1} T_1^{\ell-1}.$$

Donc f_0 est un endomorphisme de degré topologique $d^{\ell-1}$. □

Remarque 2.5.5. — On peut appliquer à l'endomorphisme f_0 les résultats sur la dynamique des endomorphismes (voir le chapitre 3). Par exemple les points périodiques répulsifs de f_0 ont des variétés stables de dimension $k-\ell+1$ dans U^+. La structure des courants T_+^j, $j \leq \ell - 1$, est liée à celle des courants T_1^j associés à l'endomorphisme f_0. On voit que l'étude des automorphismes de $\mathbb{C}^k$ conduit à considérer les endomorphismes de $\mathbb{P}^{\ell-1}$. Nous ne développerons pas ce lien ici.

Corollaire 2.5.6. — *Soit f un automorphisme régulier de $\mathbb{C}^k$. Alors $\overline{K}^+ = K^+ \cup I_+$.*

Démonstration. — Nous avons vu, proposition 2.2.6, que $\overline{K}^+ \subset K^+ \cup I_+$. Il suffit de montrer que les points de I_+ sont adhérents à K^+. Or I_+ est contenu dans le support de $\overline{T}_+^\ell$, si $\dim I_- = \ell - 1$, on a vu en effet que $\overline{T}_+^{\ell+1}$ a pour support I_+. De plus, d'après le théorème 2.5.2, $\overline{T}_+^\ell$ est sans masse dans $U^+ \cup (t = 0 \backslash I_+)$ le domaine d'attraction de X_+. L'ensemble ∂K^+ porte donc toute la masse de $\overline{T}_+^\ell$, il en résulte que I_+ est contenu dans l'adhérence de ∂K^+. □

Les résultats des paragraphes 2.6 et 2.7 suivants sont dus à Bedford et Smillie ([**7, 8, 9**]) dans le cadre des applications de Hénon dans $\mathbb{C}^2$.

2.6. Convergence vers $\overline{T}_+$ et densité des variétés stables

Proposition 2.6.1. — *Soit R un courant positif fermé de bidegré (j,j) dans une boule B. Soit $\psi \geq 0$, $\psi \in \mathcal{C}_o^\infty(B)$. Soit f un automorphisme régulier de $\mathbb{C}^k$. Posons*

$$R_n = \frac{1}{(d_-)^{(k-j)n}} (f^n)^* (\psi R).$$

Tout courant S adhérent à la suite $\{R_n\}$ est positif, fermé et de masse

$$c = \int \psi R \wedge (dd^c G^-)^{k-j}.$$

De plus ∂R_n et $i\partial\overline{\partial} R_n$ convergent en masse vers 0.

Démonstration. — Calculons la masse $\|R_n\|$ de R_n et cherchons quelle est sa limite. On a

$$\langle R_n, \omega^{k-j} \rangle = \Big\langle \psi R, \frac{1}{(d_-)^{(k-j)n}} (f^{-n})^* \omega^{k-j} \Big\rangle.$$

Or $\dfrac{1}{(d_-)^{(k-j)n}} (f^{-n})^* \omega^{k-j} = (dd^c G_n^-)^{k-j}$. Les potentiels G_n^- tendent en décroissant vers G^- qui est continue. Donc (théorème A.6.2), on a aussi

$$R \wedge (dd^c G_n^-)^{k-j} \longrightarrow R \wedge (dd^c G^-)^{k-j}$$

Soit θ une $(0,1)$ forme test. Posons $\phi = \theta \wedge \omega^{k-j-1}$. Soit $S(\psi)$ le support de ψ. On a, en posant $c_n = (d_-)^{(k-j)n}$ et en utilisant l'inégalité de Cauchy-Schwarz (A.4, propriété h),

$$\begin{aligned}\Big|\int \partial R_n \wedge \phi\Big| &= \frac{1}{c_n}\Big|\int \partial\psi \wedge R \wedge (f^{-n})^*\theta \wedge (f^{-n})^*\omega^{k-j-1}\Big| \\ &\leq \frac{1}{c_n}\ \Big|\int R \wedge \partial\psi \wedge \overline{\partial}\psi \wedge (f^{-n})^*\omega^{k-j-1}\Big|^{1/2} \\ &\quad \cdot \Big|\int_{S(\psi)} R \wedge (f^{-n})^*\theta \wedge \overline{(f^{-n})^*\theta} \wedge (f^{-n})^*\omega^{k-j-1}\Big|^{1/2} \\ &\leq \frac{1}{(d_-)^{n/2}}\ \Big|\int R \wedge \partial\psi \wedge \overline{\partial}\psi \wedge \frac{(f^{-n})^*\omega^{k-j-1}}{(d_-)^{(k-j-1)n}}\Big|^{1/2} \\ &\quad \cdot \Big|\int \frac{(f^n)^*R}{(d_-)^{(k-j)n}} \wedge \theta \wedge \overline{\theta} \wedge \omega^{k-j-1}\Big|^{1/2}.\end{aligned}$$

Les deux intégrales étant bornées, le second membre tend vers 0. Par suite $||\partial R_n||$ tend vers 0.

Soit α une fonction $\mathcal{C}^\infty$ bornée par 1. Si $-C\omega \leq i\partial\overline{\partial}\psi \leq C\omega$, on a

$$\begin{aligned}\Big|\int (f^n)^*\frac{R \wedge i\partial\overline{\partial}\psi}{(d_-)^{(k-j)n}} \wedge \omega^{k-j-1}\alpha\Big| &= \frac{1}{(d_-)^n}\Big|\int R \wedge i\partial\overline{\partial}\psi \wedge (f^{-n})\frac{\omega^{k-j-1}}{(d_-)^{(k-j-1)n}}\alpha(f^{-n})\Big| \\ &\leq \frac{C}{(d_-)^n}\int R \wedge \omega \wedge (dd^cG_n^-)^{k-j-1}.\end{aligned}$$

Donc la masse de $i\partial\overline{\partial}R_n$ vers 0. □

Remarque. — Si $j < \ell$, on trouve, bien sûr, que $R_n \to 0$, puisque $(dd^cG^-)^{k-j-1} = 0$.

Théorème 2.6.2. — *Soit f un automorphisme régulier de $\mathbb{C}^k$ tel que* $\dim I_- = 0$, *(c'est-à-dire que $\ell = 1$). Soit p un point fixe hyperbolique de type selle pour f, où on suppose que*

$$|\lambda_1| > 1 > |\lambda_2| \geq \cdots \geq |\lambda_k|.$$

Si $p \in J_{k-1}^-$, alors $W^s(p)$ est dense dans $J^+ = \partial K^+$.

Démonstration. — Soit D un polydisque de dimension $k-1$ passant par p, transverse à la direction instable et tel que

$$\int_D (dd^cG^-)^{k-1} = c_1 \neq 0.$$

De tels polydisques existent. Il suffit d'appliquer la théorie du slicing ([**25**]) au courant positif fermé (donc localement plat dans la terminologie de Federer) T_-^{k-1}. On a en effet supposé que $p \in J_{k-1}^- = \mathrm{Supp}(dd^cG^-)^{k-1}$.

Soit une fonction test $\psi \geq 0$, valant 1 au voisinage de p et 0 au voisinage de ∂D. La suite $\frac{1}{d^n}(f^n)^*(\psi[D])$ converge vers cT_+ où

$$c = \int_D \psi(dd^cG^-)^{k-1}.$$

En effet, la proposition 2.6.1 assure que tout point d'adhérence de la suite est un courant positif fermé de masse c. Il est nécessairement porté par $\overline{K^+}$. Donc le corollaire 2.2.12 affirme qu'il est proportionnel à T_+. De plus, comme p est hyperbolique, $(f^{-n})(D) \cap B(p,r)$ converge vers $W_r^s(p)$. Par conséquent, le courant T_+ est porté par $\overline{\bigcup f^{-n}(W_r^s(p))}$, qui est donc égal au support de T_+. □

Remarque 2.6.3. — Dans $\mathbb{C}^2$, l'hypothèse $p \in J_{k-1}^-$ est toujours satisfaite ([**8**]). En effet, si on avait $dd^c G^-{}_{|W_r^s(p)} = 0$, la fonction G^- serait harmonique sur $W_r^s(p)$. Or la fonction G^- est positive ou nulle et nulle en p. Le principe du minimum pour les fonctions harmoniques entraîne que la fonction G^- serait nulle sur W^s, ce qui est impossible, car W^s est une image de $\mathbb{C}$ et l'ensemble K où $G_K = 0$ est compact.

Il existe bien un principe du minimum pour les solutions de $(dd^c u)^{k-1} = 0$, avec $k \geq 2$, mais il n'est pas aussi fort que pour les fonctions harmoniques. La fonction u peut atteindre son minimum sans être nécessairement constante.

Théorème 2.6.4. — *Soit f un automorphisme régulier de $\mathbb{C}^k$. Supposons que I_- soit de dimension égale à 0. Soit Ω une composante de Fatou associée à un point fixe p dont une des valeurs propres est de module strictement plus petit que 1, les autres étant de module inférieur ou égal à 1. Supposons $p \in J_{k-1}^-$. Alors $\partial\Omega = J^+$.*

Démonstration. — Soit D un polydisque de dimension $k-1$ passant par p et tel que $\int_D (dd^c G^-)^{k-1} = c_1 \neq 0$. On montre comme dans le théorème précédent que, si ψ est une fonction test positive ou nulle, qui vaut 1 au voisinage de p et 0 au voisinage de ∂D, la suite $\frac{1}{d^n}(f^n)^*(\psi D)$ converge vers $cT_+, c \neq 0$. Par conséquent, le bord $\partial\Omega$ contient J^+. Il est clair qu'on a aussi $\partial\Omega \subset \partial K^+ = J^+$. □

Remarque 2.6.5. — Lorsque $k = 2$, le point fixe p est nécessairement dans K^- et le support de $dd^c G^-$ est égal à K^-. Il serait, bien sûr, intéressant de donner une caractérisation dynamique de l'ensemble J_{k-1}^-.

2.7. Mélange lorsque $\dim I_- = 0$

Rappelons quelques notions [**86**]. Soit $(X, \mathcal{A}, m)$ un espace mesuré avec une mesure de probabilité m. Soit $f : X \to X$ une application qui préserve la mesure. On dira que f est mélangeante si, pour tout $A, B \in \mathcal{A}$, on a

$$\lim_{n\to\infty} m\left(f^{-n}(A) \cap B\right) = m(A)m(B).$$

Si X est contenu dans une variété M et si $\mathcal{A}$ est la tribu des boréliens, il suffit de montrer que, pour des fonctions test arbitraires ψ, φ positives, on a

$$\lim_{n\to\infty} \left(\int_X \psi(f^n)\varphi \, dm\right) = \left(\int_X \psi \, dm\right)\left(\int_X \varphi \, dm\right).$$

Théorème 2.7.1. — *Soit f un automorphisme régulier de $\mathbb{C}^k$. Supposons que I_- soit de dimension 0. Alors la mesure $\mu := T_+ \wedge T_-^{k-1}$ est mélangeante. Plus précisément, si ψ et φ sont des fonctions test, on a*

$$\int \psi(f^n)\varphi d\mu \longrightarrow \Big(\int \psi d\mu\Big)\Big(\int \varphi d\mu\Big).$$

Démonstration. — Observons que puisque $\dim I_- = 0$, on a $l = 1$ et $d = (d_-)^{k-1}$. On a d'après la proposition 2.6.1

$$\psi(f^n)(T_+) = \frac{1}{d^n}(f^n)^*(\psi T) \longrightarrow S,$$

où S est positif fermé. Or, si $0 \leq \psi \leq 1$, ce qu'on peut supposer, on a $\psi(f^n)(T_+) \leq T_+$. Donc $S \leq T_+$. Le corollaire 2.2.13 entraîne que $S = cT_+$, avec $c = \int \psi T_+ \wedge T_-^{k-1} = \int \psi d\mu$.

Montrons que $\psi(f^n)T_+ \wedge T_-$ tend vers $cT_+ \wedge T_-$. Si θ est une forme test de bidegré $(k-2, k-2)$, on a

$$\langle \psi(f^n)T_+ \wedge T_-, \theta\rangle = \langle dd^c\big(\frac{1}{d^n}(f^n)^*(T_+\psi) \wedge \theta\big), G^-\rangle.$$

Posons $R_n = \dfrac{1}{d^n}(f^n)^*T_+\psi$. Le membre de droite de l' égalité ci-dessus est alors égal à

$$\langle dd^c R_n \wedge \theta + R_n \wedge dd^c\theta + 2dR_n \wedge d^c\theta, G^-\rangle.$$

Mais on a vu que $\|dR_n\|$ et $\|dd^cR_n\|$ tendent vers 0. Donc, en passant à la limite, on a bien, puisque G^- est continue,

$$\lim_n \langle \psi(f^n)T_+ \wedge T_-, \theta\rangle = c\langle T_+ \wedge dd^c\theta, G^-\rangle = c\langle T_+ \wedge dd^cG^-, \theta\rangle.$$

On a

$$\psi(f^n)T_+ \wedge T_- = (f^n)^*\frac{\psi T_+ \wedge T_-}{(d_-)^{(k-2)n}},$$

car $(f^n)^*T_+ = d^nT_+ = (d_-)^{(k-1)n}T_+$ et $(f^n)^*T_- = \dfrac{1}{(d_-)^n}T_-$. On peut alors poser $R_n = (f^n)^*\dfrac{\psi T_+ \wedge T_-}{(d_-)^{(k-2)n}}$ et montrer par récurrence sur $j \leq k-1$ que

$$\psi(f^n)T_+ \wedge T_-^j \longrightarrow c.T_+ \wedge T_-^j,$$

ce qui donne le résultat. □

Corollaire 2.7.2. — *Si f est un automorphisme régulier de $\mathbb{C}^2$ ou de $\mathbb{C}^3$, alors la mesure μ est mélangeante pour f.*

Démonstration. — Le cas $\mathbb{C}^2$ est clair. Soit f un automorphisme de $\mathbb{C}^3$ dans $\mathbb{C}^3$. Si $\dim I_- = 0$, on applique le résultat précédent. Si $\dim I_- = 1$, c'est que $\dim I_+ = 0$. On applique le résultat précédent à f^{-1} et à la mesure $T_- \wedge (T_+)^2$. □

CHAPITRE 3
ENDOMORPHISMES HOLOMORPHES DE $\mathbb{P}^k$

Dans ce chapitre, nous nous proposons d'étudier la dynamique des endomorphismes holomorphes de $\mathbb{P}^k$. Nous avons noté $\mathcal{H}_d$ le semi-groupe des endomorphismes de degré algébrique d. Rappelons que $f \in \mathcal{H}_d$ se relève en une application $F = (F_0, \ldots, F_k)$ de $\mathbb{C}^{k+1}$, les F_j étant des polynômes homogènes de degré d et que $F^{-1}(0) = 0$. L'ensemble d'indétermination considéré au chapitre 1 est vide.

Rappelons les résultats obtenus jusqu'à présent, certains dans le cadre des applications méromorphes dominantes, et qui s'appliquent pour les applications de $\mathcal{H}_d$.

Proposition 3.0.3. — *Soit f un endomorphisme holomorphe de $\mathbb{P}^k$.*

(i) *Pour tout $a \in \mathbb{P}^k$, le nombre de points de $f^{-1}(a)$ comptés avec multiplicité est égal à d^k.*

(ii) *L'ensemble des points périodiques d'ordre n est égal à $(d^{n(k+1)} - 1)/(d-1)$. Il y a une infinité d'orbites périodiques distinctes.*

(iii) *L'ensemble critique C associé à l'endomorphisme f est une hypersurface algébrique de degré $(d-1)(k+1)$.*

Nous noterons $\mathcal{C} = \overline{\bigcup_{n\geq 0} f^n(C)}$ l'adhérence de l'orbite de l'ensemble critique. Nous dirons que f est *critiquement finie* si $\mathcal{C}$ est une variété algébrique. Nous noterons

$$\mathcal{C}_\infty = \bigcap_{n\geq 0} \overline{\bigcup_{j\geq n} f^j(C)}.$$

3.1. Quelques exemples

(i) Ueda **[84]** a utilisé la construction suivante pour fournir quelques exemples dont la dynamique se déduit de la dynamique des applications rationnelles de $\mathbb{P}^1$.

Soit $\Phi : \mathbb{P}^1 \times \mathbb{P}^1 \to \mathbb{P}^2$ le revêtement ramifié de degré 2 défini par

$$\Phi\left([z_0 : z_1], [w_0 : w_1]\right) = \left[z_0 w_0 : z_1 w_1 : z_0 w_1 + z_1 w_0\right].$$

Si on désigne par Δ la diagonale de $\mathbb{P}^1 \times \mathbb{P}^1$, le revêtement est ramifié au-dessus de $\Phi(\Delta)$. Observons que $\Phi\left([z_0 : z_1], [w_0 : w_1]\right) = \Phi\left([w_0 : w_1], [z_0 : z_1]\right)$. Soit h une application rationnelle de degré $d \geq 2$ de $\mathbb{P}^1$. On définit une application $\widehat{h}$ de $\mathbb{P}^2$ de façon que le diagramme suivant soit commutatif :

$$\begin{array}{ccc} \mathbb{P}^1 \times \mathbb{P}^1 & \xrightarrow{(h(z), h(w))} & \mathbb{P}^1 \times \mathbb{P}^1 \\ \Phi \downarrow & & \downarrow \Phi \\ \mathbb{P}^2 & \xrightarrow{\quad \widehat{h} \quad} & \mathbb{P}^2 \end{array}$$

On déduit facilement les propriétés dynamiques de $\widehat{h}$ à partir de celles de h. Posons $\widetilde{h} = (h, h)$. Soit L la réunion des composantes de $\widetilde{h}^{-1}(\Delta)$ autres que Δ. On vérifie que $\Phi(L)$ est critique pour $\widehat{h}$ et que $\widehat{h}(\Phi(L)) = \Phi(\Delta)$. De plus, on a $\widehat{h}(\Phi(\Delta)) = \Phi(\Delta)$.

(a) Si (Ω_j) sont les composantes de Fatou de h dans $\mathbb{P}^1$, il est clair que $\widehat{h}$ admet une composante de Fatou isomorphe à $(\Omega_j \times \Omega_k)$, si on prend $j \neq k$. En particulier, il peut exister des composantes de Fatou isomorphes à un produit d'anneaux.

(b) Si l'ensemble de Julia de h est égal à $\mathbb{P}^1$, alors l'ensemble de Julia de $\widehat{h}$ est égal à $\mathbb{P}^2$. On vérifie que les points périodiques répulsifs sont denses, puisqu'il en est ainsi dans $\mathbb{P}^1$ **[18]**.

(c) Si h est critiquement fini, il en est de même de $\widehat{h}$. Observons que $\Phi(\Delta)$ est toujours dans l'ensemble critique de $\widehat{h}$ et on a vu que $\widehat{h}(\Phi(\Delta)) = \Phi(\Delta)$.

(d) Notons σ_k le groupe des permutations de $\{1, \ldots, k\}$. L'application Φ montre que $\mathbb{P}^2$ est isomorphe à $\mathbb{P}^1 \times \mathbb{P}^1/\sigma_2$. De même on a $(\mathbb{P}^1)^k/\sigma_k$ est isomorphe à $\mathbb{P}^k$. Il suffit de considérer l'application qui, à $(z_1, \ldots, z_k) \in \mathbb{C}^k$, associe les fonctions symétriques des (z_j) et de prolonger l'application à $(\mathbb{P}^1)^k$.

On obtient, de la même façon que, pour $k = 2$, des exemples d'endomorphismes de $\mathbb{P}^k$ dont la dynamique se déduit facilement de celle de l'application correspondante de $(\mathbb{P}^1)^k \to (\mathbb{P}^1)^k$.

(ii) Donnons un exemple d'application critiquement finie de $\mathbb{P}^2$ qui n'est pas du type précédent. Définissons **[28]**

$$g[z : w : t] = \left[(z - 2w)^2 : (z - 2t)^2 : z^2\right].$$

L'ensemble critique est $C = \{z = 2w\} \cup \{z = 2t\} \cup \{z = 0\}$. On a

$$(z = 2w) \to (z = 0) \to (t = 0) \to (t = w) \to (z = w) \to (z = t) \to (t = w).$$

De même

$$(z = 2t) \to (w = 0) \to (z = t) \to (t = w).$$

Cet exemple n'est pas du type précédent car il n'existe pas de composante de l'ensemble critique dont l'image par g soit stable par g (voir 1.(i).(a)). On montre dans **[28]** que l'ensemble de Julia de g est égal à $\mathbb{P}^2$. Les applications critiquement finies sont étudiées dans **[30]**, **[28]**, Ueda **[84]**, Jonsson **[52]**.

3.2. Composantes de Fatou

Soit $f \in \mathcal{H}_d$. On sait que l'ensemble de Julia J de f est égal au support du courant T. Par conséquent, un ouvert U de $\mathbb{P}^k$ est contenu dans une composante de Fatou si et seulement si la fonction G est pluriharmonique dans $\pi^{-1}(U)$.

Une composante de Fatou U pour f est une composante connexe de $\mathbb{P}^k \backslash J$. On dit que U est fixe si $f(U) = U$. On dit que U est périodique si $f^n(U) = U$ pour un $n \geq 1$. On dit que U est errante si les $(f^n(U))$ sont deux à deux disjointes. On sait par un théorème de Sullivan [**80**] que, pour $k = 1$, il n'existe pas de composante errante si f est une application rationnelle de $\mathbb{P}^1$. La question est ouverte pour $k \geq 2$.

On a vu que, pour les automorphismes de $\mathbb{C}^k$, il peut exister des composantes de Fatou biholomorphes à $\mathbb{C}^k$. Nous allons voir que pour les applications de $\mathcal{H}_d$ il n'en est rien, les composantes de Fatou ressemblant plutôt à des domaines bornés.

Rappelons la notion d'hyperbolicité au sens de Kobayashi. Soit M une variété complexe. Pour $p \in M$ et $\xi \in T_p(M)$, on considère l'ensemble des applications holomorphes du disque unité D à valeurs dans M, $\varphi : D \to M$, $\varphi(0) = p$ et $\varphi'(0) = c\xi$.

On définit la pseudométrique de Kobayashi-Royden en posant

$$K_M(p, \xi) = \inf \left\{ \frac{1}{|c|},\ \varphi : D \longrightarrow M,\ \varphi(0) = p,\ \varphi'(0) = c\xi \right\}.$$

Si M contient des images holomorphes de $\mathbb{C}$ dans la direction ξ, on a $K_M(p, \xi) = 0$.

Définition 3.2.1. — Soit Y une sous-variété immergée dans une variété compacte hermitienne M. On dit que Y est hyperboliquement plongée, s'il existe une constante $C > 0$ telle que

$$K_Y(p, \xi) \geq C|\xi| \text{ pour tout } (p, \xi) \in T_Y.$$

$|\xi|$ désigne la norme hermitienne du vecteur ξ.

Nous renvoyons à Kobayashi [**55**], Lang [**57**] pour l'étude de cette notion. Rappelons cependant que la métrique de Kobayashi-Royden est contractante pour les applications holomorphes. Si $\Phi : M \to N$ est holomorphe alors

$$K_N(\Phi(p), \Phi'(p)\xi) \leq K_M(p, \xi).$$

Théorème 3.2.2 **([85])**. — *Soit $f \in \mathcal{H}_d$, $d \geq 2$. Si Ω est une composante de Fatou de f, alors Ω est hyperboliquement plongée.*

Démonstration. — Posons $A = \{z \mid z \in \mathbb{C}^{k+1},\ G(z) = 0\}$. Ici G désigne la fonction de Green associée à f. On sait que G est continue et croît comme $\log \|z\|$ à l'infini. Par suite A est compact. Pour une application holomorphe, l'ensemble de normalité est égal à $\mathbb{P}^k$; G est donc pluriharmonique sur $\pi^{-1}(\Omega)$.

Soit $\varphi : D \to \Omega$ une application holomorphe. Montrons qu'il existe une section σ de π telle que $\sigma \circ \varphi$ soit à valeurs dans A. Soit $q = \varphi(\zeta_0)$. Soit s une section holomorphe de π au voisinage de q. La fonction $G \circ s \circ \varphi = \log |h|$, où h est holomorphe au voisinage de ζ_0. Il suffit de poser $\sigma = s/h$. On a alors $G(\sigma \circ \varphi) = 0$. Le disque étant simplement connexe, on construit un relèvement holomorphe $\widetilde{\varphi}$ de φ à valeurs dans le compact A. On en déduit que la dérivée de $\varphi = \pi \circ \widetilde{\varphi}$ est uniformément bornée en 0, indépendamment de φ. □

Remarques 3.2.3

(i) Soit S un courant positif fermé de bidegré $(1,1)$ dans $\mathbb{P}^k$. Supposons que S admette un potentiel localement borné H. Toute variété V immergée dans $\mathbb{P}^k$ sur laquelle H est pluriharmonique est hyperboliquement plongée. On raisonne comme précédemment. L'ensemble $A = \{H = 0\}$ est borné dans $\mathbb{C}^{k+1}$ et on construit des sections comme ci-dessus.

(ii) Le résultat de Ueda est également valable dans le cadre suivant. Soit $f \in \mathcal{H}_d$. Soit $p \in \mathbb{P}^k$. Supposons que p appartienne à un ensemble hyperbolique au sens dynamique **[67]**. On peut alors définir la variété stable de p

$$W^s(p) = \{z \mid \operatorname{dist}(f^n(z), f^n(p)) \to 0,\ n \to \infty\}.$$

C'est une variété complexe immergée (pas nécessairement connexe). Alors la variété stable de p est hyperboliquement plongée.

Il suffit de vérifier que la fonction de Green G restreinte à $\pi^{-1}(W^s(p))$ est pluriharmonique. Supposons que $f^{n_i}(p) \to [0 : \ldots : 0 : 1]$. On a

$$\frac{1}{d^{n_i}} \log |F^{n_i}|_{|\pi^{-1}(W^s(p))} = \frac{1}{d^{n_i}} \log |F_k^{n_i}| + \frac{O(1)}{d^{n_i}}.$$

Il en résulte en passant à la limite que $G_{|\pi^{-1}(W^s(p))}$ est pluriharmonique.

Nous allons montrer un autre résultat de Ueda **[85]** sur l'équicontinuité des inverses.

Théorème 3.2.4 **([85])**. — *Soit W une variété complexe immergée dans $\mathbb{P}^k$. Supposons qu'il existe sur W des inverses h_{j_n} de f^{j_n} ; alors (h_{j_n}) est localement équicontinue sur W.*

Démonstration. — On sait qu'il existe une constante $C > 0$ telle que

$$\frac{1}{C}|z|^d \leq |F(z)| \leq C|z|^d.$$

Il en résulte qu'il existe r et R, $0 < r < R < \infty$ tels que, pour $|z| < r$, on a $|F(z)| < r$ et pour $|z| > R$, on a $|F(z)| > R$. Par conséquent

$$F^{-1}(\{r < |z| < R\}) \subset \{r < |z| < R\}.$$

Observons également que, sur chaque droite complexe passant par 0, F est de la forme $t \to ct^d$, le point 0 étant son seul point de branchement. On peut donc définir dans une boule B de W des sections de π, s_n telles que $F^{-j_n} := s_n \circ h_{j_n} \circ \pi$ soient à valeurs dans $\{r < |z| < R\}$. Par suite, si π^{-1} est une section de π au-dessus de B, les

$$h_{j_n} = \pi \circ F^{-j_n} \circ \pi^{-1}$$

sont équicontinues dans B. □

Corollaire 3.2.5. — *Soit $f \in \mathcal{H}_d$. Soit p un point périodique d'ordre n de f. Soient $\lambda_1, \ldots, \lambda_k$ les valeurs propres de la dérivée de f^n en p. Supposons $|\lambda_1| \geq \cdots \geq |\lambda_k|$. Si $|\lambda_k| < 1$ ou si λ_k est racine de l'unité, alors $p \in \mathcal{C} = \overline{\bigcup_{j\geq 0} f^j(C)}$.*

Démonstration. — On peut supposer p fixe. Si $p \notin \mathcal{C}$, il existe un voisinage B de p disjoint de $\bigcup_{j\geq 0} f^j(C)$. Par conséquent, on peut définir des branches inverses de f^j, h_j, $j \geq 0$ avec $h_j(p) = p$. L'équicontinuité des h_j entraîne que les valeurs propres de la dérivée sont de modules inférieurs ou égaux à 1 et, si l'une est de module un, elle ne peut être racine de l'unité. □

Proposition 3.2.6. — *Soit $f \in \mathcal{H}_d$. Soit U une composante de Fatou contenant un point fixe attractif p. Alors U rencontre l'ensemble critique C de f.*

Démonstration. — Puisque U contient un point fixe p, on a $f(U) = U$. Si $U \cap C = \varnothing$, alors $U \cap f^{-j}(C) = \varnothing$ pour tout $j \geq 1$. On peut définir dans une boule $B(p,r)$ un inverse h_j de f^{-j} tel que $h_j(p) = p$. L'équicontinuité des (h_j), qui résulte du fait que U est hyperboliquement plongé, entraîne que les dérivées de h_j en p sont bornées. C'est impossible puisque p est attractif. □

Remarques 3.2.7

(i) Si p est un point fixe de f avec des valeurs propres de module inférieur à un et d'autres de module supérieur à un, la variété stable de p, rencontre l'ensemble critique C. La démonstration est la même que pour une composante de Fatou.

(ii) Soit p un point périodique de période ℓ, attractif pour f. Notons $\{p_0, \ldots, p_{\ell-1}\}$ le cycle. La bassin U d'attraction de p est défini par $U = \bigcup_{j=0}^{\ell-1} U_j$ avec $U_j = \{z/d(f^{\ell n}(z), p_j) \to 0\}$. On note U_j^0 la composante connexe de U_j contenant p_j, $0 \leq j \leq \ell - 1$ et $U^* := \bigcup_{j=1}^{\ell-1} U_j^0$. Il résulte de la proposition 3.2.6 que U^* rencontre l'ensemble critique C. À une variable, cela permet de montrer qu'il existe au plus $(2d-2)$ cycles attractifs. Une telle conclusion n'est pas possible dans $\mathbb{P}^k$ pour $k \geq 2$.

En utilisant le méthode de Newhouse **[62]** pour construire une infinité de cycles attractifs pour les difféomorphismes des surfaces, E. Gavosto **[42]** a produit dans $\mathbb{P}^2$ des éléments de $\mathcal{H}_d$ ayant une infinité de cycles attractifs. Le résultat a été amélioré par G. Buzzard **[17]**.

Théorème 3.2.8 **([17])**. — *Il existe $d > 0$ et un ouvert non vide $\mathcal{N} \subset \mathcal{H}_d(\mathbb{P}^2)$, contenant un G_δ dense $\mathcal{N}' \subset \mathcal{N}$, tel que tout $f \in \mathcal{N}'$ admet une infinité de cycles attractifs.*

Définition 3.2.9. — Soit $f \in \mathcal{H}_d$. Soit U une composante de Fatou. On dit que U est un domaine de Siegel, s'il existe une sous-suite (f^{n_j}) qui converge vers l'identité sur les compacts de U.

Théorème 3.2.10 **([85])**. — *Soit $f \in \mathcal{H}_d$ d'ensemble critique C. Si U est un domaine de Siegel pour f, alors $\partial U \subset \mathcal{C} = \overline{\bigcup_{j\geq 0} f^j(C)}$.*

Démonstration. — Soit $p \in \partial U$. Supposons que $p \notin \mathcal{C}$. Il existe alors un voisinage W de p ne rencontrant pas $\bigcup_{j\geq 0} f^j(C)$. Soit $W_1 \subset W \cap U$. On définit un inverse g_{n_j} de

f^{n_j} dans W_1 tel que $g_{n_j}(W_1) \subset U$; c'est possible car on peut supposer que $f^{n_j} \to \mathrm{Id}$. On prolonge g_{n_j} à W ; c'est possible car W ne rencontre pas C. Le théorème 3.2.4 permet de trouver une sous-suite $g_{n'_j}$ qui soit convergente dans W. Nécessairement $g_{n'_j} \to \mathrm{Id}$ dans W. Par suite $(f^{n'_j})$ converge vers l'identité dans W. Le corollaire 1.6.6 permet de conclure que $U \cup W$ est dans une composante de Fatou. Donc $U \cup W = U$, ce qui est la contradiction cherchée. □

Rappelons qu'une composante de Fatou U est récurrente si, pour un $p_0 \in U$, il existe une sous-suite (n_j) telle que $f^{n_j}(p_0) \to q \in U$. Il est clair qu'une composante récurrente est périodique. On peut donc se limiter au cas où elle est fixe.

L'étude de la dynamique dans une composante récurrente n'est pas faite. On a cependant le résultat partiel suivant.

Théorème 3.2.11 (**[31]**). — *Soit $f \in \mathcal{H}_d(\mathbb{P}^2)$, $d \geq 2$. Soit U une composante de Fatou récurrente telle que $f(U) = U$. L'une des propriétés suivantes est alors vérifiée.*

(i) *U est le bassin d'attraction d'un point fixe $p \in U$.*
(ii) *Il existe une sous-variété complexe fermée de Σ de U de dimension complexe un et $f^n(K) \to \Sigma$ pour tout compact K de U. La surface de Riemann Σ est biholomorphe, soit à un disque D, soit à un disque pointé, soit à un anneau et $f_{|\Sigma}$ est conjuguée à une rotation irrationnelle.*
(iii) *Le domaine U est un domaine de Siegel.*

Nous avons introduit au début de ce paragraphe la notion d'hyperbolicité au sens de Kobayashi. Nous allons caractériser les attracteurs Brody hyperboliques.

Définition 3.2.12. — Soit X un compact d'une variété complexe M. On dit que X est Brody hyperbolique si toute application holomorphe $h : \mathbb{C} \to M$ telle que $h(\mathbb{C}) \subset X$ est constante.

Les compacts Brody hyperboliques sont caractérisés par le théorème suivant [**57**, p. 68].

Théorème 3.2.13. — *Soit X un compact d'une variété complexe M. X est Brody hyperbolique si et seulement si X admet un voisinage hyperboliquement plongé.*

Un résultat de H. Tsuji [**82**] permet alors de caractériser les attracteurs Brody hyperboliques. Plus précisément, on a

Théorème 3.2.14 (**[82]**). — *Soit Y une variété complexe hyperbolique au sens de Kobayashi et soit $f : Y \to Y$ une application holomorphe telle que $f(Y) \Subset Y$. Alors*

(1) *$N := \bigcap_{k \geq 1} f^k(Y)$ est un ensemble analytique non vide de Y ;*
(2) *il existe un entier ℓ_0 tel que $f^{\ell_0}|_N = \mathrm{Id}_N$.*

Corollaire 3.2.15. — *Soit $f \in \mathcal{M}_d$. Supposons que, pour tout ℓ, les points périodiques d'ordre ℓ de f forment un ensemble discret. Soit X un fermé de $\mathbb{P}^k$ Brody hyperbolique. Si X est attirant pour f, alors c'est une réunion finie d'orbites périodiques attractives.*

Démonstration. — Le compact X étant attirant, il existe un voisinage U de X dans $\mathbb{P}^k$ tel que $f(U) \Subset U$. On a supposé implicitement que U ne rencontre pas les points d'indétermination de f. De plus on a $X = \bigcap_{n \geq 0} f^n(U)$. Le compact X étant Brody hyperbolique, on peut supposer que U est hyperbolique au sens de Kobayashi. Le théorème 3.2.14 permet d'affirmer que X est un ensemble analytique. L'hypothèse sur les points périodiques de f permet d'affirmer que X est fini. C'est bien sûr une réunion finie de cycles attractifs. □

Remarque 3.2.16. — En particulier si $f \in \mathcal{H}_d$, alors les attracteurs non triviaux de f contiennent des images de $\mathbb{C}$. Voir à ce sujet l'article de Fornæss-Weickert **[36]**.

3.3. Les courants T^ℓ $(1 \leq \ell \leq k)$ et leurs supports J_ℓ

Nous avons vu qu'à une application holomorphe $f \in \mathcal{H}_d$ on peut associer un courant positif fermé T de bidegré $(1,1)$ et de masse 1. Rappelons que T est défini par

$$\pi^* T = dd^c G,$$

avec G p.s.h. dans $\mathbb{C}^{k+1}$ définie par

$$G(z) = \lim_n \frac{1}{d^n} \log |F^n(z)|.$$

La fonction G satisfait la relation $G(F(z)) = dG(z)$. Par conséquent

$$f^* T = dT.$$

Nous avons montré que la fonction G est localement höldérienne, en particulier continue. D'après l'appendice A.6, on peut définir les courants $T^\ell := T \wedge \cdots \wedge T$ (ℓ termes). Ce sont des courants positifs fermés de bidegré (ℓ, ℓ), satisfaisant l'équation fonctionnelle

$$f^*(T^\ell) = d^\ell T^\ell.$$

Définition 3.3.1. — Soit $f \in \mathcal{H}_d$. L'ensemble de Julia d'ordre ℓ associé à f est le support du courant T^ℓ. Nous le noterons J_ℓ.

On verra que l'ensemble J_k jouit de propriétés semblables à l'ensemble de Julia à une variable. On a également $J_1 = J$, l'ensemble de Julia.

Théorème 3.3.2 (**[32, 33]**). — *Soit f une application holomorphe de degré d dans $\mathbb{P}^k$. Alors*

(i) *Le support de T est égal à l'ensemble de Julia de f.*

(ii) *Les courants T^ℓ sont de bidegré (ℓ,ℓ) et de masse 1. En particulier les ensembles de Julia J_ℓ sont non vides et totalement invariants. De plus J_ℓ est connexe si $2\ell \leq k$. L'ouvert $\mathbb{P}^k \setminus J_\ell$ est $(k-\ell)$ pseudoconvexe.*

(iii) *La mesure $\mu := T^k$ est une mesure de probabilité invariante par f. Elle satisfait la relation $f^*\mu = d^k\mu$ et maximise l'entropie.*

Démonstration

(i) L'application f étant holomorphe, l'ensemble de normalité est égal à $\mathbb{P}^k$. La propriété est donc conséquence du théorème 1.6.5.

(ii) La masse de T^ℓ est égale 1. En effet T est dans la classe fondamentale de ω et $\|T\| = 1$. On peut appliquer le corollaire A.6.5. Puisque $f^*T^\ell = d^\ell T^\ell$, il est clair que le support de T^ℓ est totalement invariant. Nous renvoyons à [**33**] pour la notion de $(k-\ell)$ pseudoconvexité. Rappelons toutefois que la pseudoconvexité usuelle coïncide dans cette terminologie avec la $(k-1)$ pseudoconvexité. Un ouvert est $(k-\ell)$ pseudoconvexe s'il satisfait au principe de continuité pour les disques holomorphes de dimension ℓ.

(iii) L'équation $f^*\mu = d^k\mu$ résulte de l'équation fonctionnelle satisfaite par la fonction de Green G. En particulier la mesure μ est invariante. En effet on a, si φ est une fonction test,

$$\langle f_*\mu, \varphi\rangle = \langle \mu, \varphi\circ f\rangle = \frac{1}{d^k}\langle f^*\mu, \varphi\circ f\rangle = \frac{1}{d^k}\left\langle \mu, \sum_{f(z_i)=z} (\varphi\circ f)(z_i)\right\rangle = \langle \mu, \varphi\rangle.$$

Gromov [**43**] a montré que l'entropie métrique d'une application $f \in \mathcal{H}_d$ est égale à $\log d^k$. Une mesure satisfaisant à l'équation $f^*\mu = d^k\mu$ est d'entropie $\log d^k$ [**64**]. □

Théorème 3.3.3. — *Soit $f \in \mathcal{H}_d$. Posons $\Lambda = \sup_{G\leq 0} \|F'(z)\|$ et*

$$\alpha_0 = \frac{\log d}{\log \Lambda}.$$

(i) *Pour $1 \leq \ell \leq k$, le courant T^ℓ ne charge pas les ensembles de dimension de Hausdorff strictement inférieure à $2(k-\ell) + \ell\alpha_0$.*

(ii) *Soit X un compact attirant pour f. Supposons $\Lambda_{2\ell}(X) = 0$, où $\Lambda_{2\ell}$ désigne la mesure de Hausdorff d'ordre 2ℓ. Alors T^ℓ est nulle sur le bassin d'attraction de X. En particulier un attracteur de dimension inférieure à 2 est un cycle attractif.*

Démonstration

(i) Puisque f est holomorphe, on a vu qu'on pouvait définir T^ℓ pour tout ℓ. La propriété est donc conséquence de la remarque 1.7.2 et du théorème 1.7.3.

(ii) Rappelons que X est un attracteur s'il existe des voisinages V arbitrairement petits de X, tels que $f(V) \Subset V$.

Si $\Lambda_{2\ell}(X) = 0$, il existe un sous-espace complexe L de codimension ℓ ne rencontrant pas X [**25, 71**]. On peut supposer que $L = \{z_0 = \cdots = z_{\ell-1} = 0\}$. Par suite, il existe une constante C telle que

$$X \subset \{|z_0| + \cdots + |z_{\ell-1}| > C(|z_\ell| + \cdots + |z_k|)\} := U.$$

Si un ouvert B est dans le bassin d'attraction de X, pour n assez grand, $f^n(B) \subset U$. D'où, pour $z \in \pi^{-1}(B)$,

$$G(z) = \lim_{n\to\infty} \frac{1}{d^n} \log\left(|F_0^n| + \cdots + |F_{\ell-1}^n|\right),$$

où F_j^n désigne la j-ième composante de F^n. On a déjà remarqué au paragraphe 2.5 que

$$(dd^c(\log|h_0| + \cdots + |h_{\ell-1}|))^\ell = 0,$$

si $h_0, \ldots, h_{\ell-1}$ sont des fonctions holomorphes sans zéro commun. On a donc $(dd^cG)^\ell = 0$ sur $\pi^{-1}(B)$.

Si $\Lambda_2(X) = 0$, on trouve que $T = 0$ sur le bassin de X, qui est donc contenu dans l'ensemble de Fatou. Quitte à remplacer f par un itéré, on peut supposer que X est contenu dans une composante de Fatou W, et que $f(W) \subset W$. Or W est hyperboliquement plongé. La métrique de Kobayashi est contractante. En utilisant l'équicontinuité et $\Lambda_2(X) = 0$, on voit que les limites de sous-suites convergentes de f^n sont constantes. Ce sont des points fixes, nécessairement attractifs. En effet, si $\{f^{n_j}\}$ converge vers p sur un compact contenant p et $f(p)$, on voit que p est fixe, donc nécessairement attractif. □

Exemples

(i) Si $f([z:w:t]) = [z^d : w^d : t^d]$ alors $J_2 = \{|z| = |w| = |t|\}$ et la mesure μ est la mesure de Lebesgue sur ce tore de dimension deux.

(ii) Soit h une application rationnelle de $\mathbb{P}^1$ dont l'ensemble de Julia est $\mathbb{P}^1$. Soit $\widehat{h}$ l'application associée de $\mathbb{P}^2$ dans $\mathbb{P}^2$ comme dans l'exemple du paragraphe 3.1. On vérifie assez facilement que $J_1 = J_2 = \mathbb{P}^2$. En effet, si ν est la mesure associée à h sur $\mathbb{P}^1$, on a $\mu = \Phi_*(\nu \otimes \nu)$.

(iii) Pour l'exemple $f([z:w:t]) = [(z-2w)^2 : (z-2t)^2 : z^2]$ qui est critiquement fini, Jonsson **[52]** a montré que $J_2 = \mathbb{P}^2$.

Remarque 3.3.4. — Il résulte de l'équation fonctionnelle de G que la fonction de Green associée à f^n est la même que celle associée à f. Par conséquent les ensembles de Julia J_ℓ associés à f^n sont les mêmes que ceux associés à f.

3.4. Hyperbolicité dynamique

Parmi les ensembles totalement invariants J_ℓ, l'application f peut être hyperbolique uniquement sur J_k. Rappelons tout d'abord quelques notions (voir Ruelle **[67]**).

Soit $f \in \mathcal{H}_d$. Soit K un compact de $\mathbb{P}^k$ tel que $f(K) = K$. On considère

$$\widehat{K} = \{x = (x_n)_{n\le 0},\ f(x_n) = x_{n+1}\}.$$

C'est un compact de $K^{\mathbb{N}}$ qu'on munit de la topologie produit. Le fibré tangent à $\widehat{K}$, noté $T_{\widehat{K}}$, est constitué par les couples (x, ξ) où $x = (x_n)_{n \leq 0}$ et ξ est un vecteur tangent en x_0. Soit $\pi : \widehat{K} \to K$, définie par $\pi(x) = x_0$. L'application f admet un relèvement $\widehat{f}$ tel que $\pi \circ \widehat{f} = f \circ \pi$. La dérivée Df de f se relève en $D\widehat{f}$. On dit que $(\widehat{K}, \widehat{f})$ est l'extension naturelle de (K, f).

Définition 3.4.1. — Soit $K \subset \mathbb{P}^k$ un compact vérifiant $f(K) = K$. On dit que f est hyperbolique sur K, s'il existe une décomposition continue $E^u \oplus E^s$ de $T_{\widehat{K}}$ tel que $D\widehat{f}(E^u) \subset E^u$, $D\widehat{f}(E^s) \subset E^s$ et si de plus il existe des constantes $c > 0$, $\lambda > 1$, telles que, pour tout $n \geq 1$, on ait

$$\begin{cases} |D\widehat{f}^{-n}(\xi)| \leq c\lambda^{-n}|\xi| & \text{si } \xi \in E^u \\ |D\widehat{f}^{n}(\xi)| \leq c^{-1}\lambda^{-n}|\xi| & \text{si } \xi \in E^s. \end{cases}$$

La dimension de la fibre de E^u est appelée la dimension instable, celle de E^s la dimension stable.

Théorème 3.4.2 **([33])**. — *Soit $f \in \mathcal{H}_d$. L'application f ne peut être hyperbolique sur l'un des ensembles $\mathbb{P}^k$, $J_1, \dots, J_{k-1}$. Si f est hyperbolique sur J_k alors la dimension instable sur J_k est égale à k.*

Démonstration. — En fait, il suffit de montrer la dernière assertion, car d'une part $J_k \subset J_{k-1} \subset \cdots \subset \mathbb{P}^k$, d'autre part l'ensemble critique C rencontre $J_{k-1}, \dots, \mathbb{P}^k$, le courant $T^\ell \wedge [C]$ étant non nul si $\ell \leq k-1$ (appendice A.6). Par conséquent, si l'ensemble est hyperbolique, la dimension stable est au moins égale à 1. Supposons que dim $E^s \geq 1$. Alors, par tout point de J_k, il passe un disque sur lequel le potentiel local u de T est harmonique. Il en résulte (voir **[33]**, lemme 5.5, ou appendice A.10.3) que $(dd^c u)^k = 0$, ce qui contredit que μ est une mesure de probabilité. □

3.5. Convergence vers T

Nous donnons un théorème de convergence des images réciproques d'un courant vers T, plus précis que lorsqu'il s'agit d'applications de $\mathcal{M}_d$. Soit $f \in \mathcal{H}_d$. Rappelons que la multiplicité de f en $a \in \mathbb{P}^k$ est égale au nombre générique de solutions au voisinage de a de l'équation $f(z) = w$ pour w au voisinage de $f(a)$; on notera $\nu(f, a)$ ce nombre.

Théorème 3.5.1 **([32])**. — *Soit $f \in \mathcal{H}_d$. Soit P l'ensemble des points de multiplicité $\nu(f, a) \geq d$. On suppose que s'il existe un attracteur A, l'ensemble $P \setminus A$ est fini et ne contient pas de point périodique. Soit S un courant positif fermé de masse 1, dont le potentiel est localement borné au voisinage de A. Alors la suite de courants $\left(\dfrac{(f^n)^* S}{d^n}\right)$ converge vers T.*

Démonstration. — Soit u le potentiel de S. Soit Ω le bassin d'attraction de A. Dans un voisinage de $\pi^{-1}(A)$, on a

$$\log|z| - C \leq u \leq \log|z| + C.$$

Il en résulte que $u(F^n)/d^n \to G$ sur $\pi^{-1}(\Omega)$. Examinons d'abord le cas où P est fini sans point périodique et où A est vide. Montrons que la suite $u(F^n)/d^n$ ne converge pas uniformément vers $-\infty$. Si tel était le cas, pour n assez grand, on aurait

$$u\left(\frac{F^n}{|F^n|}\right) \leq -d^n.$$

L'image de la sphère unité par $F^n/|F^n|$ serait alors contenue dans

$$\{u < -d^n\} \cap \{|\xi| = 1\},$$

dont la mesure de Lebesgue tend vers 0, d'où la contradiction (remarque A.8.3).

On peut donc supposer que $v_{n_i} := \dfrac{1}{d^{n_i}} u(F^{n_i}) \to v$ dans L^1_{loc} et il suffit de montrer que $v = G$ (théorème A.1.2). On sait que $v \leq G$. Supposons $\{v < G\}$ non vide. La fonction G étant continue, il existe $\delta > 0$ et un ouvert $U \subset \mathbb{P}^k$ tel que $v < G - 2\delta$ sur $\pi^{-1}(U)$. D'après le lemme de Hartogs, pour n_i assez grand, on a

$$\frac{1}{d^{n_i}} u\left(t\frac{F^{n_i}}{|F^{n_i}|}\right) < -\delta$$

sur $\pi^{-1}(U)$, pour tout $t \in [1/2, 1]$. Par conséquent $\pi^{-1}\left(f^{n_i}(U)\right) \cap \{1/2 \leq |z| \leq 1\}$ est contenu dans $X := \{u < -\delta d^{n_i}\}$.

Soit L une droite complexe sur laquelle u n'est pas identique à $-\infty$. La fonction u étant de croissance logarithmique sur L, la capacité logarithmique de $X \cap L$ est au plus $e^{-\delta d^{n_i}}$. Une estimation classique (proposition A.8.2) montre que tout disque contenu dans $X \cap L$ a un rayon de l'ordre $e^{-\delta d^{n_i}}$. Pour trouver une contradiction, il suffit de montrer que $X \cap \{1/2 \leq |z| \leq 1\}$ contient des boules de rayon $r^{(d-1/2)^{n_i}}$ pour un r assez petit. Cela résulte d'un lemme du type Lojasiewicz explicité dans [**32**].

Lemme 3.5.2. — *Soit $g : W \to \mathbb{C}^k$ une application holomorphe au voisinage W d'un compact $K \subset \mathbb{C}^k$. On suppose que les fibres $S_w = f^{-1}(f(w))$, $w \in K$, sont discrètes et qu'en tout point $w \in K$ la multiplicité est inférieure ou égale à m. Alors il existe une constante $C > 0$ telle que, pour tout $w \in f(W)$, $z \in K$, on ait*

$$|f(z) - w| \geq C \operatorname{dist}(z, S_w)^m.$$

En particulier, il existe $a > 0$, $r_0 > 0$ tels que, pour tout $z \in K$ et $0 < r < r_0$,

$$f(B(z,r)) \supset B(f(z), ar^m).$$

Fin de la démonstration du théorème. — L'ouvert $f^n(U)$ ne rencontre pas le bassin d'attraction de A, puisque là-dessus on a vu que $v = G$. Soit ℓ le nombre de points de $P \setminus A$ où la multiplicité est supérieure ou égale à d ; elle est inférieure à d^k. On sait que $P \setminus A$ est sans point périodique. Donc, pour N assez grand, la multiplicité locale de f^N est au plus $(d^k)^\ell (d-1)^{N-\ell} \leq (d-1/2)^N$. Donc, pour $B(z,r) \subset U$, $f^N(B(z,r))$ contient une boule de rayon

$$r^{d^{k\ell}(d-1)^{N-\ell}} \geq r^{(d-1/2)^N},$$

ce qui est la contradiction cherchée, puisque $X \cap L$ ne contient que des disques dont le rayon n'excède pas $e^{-\delta d^{n_i}}$. □

Corollaire 3.5.3. — *Pour $d > 2^k$, il existe un ouvert $\mathcal{U}_d \subset \mathcal{H}_d(\mathbb{P}^k)$, Zariski dense et tel que, pour tout $f \in \mathcal{U}_d$ et tout courant positif fermé S de bidegré $(1,1)$, on a $\dfrac{(f^n)^* S}{d^n} \to T$.*

Démonstration. — Posons $Z_d = \{(f,z) \mid f \in \mathcal{H}_d,\ \nu(f,z) \geq d\}$. L'ensemble Z_d est un ensemble analytique de $\mathcal{H}_d \times \mathbb{P}^k$. Notons Y_d sa projection sur $\mathcal{H}_d$. C'est un ensemble analytique de $\mathcal{H}_d$, car la projection sur $\mathcal{H}_d$ est une application propre. Il suffit de vérifier qu'il n'est pas égal à $\mathcal{H}_d$ pour $d > 2^k$. On posera alors $\mathcal{U}_d := \mathcal{H}_d \setminus Y_d$ et le résultat sera conséquence du théorème 3.5.1.

On construit facilement un endomorphisme f de $\mathbb{P}^1$ dans lui-même de degré d dont la multiplicité locale soit en tout point inférieure ou égale à 2, il suffit que les zéros de la dérivée soient tous simples. Considérons l'application $\widehat{f}$ rendant le diagramme suivant commutatif :

$$\begin{array}{ccc} (\mathbb{P}^1)^k & \xrightarrow{\ \widetilde{f}\ } & (\mathbb{P}^1)^k \\ \pi \downarrow & & \downarrow \pi \\ (\mathbb{P}^1)^k/\sigma_k & \xrightarrow{\ \widehat{f}\ } & (\mathbb{P}^1)^k/\sigma_k \end{array}$$

On sait que $\mathbb{P}^k$ est isomorphe à $(\mathbb{P}^1)^k/\sigma_k$, où σ_k désigne le groupe des permutations de k éléments. On a posé $\widetilde{f}(z_1,\dots,z_k) = (f(z_1),\dots,f(z_k))$.

La multiplicité locale de $\widehat{f}$ est inférieure ou égale à $2^k < d$ □

3.6. La mesure μ, mélange

Soit $f \in \mathcal{H}_d$. Nous avons vu que la mesure $\mu := T^k$ associée à f est une mesure de probabilité invariante qui maximise l'entropie. Nous allons montrer que f est mélangeante pour μ et en tirer quelques conséquences.

Théorème 3.6.1 (**[32, 29]**). — *Soit $f \in \mathcal{H}_d$. Soit $\mu = T^k$ la mesure de probabilité associée. Alors*

(i) *L'application f est mélangeante pour μ.*

(ii) *Il existe un ensemble pluripolaire $\mathcal{E}$ tel que, pour $a \notin \mathcal{E}$,*

$$\mu_n^a := \frac{1}{d^{nk}}(f^n)^*\varepsilon_a \longrightarrow \mu$$

(où ε_a désigne la masse de Dirac en a).

Démonstration. — Soit φ une fonction test. Posons

$$\lambda_n(a,\varphi) := \left\langle \frac{1}{d^{nk}}(f^n)^*\varepsilon_a, \varphi \right\rangle = \frac{1}{d^{nk}} \sum_{f^n(z_i)=a} \varphi(z_i),$$

où la somme porte sur les préimages de a, comptées avec multiplicité.

Rappelons (définition A.2.3) qu'un ensemble $\mathcal{E}$ de $\mathbb{P}^k$ est pluripolaire si, pour tout $a \in \mathbb{P}^k$, il existe un voisinage U de a et une fonction p.s.h. $u \not\equiv -\infty$ tels que $\mathcal{E} \cap U \subset \{u = -\infty\}$.

Étant donné un compact $K \subset B(0,1) \subset \mathbb{C}^k$, on pose [**11**]

$$C(K,B) = \sup_u \left\{ \int_K (dd^c u)^k;\ u \text{ p.s.h. dans } B,\ \ 0 \leq u \leq 1 \right\}.$$

Bedford et Taylor [**11**] ont montré que $C(K,B) = 0$ équivaut à K pluripolaire (propriété (c) du paragraphe A.9).

La fonction de Siciak de K est définie par

$$u_K(z) = \sup\left\{ v \mid v \text{ p.s.h. dans } \mathbb{C}^k,\ v \leq \log^+|z| + O(1),\ \ v \leq 0 \text{ sur } K \right\}.$$

Si K est non pluripolaire et si $m(K) := \sup_{B(0,1)} u_K$, on a les inégalités

$$\log^+|z| \leq u_K(z) \leq m(K) + \log^+|z|. \tag{1}$$

La constante $m(K)$ est liée à $C(K,B)$ par l'inégalité d'Alexander-Taylor [**1**] ((théorème A.9.3) : si $K \subset B(0,r)$, $r < 1$

$$m(K) \leq \frac{A(r)}{C(K,B)}. \tag{2}$$

Le théorème sera conséquence du lemme suivant.

Lemme 3.6.2. — *Il existe une constante M telle que, pour $s > 0$ et pour toute fonction test ϕ, on ait*

$$\mu\left(|\lambda_n(a,\varphi) - c| \geq s\right) \leq \frac{M|\varphi|_2}{d^n}$$

et

$$C\left((|\lambda_n(a,\varphi) - c| \geq s) \cap B(0,1/2), B\right) \leq \frac{M|\varphi|_2}{d^n}.$$

On a posé $c := \int \varphi \, d\mu$ et $|\varphi|_2$ est la norme $\mathcal{C}^2$ de φ. Pour la deuxième inégalité, on considère que B est la boule unité d'une carte $\mathbb{C}^k \subset \mathbb{P}^k$.

Démonstration du lemme. — Plaçons-nous dans la carte $z_0 \neq 0$ de $\mathbb{P}^k$ et posons

$$K_s = \{a \mid a \in B(0,1/2) \subset \mathbb{C}^k,\ \lambda_n(a,\varphi) - c \geq s\}.$$

On peut supposer K_s non pluripolaire, sinon il n'y a rien à montrer.

Soit u_s la fonction de Siciak de K_s. Posons pour $z \in \mathbb{C}^{k+1}$

$$v_s(z) = \log|z_0| + u_s\left(\frac{z_1}{z_0}, \dots, \frac{z_k}{z_0}\right).$$

La fonction v_s est p.s.h. dans $\mathbb{C}^{k+1}$ et satisfait la condition d'homogénéité usuelle. Pour le voir, on remarque qu'elle est localement majorée au voisinage de $z_0 = 0$, qui est pluripolaire (appendice A.2). Il existe donc un courant positif fermé S de bidegré $(1,1)$ défini par $\pi^* S = dd^c v_s$. Il est de masse 1, admet un potentiel localement borné dans $\mathbb{C}^{k+1}\setminus\{0\}$; on peut donc considérer la mesure de probabilité $\nu_s := S^k$, on a, puisque $(f^n)^*\mu = d^{nk}\mu$, et que ν_s est portée par K_s

$$\begin{aligned}
s &\leq \int (\lambda_n(a,\varphi) - c)d\nu_s \\
&= \int \lambda_n(a,\varphi)d\nu_s - \int \varphi d\mu \\
&= \int \lambda_n(a,\varphi)d\nu_s - \int \lambda_n(a,\varphi)d\mu \\
&= \int \lambda_n(a,\varphi)(S^k - T^k) \\
&= \int \lambda_n(a,\varphi)[S-T] \wedge \left[\sum_{i=0}^{k-1} S^i \wedge T^{k-1-i}\right] \\
&= \int \varphi (f^n)^* \frac{[S-T]}{d^n} \wedge \frac{1}{d^{n(k-1)}} (f^n)^* \left[\sum_{i=0}^{k-1} S^i \wedge T^{k-1-i}\right] \\
&:= I.
\end{aligned}$$

Or $(f^n)^*(S-T) = dd^c(v_s - G)(f^n)$. Il faut observer que $v_s - G$ est une fonction sur $\mathbb{P}^k$. De plus le courant $(f^n)^* S^i \wedge T^{k-1-i}$ est de masse $(d^n)^{k-1}$. On a donc

$$I = \int \frac{dd^c\varphi}{d^n}(v_s - G)\circ f^n \wedge \frac{1}{d^{n(k-1)}} \sum_{i=0}^{k-1} (f^n)^* S^i \wedge (f^n)^* T^{k-1-i}.$$

D'où, puisque il y a k termes dans la somme et que chaque courant de la somme est de masse 1 (corollaire A.6.5), on a

$$I \leq k\frac{|\varphi|_2}{d^n} \sup|v_s - G|. \tag{3}$$

Posons

$$m(s) = \sup_B u_s, \quad M = \sup_{|z|=1} G.$$

En utilisant l'homogénéité de v_s et de G, on a

$$|v_s - G| \leq m(s) + M.$$

D'après (3) et (2), on a

$$I \leq k\frac{|\varphi|_2}{d^n}(m(s)+M) \leq k\frac{|\varphi|_2}{d^n}\left(\frac{A(1/2)}{C(K_s,B)}+M\right).$$

D'où

$$C(K_s,B) \leq \frac{1}{s}|\varphi|_2\frac{M'}{d^n},$$

où M' est une constante indépendante de s. Ceci démontre la deuxième inégalité du lemme.

Posons

$$u = \frac{1}{2}\left(\frac{G(1,z)}{\sup_B |G(1,z)|}+1\right).$$

Alors $0 \leq u \leq 1$ sur B et par conséquent, d'après la définition de la capacité et celle de μ, il existe une constante $\alpha > 0$ indépendante de s telle que

$$\mu(K_s,B) \leq \alpha C(K_s,B).$$

Le lemme en résulte. □

Fin de la démonstration du théorème. — Soient φ et ψ deux fonctions test. Il faut estimer

$$I_n := \langle \mu, \psi(f^n)\varphi\rangle - \langle \mu,\psi\rangle\langle\mu,\varphi\rangle.$$

Or

$$\begin{aligned}\langle \mu, \psi(f^n)\varphi\rangle &= \frac{1}{d^{nk}}\langle (f^n)^*\mu, \psi(f^n)\varphi\rangle \\ &= \langle \mu, \psi\lambda_n(a,\varphi)\rangle .\end{aligned}$$

Donc

$$I_n = \langle \mu, \psi\left[\lambda_n(a,\varphi)-c\right]\rangle .$$

Pour p, q fixés, $q > 1$ et $\frac{1}{p}+\frac{1}{q}=1$, on a

$$\begin{aligned}|I_n| &\leq \left(\int \psi^q d\mu\right)^{1/q}\left(\int |\lambda_n(a,\varphi)-c|^p d\mu\right)^{1/p} \\ &\leq \|\psi\|_q\left(\int_0^L ps^{p-1}\mu(|\lambda_n(a,\varphi)-c| \geq s)ds\right)^{1/p} \\ &\leq \|\psi\|_q\left(\int_0^L ps^{p-2}M\frac{|\varphi|_2}{d^n}ds\right)^{1/p} \\ &= O\left(\frac{1}{d^{n/p}}\right) \longrightarrow 0.\end{aligned}$$

Donc f est mélangeante pour μ et on a même une estimation de la rapidité de convergence de I_n vers 0.

Pour la démonstration du point (ii), posons pour $n, \ell \in \mathbb{N}$,

$$E_n^\ell = \left\{ a \in B(0, \frac{1}{2}),\ |\lambda_n(a, \varphi) - \int \varphi d\mu| > \frac{1}{\ell} \right\}.$$

Définissons

$$\mathcal{E}(\varphi) := \bigcup_\ell \bigcap_N \bigcup_{n \geq N} E_n^\ell =: \bigcup_\ell \mathcal{E}_\ell.$$

Pour tout N, on a

$$C(\mathcal{E}_\ell, B) \leq \sum_{n \geq N} C(E_n^\ell, B) \leq M|\varphi|_2 \sum_{n \geq N} \frac{\ell}{d^n}.$$

Par conséquent, $\mathcal{E}_\ell$ est de capacité nulle dans B et il en est de même de $\mathcal{E}(\varphi)$. En prenant une suite $\{\varphi_j\}$ dense et, en posant $\mathcal{E} = \bigcup_j \mathcal{E}(\varphi_j)$, on voit $\mu_n^a \to \mu$ pour $a \in B \backslash \mathcal{E}$. □

On peut déduire du théorème 3.6.1 quelques propriétés de l'ensemble de Julia d'ordre k, J_k. Rappelons que, pour $k = 1$, J_1 est l'ensemble de Julia J.

Corollaire 3.6.3. — *Soit $f \in \mathcal{H}_d$. Posons $J_k = \operatorname{Supp} \mu$.*

(i) *Si X est un fermé tel que $f^{-1}(X) \subset X$, alors soit X est pluripolaire, soit $J_k \subset X$.*

(ii) *Si U est une union de composantes de Fatou qui est complètement invariante, alors $J_k \subset \partial U \subset J_1$.*

Démonstration

(i) Soit $\mathcal{E}$ l'ensemble pluripolaire introduit au théorème 3.6.1. Si $a \in X \cap (\mathbb{P}^k \backslash \mathcal{E})$ alors $\mu_n^a = \frac{1}{d^{nk}}(f^n)^* \varepsilon_a \to \mu$; donc le support de μ, c'est-à-dire J_k, est contenu dans X. L'autre possibilité est que $X \subset \mathcal{E}$; il serait par conséquent pluripolaire.

(ii) L'inclusion $\partial U \subset J_1$ est claire car les (f^n) ne peuvent être équicontinues au voisinage d'un point de ∂U. Puisque U est totalement invariant, on a $f^{-1}(\partial U) \subset \partial U$. Le résultat est donc vrai sauf si ∂U est pluripolaire. Si tel est le cas, alors ∂U est contenu dans l'intérieur de $\overline{U}$. En effet, si un point est adhérent à U et au complémentaire de $\overline{U}$, la frontière ne peut être pluripolaire en ce point, car les ensembles pluripolaires sont de complémentaire connexe (propriétés A.2.4). Soit $p \in \partial U$. Si ∂U est contenu dans l'intérieur de $\overline{U}$, alors ∂U est ouvert dans J_1, car $\overline{U} \cap J_1 = (\overline{U} \backslash U) \cap J_1$. Or T a de la masse sur tout ouvert de J_1 mais ne charge pas les ensembles pluripolaires (Inégalité de C.L.N., proposition A.6.3). C'est la contradiction cherchée. □

Remarques 3.6.4

(i) Comme nous l'avons mentionné, Gavosto [**42**] a montré qu'il existe $f \in \mathcal{H}_d(\mathbb{P}^2)$ avec une infinité de cycles attractifs. Il existe donc des ouverts $(U_n)_{n\in\mathbb{N}}$ complètement invariants, deux à deux disjoints, contenant tous J_2 sur leur bord.

(ii) Il peut exister des fermés complètement invariants pluripolaires. Pour l'application $f = [z^d : w^d : t^d]$, $X = \{z = 0\}$ est complètement invariant et pluripolaire.

Corollaire 3.6.5 **([32])**. — *Soit $f \in \mathcal{H}_d$. Si l'intérieur de J_k est non vide, alors $J_k = \mathbb{P}^k$. Plus généralement, si U est un ouvert, alors $\mathbb{P}^k \setminus \bigcup_{n\geq 0} f^n(U)$ est pluripolaire si et seulement si U rencontre J_k.*

Démonstration. — Supposons que $U \cap J_k$ soit non vide. Soit $a \notin \bigcup_{n\geq 0} f^n(U)$. Le support de $\mu_n^a = \frac{1}{d^{nk}}(f^n)^*\varepsilon_a$, qui sont des masses de Dirac sur les images réciproques de a, ne rencontre pas l'ouvert U. Puisque μ a de la masse sur U, c'est que $a \in \mathcal{E}$, l'ensemble pluripolaire introduit au théorème 3.6.1. Donc le fermé $\mathbb{P}^k \setminus \bigcup_{n\geq 0} f^n(U)$ est contenu dans $\mathcal{E}$. Réciproquement, l'ouvert $U = \mathbb{P}^k \setminus J_k$ est invariant par f et ne rencontre pas J_k qui n'est pas pluripolaire (proposition A.6.3).

Si $U \subset J_k$, alors $\cup_{n\geq 0} f^n(U) \subset J_k$. Le complémentaire de $\cup_n f^n(U)$ étant pluripolaire et J_k étant fermé, on a alors $J_k = \mathbb{P}^k$. □

3.7. Exposants de Lyapounov de la mesure μ

Soient X un espace métrique compact et $g : X \to X$ une application continue. Un point $x \in X$ est errant s'il possède un voisinage V tel que, pour tout $n \geq 1$, $g^n(V) \cap V = \varnothing$. Il est non errant sinon. L'ensemble $\Omega(g)$ des points non errants est un fermé invariant et, si g est surjective, on a $g(\Omega(g)) = \Omega(g)$.

Pour $f \in \mathcal{H}_d(\mathbb{P}^k)$ il est assez délicat de décrire la dynamique de f sur $\Omega(f)$, même si on suppose que $\Omega(f)$ est un compact hyperbolique. Une tentative a été faite dans [**35**] lorsque $f \in \mathcal{H}_d(\mathbb{P}^2)$. De plus, l'hypothèse d'hyperbolicité est assez difficile à vérifier, sauf lorsqu'on perturbe des exemples très simples.

Pour $f \in \mathcal{H}_d(\mathbb{P}^k)$, on a vu que la mesure μ est mélangeante. Par conséquent $\operatorname{Supp}\mu = J_k \subset \Omega(f)$. Lorsqu'on suppose J_k hyperbolique, on a vu que la restriction de f à J_k est expansive.

Briend-Duval ([**14, 15**]) ont montré que les exposants de Lyapounov de f pour μ sont toujours strictement positifs, c'est-à-dire que la mesure μ est hyperbolique. La démonstration repose sur une variante de la construction de Pesin [**65**] des variétés stables et de quelques estimations de théorie du potentiel. Rappelons d'abord la notion d'exposants de Lyapounov.

Soit K un compact invariant, $f(K) = K$. Nous avons déjà introduit au paragraphe 3.4 l'extension naturelle qui conjugue f à un shift sur $\widehat{K}$, où

$$\widehat{K} := \{x \mid x = (x_n)_{n\leq 0},\ \ f(x_n) = x_{n+1}\}\,.$$

Si $\pi(x) = x_0$ on a une application $\widehat{f} : \widehat{K} \to \widehat{K}$ telle que $\pi \circ \widehat{f} = f \circ \pi$. Pour $(x, \xi) \in T_{\widehat{K}}$ on pose $D\widehat{f}(x, \xi) = (\widehat{f}(x), (Df)(x_0)\xi)$.

La mesure μ sur $K = J_k$ se relève en une mesure invariante $\widehat{\mu}$, $\widehat{f}_*\widehat{\mu} = \widehat{\mu}$, satisfaisant la relation $\pi_*\widehat{\mu} = \mu$. Il est classique [**64**], que la propriété f mélangeante pour μ est équivalente à $\widehat{f}$ mélangeante pour $\widehat{\mu}$.

Observons que $D\widehat{f}(x)$ n'est pas inversible, puisque $f \in \mathcal{H}_d(\mathbb{P}^k)$ a un ensemble critique. Or, dans le théorème d'Oseledec [**63**] que nous allons appliquer, c'est une hypothèse importante. En fait, on s'y ramène facilement grâce à l'inégalité de C.L.N. (proposition A.6.3). En effet, si C est l'ensemble critique de f, on déduit de l'inégalité de C.L.N. que, pour la mesure μ, qui localement est égale à $(dd^c u)^k$ avec u p.s.h. continue, on a $\mu(C) = \mu(f^{-n}(C)) = 0$.

Posons $X = J_k \setminus \bigcup_{n \geq 0} f^{-n}(C)$. On a $\mu(X) = 1$. On construit l'extension naturelle $(\widehat{X}, \widehat{f}, \widehat{\mu})$; $\widehat{\mu}$ est invariante par $\widehat{f}$ et $D\widehat{f}(x, \xi) = (\widehat{f}(x), (Df)(x_0)\xi)$ est inversible.

Soit $\|Df(z)\|$ la norme de la dérivée de f en z. On vérifie que dans une carte $z \to \log\|Df(z)\|$ est p.s.h. Il en résulte d'après l'inégalité de C.L.N. que cette fonction est intégrable par rapport à μ. Dans ce cadre, le théorème d'Oseledec [**63**] se lit comme suit.

Théorème 3.7.1. — *Soit $(\widehat{X}, \widehat{f}, \widehat{\mu})$, $f \in \mathcal{H}_d(\mathbb{P}^k)$ introduits précédemment. Il existe un borélien $\widehat{Y} \subset \widehat{X}$ tel que*

(i) $\widehat{\mu}(\widehat{Y}) = 1$.

(ii) *Pour tout $x \in \widehat{Y}$, il existe une décomposition de $T_x\mathbb{P}^k \simeq \mathbb{C}^k$ en sous espaces complexes*

$$\mathbb{C}^k = \bigoplus_{i=1}^{\ell} E_i(x).$$

La décomposition est mesurable et invariante par $D\widehat{f}$.

(iii) *Il existe des réels $\lambda_1 > \cdots > \lambda_\ell$ tels que, pour tout $x \in \widehat{Y}$ et pour tout $1 \leq i \leq \ell$,*

$$\lim \frac{1}{n} \log |D\widehat{f}^n(x)v| = \lambda_i$$

localement uniformément en $v \in E_i$.

Les nombres λ_i sont les exposants de Lyapounov de f. Ils sont constants car la mesure $\widehat{\mu}$ est mélangeante donc ergodique. Briend-Duval obtiennent :

Théorème 3.7.2 (**[14, 15]**). — *Soit $f \in \mathcal{H}_d(\mathbb{P}^k)$. Soient $\lambda_1 > \cdots > \lambda_\ell$ les exposants de Lyapounov de f par rapport à μ. On a*

$$\lambda_\ell \geq \frac{\log d}{2}.$$

Nous renvoyons à la thèse de Briend [**14**] et à [**15**] pour la démonstration. Nous nous limiterons à montrer que $\lambda_\ell \geq 0$ et à esquisser l'idée de la preuve.

Esquisse de la démonstration. — Supposons que $\lambda_\ell < 0$. Il résulte de la théorie de Pesin que, pour μ presque tout $z_0 \in J_k$, il existe une variété stable holomorphe $W^s(z_0)$ passant par z_0. Pour $z \in W^s(z_0)$ on a $\mathrm{dist}\,(f^n(z), f^n(z_0)) \to 0$; donc la suite f^n est équicontinue et si u est un potentiel local du courant T, $u_{|W^s(z_0)}$ est harmonique. Il résulte du corollaire A.10.3 que μ ne charge pas ces points. C'est la contradiction cherchée.

On peut donc supposer $\lambda_\ell \geq 0$. Si $\lambda_\ell = 0$. L'idée est de construire, pour tout n, pour tout point z d'un ensemble $E \subset J_k$, vérifiant $\mu(E) \geq 1/2$, une variété stable approchée Δ_z^n sur laquelle $\int_{\Delta_z} dd^c u \leq C/d^n$. On estime la masse de $(dd^c u)^k$ dans une boîte de Pesin et on compte le nombre de boîtes qu'il faut pour recouvrir E ; c'est lié à la valeur de λ_ℓ. D'où l'estimation de λ_ℓ. Le calcul nécessite la continuité Hölder de la fonction G, pour estimer la masse de μ dans une boîte de Pesin. □

Briend-Duval obtiennent, comme conséquence du théorème 3.7.2, le résultat suivant.

***Théorème 3.7.3* ([14, 15]).** — *Soit $f \in \mathcal{H}_d(\mathbb{P}^k)$. Soit μ_n la mesure*

$$\mu_n := \frac{1}{d^{nk}} \sum_{f^n(y)=y,\ y \text{ répulsif}} \varepsilon_y,$$

où ε_y désigne la masse de Dirac en y. Alors la suite (μ_n) converge faiblement vers μ.

APPENDICE

On se propose dans cet appendice de rappeler les principales propriétés des fonctions plurisousharmoniques et des courants qui sont d'un usage constant dans ce *Panorama*.

A.1. Fonctions sousharmoniques. Un théorème de convergence. Formule de Jensen

Définition A.1.1. — Soit Ω un ouvert de $\mathbb{R}^n$. Une fonction $u : \Omega \to [-\infty, +\infty[$ est sousharmonique si

(i) u n'est identiquement $-\infty$ dans aucune composante de Ω,

(ii) u est semi continue supérieurement (s.c.s.),

(iii) u vérifie la propriété de sous-moyenne.

Plus précisément pour $x_0 \in \Omega$, tel que $B(x_0, r) \Subset \Omega$, on a

$$u(x_0) \leq M(x_0, r) = \int_{|\zeta|=1} u(x_0 + r\zeta) \frac{d\sigma(\zeta)}{c_n},$$

où $c_n = \int_{|\zeta|=1} d\sigma(\zeta)$ et σ la mesure de Lebesgue sur la sphère.

On montre qu'alors $u \in L^1_{\mathrm{loc}}(\Omega)$ et que $\Delta u \geq 0$ au sens des distributions. Si $v \in L^1_{\mathrm{loc}}(\Omega)$ et $\Delta v \geq 0$, alors v est égale presque partout à une fonction sousharmonique.

La propriété (iii) est équivalente à la propriété

(iii)' Pour tout $x_0 \in \Omega$ et toute boule $B(x_0, r) \Subset \Omega$, on a

$$u(x_0) \leq \frac{1}{\tau_n r^n} \int_{B(x_0,r)} u(x)dm(x),$$

où m désigne la mesure de Lebesgue de $\mathbb{R}^n$ et τ_n est le volume de la boule unité de $\mathbb{R}^n$.

Théorème A.1.2 **([49, p. 94]).** — *Soit (v_j) une suite de fonctions sousharmoniques dans un domaine $\Omega \subset \mathbb{R}^n$. On suppose que, sur tout compact de Ω, la suite (v_j) est majorée. Alors*

(i) *Si (v_j) ne converge pas vers $-\infty$ sur les compacts de Ω, il existe une sous-suite (v_{j_k}) qui est convergente dans $L^1_{\mathrm{loc}}(\Omega)$ vers une fonction sousharmonique.*

(ii) *Si v est sousharmonique et $v_j \to v$ dans L^1_{loc}, alors, pour tout compact $K \subset \Omega$ et pour toute fonction continue f sur K, on a*

$$\limsup_{j\to\infty} \sup_K (v_j - f) \leq \sup_K (v - f).$$

Le point (ii) est connu sous le nom de « lemme de Hartogs ».

Le théorème de compacité précédent remplace en un certain sens l'argument de famille normale de la théorie de l'itération des fractions rationnelles à une variable.

La formule de Poisson-Jensen relie la croissance d'une fonction sousharmonique et la croissance de son laplacien.

Théorème A.1.3 **(Formule de Poisson-Jensen).** — *Soit u une fonction $\mathbb{R}^n$ sousharmonique au voisinage de la boule fermée $\overline{B}(r)$. On a*

$$\int_{r_0}^{r} \frac{dt}{t^{n-1}} \int_{B(t)} \Delta u = \frac{1}{r^{n-1}} \int_{\partial B(r)} u d\sigma - \frac{1}{r_0^{n-1}} \int_{\partial B(r_0)} u d\sigma.$$

A.2. Fonctions plurisousharmoniques (p.s.h.), ensembles pluripolaires

Définition A.2.1. — Soit Ω un ouvert de $\mathbb{C}^n$. Soit $u : \Omega \to [-\infty, +\infty[$ une fonction s.c.s. On suppose que u n'est identiquement $-\infty$ dans aucune composante de Ω. On dit que u est p.s.h., si

$$u(z_0) \leq \frac{1}{2\pi} \int_0^{2\pi} u(z_0 + we^{i\theta})d\theta,$$

pour tout $w \in \mathbb{C}^n$ tel que le disque $z_0 + wD \subset \Omega$, où D désigne le disque unité de $\mathbb{C}$.

On note $\mathrm{Psh}(\Omega)$ le cône convexe des fonctions p.s.h. dans Ω.

Les fonctions p.s.h. sont $\mathbb{R}^{2n}$ sousharmoniques. Le théorème de convergence A.1.2 s'applique donc aux suites de fonctions p.s.h.

Les fonctions p.s.h. jouissent des propriétés suivantes :

Propriétés A.2.2

(a) Si f est holomorphe dans Ω, $\log|f|$ est p.s.h. dans Ω.

(b) Une fonction $v \in L^1_{\mathrm{loc}}(\Omega)$ est égale presque partout à une fonction p.s.h. si et seulement si, pour tout $w \in \mathbb{C}^n$,

$$\sum_{j,k} \frac{\partial^2 v}{\partial z_j \partial \overline{z}_k} w_j \overline{w}_k \geq 0.$$

Cela signifie que le premier membre définit une mesure positive.

(c) Si $g : \Omega \to \Omega'$ est une application holomorphe entre deux ouverts de $\mathbb{C}^n$ et si u est p.s.h. dans Ω', alors $u \circ g$ est p.s.h. dans Ω, ou bien $-\infty$. Cette propriété permet de définir, en utilisant des cartes, les fonctions p.s.h. sur des variétés holomorphes.

(d) Soit B la boule unité de $\mathbb{C}^n$. Soit $\alpha \in C_0^\infty(B)$, $\alpha \geq 0$, $\int \alpha = 1$, α ne dépendant que de $|z|$. On pose $\alpha_\varepsilon(z) = \dfrac{1}{\varepsilon^{2n}}\alpha(z/\varepsilon)$. Si u est p.s.h. dans Ω, les fonctions $u_\varepsilon = u * \alpha_\varepsilon$ sont $\mathcal{C}^\infty$ p.s.h. dans $\{z \mid d(z,\Omega) > \varepsilon\}$. De plus $u_\varepsilon \downarrow u$ et $u_\varepsilon \to u$ dans $L^1_{\mathrm{loc}}(\Omega)$.

(e) Une fonction u est pluriharmonique si $dd^c u = 0$. C'est localement la partie réelle d'une fonction holomorphe. On peut également écrire $u = \log|h|$, avec h holomorphe ne s'annulant pas.

Définition A.2.3. — Un ensemble $\mathcal{E} \subset \Omega \subset \mathbb{C}^n$ est pluripolaire si, pour tout point $z \in \Omega$, il existe un voisinage connexe U de z et $u \in \mathrm{Psh}(U)$, tels que $\mathcal{E} \cap U$ soit contenu dans $\{z \in U;\ u(z) = -\infty\}$.

Propriétés A.2.4

(a) Les ensembles pluripolaires sont de mesure de Lebesgue nulle.

(b) La notion d'ensemble pluripolaire se transporte dans les variétés holomorphes.

(c) Si $\mathcal{E} \subset \Omega$ est un fermé pluripolaire et si $v \in \mathrm{Psh}(\Omega \backslash \mathcal{E})$ est majorée au voisinage de tout point de $\mathcal{E}$, alors v admet un prolongement unique $\widetilde{v} \in \mathrm{Psh}(\Omega)$.

(d) On déduit facilement de la propriété précédente que, si $\mathcal{E}$ est un fermé pluripolaire dans Ω connexe, alors $\Omega \backslash \mathcal{E}$ est connexe.

A.3. Courants

Voir [**66**]. Soit M une variété $\mathcal{C}^\infty$ de dimension m. On note $\mathcal{D}^p(M)$ l'espace des formes lisses à support compact de degré p dans M. Une suite $\varphi_j \to 0$ dans $\mathcal{D}^p(M)$

si les φ_j sont à support dans un compact fixe K et si $\varphi_j \to 0$ uniformément ainsi que toutes les dérivées.

On note $\mathcal{D}'_p(M)$ l'espace des formes linéaires continues sur $\mathcal{D}^p(M)$. Un élément S de $\mathcal{D}'_p(M)$ est un courant de dimension p (il agit sur les formes de degré p). On dit aussi qu'il est de degré $m-p$. En effet, dans une carte, on peut écrire

$$S = \sum_{|I|=m-p} S_I dx^I,$$

où $I = (i_1, \dots, i_{m-p})$ $i_1 < \cdots < i_{m-p}$ et $dx^I := dx_{i_1} \wedge \cdots \wedge dx_{m-p}$.

Si $J = (j_1, \dots, j_p)$, $j_1 < \cdots < j_p$, alors S_I est la distribution définie par

$$(-1)^{\sigma(I,J)} \langle S_I, \varphi_J \rangle = \left\langle S, \varphi_J dx^J \right\rangle,$$

où, si $I \cup J = \{1, \dots, m\}$, $\sigma(I, J)$ est la signature de la permutation

$$i_1, \dots, i_{m-p}, j_1, \dots, j_p.$$

Exemples et définitions

(a) Soit $g : Y \to M$ une application lisse propre d'une variété Y de dimension p dans M. Alors

$$\varphi \longmapsto \int_Y g^* \varphi$$

est un courant de dimension p dans M.

(b) Si S est un courant de dimension p sur M et si α est une forme lisse de degré k, on définit $S \wedge \alpha$ par la relation

$$\langle S \wedge \alpha, \varphi \rangle := \langle S, \alpha \wedge \varphi \rangle.$$

$S \wedge \alpha$ est un courant de dimension $p - k$.

(c) Si α est une forme de degré $m-p$, à coefficients dans L^1_{loc}, elle définit un courant de dimension p, si on pose

$$\langle \alpha, \varphi \rangle := \int_M \alpha \wedge \varphi.$$

(d) Soit (S_j) une suite dans $\mathcal{D}'_p(M)$. On dit que $S_j \to S$ si, pour tout $\varphi \in \mathcal{D}^p(M)$,

$$\langle S_j, \varphi \rangle \longrightarrow \langle S, \varphi \rangle.$$

(e) Étant donné un courant S de degré q, on définit un courant dS de degré $q+1$ en posant

$$\langle dS, \varphi \rangle = (-1)^{q+1} \langle S, d\varphi \rangle, \quad \varphi \in \mathcal{D}^{m-q-1}(M).$$

C'est une opération continue sur les courants.

(f) Soient M et N deux variétés, dim $M = m$, $\dim N = n$. Soit $f : M \to N$ une application lisse. Soit $S \in \mathcal{D}'_p(M)$. On suppose que f restreinte au support de S est une application propre (si X est un compact de N, $f^{-1}(X) \cap \operatorname{Supp} S$ est compact). On définit l'image directe de S, f_*S en posant

$$\langle f_* S, \varphi \rangle = \langle S, f^* \varphi \rangle, \quad \varphi \in \mathcal{D}^p(N);$$

alors $f_*S \in \mathcal{D}'_p(N)$, l'opération f_* préserve la dimension des courants. De plus, on a

(i) $\operatorname{Supp} f_*S \subset f(\operatorname{Supp} S)$.

(ii) Si ψ est une forme lisse,

$$f_*(S \wedge f^*\psi) = f_*S \wedge \psi.$$

(iii) $d(f_*S) = (-1)^{m+n} f_*(dS)$.
Par suite lorsque $m+n$ est pair, d commute avec f_*.

(g) *Image réciproque d'un courant par une submersion*

Soit $f : M \to N$ une submersion $\mathcal{C}^\infty$. Soit ψ une forme de classe $\mathcal{C}^k$ sur M (resp. à coefficients dans L^1_{loc}). Si f est propre sur le support de ψ, on peut considérer l'image directe $f_*\psi$, de ψ par f. C'est une forme de classe C^k (resp. dans L^1_{loc}) ; elle est obtenue en intégrant ψ sur les fibres de f. L'application $f_* : \mathcal{D}^{m-p}(M) \to \mathcal{D}^{n-p}(N)$ ainsi construite est continue et on a

$$\langle f_*\psi, \varphi\rangle = \langle \psi, f^*\varphi\rangle, \quad \varphi \in \mathcal{D}^p(N).$$

Lorsque S est un courant, on définit f^*S par la formule

$$\langle f^*S, \varphi\rangle = \langle S, f_*\varphi\rangle.$$

Lorsque S est une forme lisse, f^*S est l'image réciproque usuelle de la forme S. L'opération d'image réciproque jouit des propriétés suivantes :

(1) $\deg f^*S = \deg S$.

(2) Si ψ est une forme lisse, $f^*(S \wedge \psi) = f^*S \wedge f^*\psi$.

(3) $d(f^*S) = f^*(dS)$.

(4) $\operatorname{Supp}(f^*S) \subset f^{-1}(\operatorname{Supp} S)$.

(5) Si $S_j \to S$ alors $f^*S_j \to f^*S$.

(h) *Courants représentables par intégration*

Soit Ω un ouvert de $\mathbb{R}^m$. Un courant $S = \sum S_I dx^I$ est dit représentable par intégration si les distributions S_I sont des mesures régulières sur Ω. Les courants représentables par intégration se prolongent en formes linéaires continues sur l'espace $C_p(\Omega)$ des formes différentielles de degré p, continues sur Ω. Pour tout ouvert $U \Subset \Omega$, on pose

$$M_U(S) = \sup\{|\langle S, \varphi\rangle|, \varphi \in \mathcal{D}_p(U),\ |\varphi(x)| \leq 1,\ x \in U\}.$$

Si K est un compact de Ω, on pose

$$M_K(S) = \liminf_U \{M_U(S),\ U \text{ ouvert contenant } K\}.$$

En prenant des cartes, on généralise la notion de courant représentable par intégration sur les variétés.

A.4. Courants positifs sur les variétés complexes

Voir [**54, 59, 22, 77, 75**]. Soit Ω un ouvert de $\mathbb{C}^m$. On note $\mathcal{D}^{p,q}(\Omega)$ l'espace des formes lisses à support compact de bidegré (p,q). Elles s'écrivent

$$\varphi = \sum_{|I|=p,\ |J|=q} \varphi_{IJ} dz_I \wedge d\overline{z}_J,$$

où $dz_I = dz_{i_1} \wedge \cdots \wedge dz_{i_p}$, $d\overline{z}_J = dz_{j_1} \wedge \cdots \wedge dz_{j_p}$.

On note $\mathcal{D}'_{p,q}(\Omega)$ l'espace des courants de bidimension (p,q), c'est-à-dire le dual de $\mathcal{D}^{p,q}(\Omega)$. Un courant $S \in \mathcal{D}'_{p,q}(\Omega)$ se représente comme forme différentielle de bidegré $(m-p, m-q)$ à coefficients distributions

$$S = \sum_{\substack{|I'|=m-p \\ |J'|=m-q}} S_{I',J'} dz_{I'} \wedge dz_{J'}.$$

L'opérateur d de Poincaré se décompose en $d = \partial + \overline{\partial}$, où

$$\partial\varphi = \sum \frac{\partial \varphi_{I,J}}{\partial z_k} dz_k \wedge dz_I \wedge d\overline{z}_J, \quad \overline{\partial}\varphi = \sum \frac{\partial \varphi_{I,J}}{\partial \overline{z}_k} d\overline{z}_k \wedge dz_I \wedge d\overline{z}_J.$$

On définit l'opérateur $d^c := \frac{i}{2\pi}(\overline{\partial} - \partial)$. C'est un opérateur réel au sens où $\overline{d^c u} = d^c \overline{u}$. On a $dd^c = \frac{i}{\pi}\partial\overline{\partial}$. Si S est un courant de bidimension (p,p), on a

$$\begin{aligned} \langle dS, \varphi\rangle &= -\langle S, d\varphi\rangle \\ \langle d^c S, \varphi\rangle &= -\langle S, d^c\varphi\rangle \\ \langle dd^c S, \varphi\rangle &= \langle S, dd^c\varphi\rangle . \end{aligned}$$

Courants positifs. — Soit S un courant de bidimension (p,p). On dit que S est positif si $\langle S, \varphi\rangle \geq 0$, pour toute forme test

$$\varphi = i\alpha_1 \wedge \overline{\alpha}_1 \wedge \cdots \wedge i\alpha_p \wedge \overline{\alpha}_p, \quad \alpha_j \in \mathcal{D}^{1,0}(\Omega).$$

Soit S un courant de bidegré $(1,1)$. Il s'écrit donc sous la forme

$$S = i \sum S_{jk} dz_j \wedge d\overline{z}_k.$$

Le courant S est positif si pour tout $w \in \mathbb{C}^n$ la distribution

$$\sum S_{jk} w_j \overline{w}_k \geq 0.$$

On en déduit que les S_{jk} sont des mesures. En particulier un courant positif est un courant représentable par intégration. Une fonction $u \in L^1_{\mathrm{loc}}(\Omega)$ est égale p.p. à une fonction p.s.h. si et seulement si

$$dd^c u = \frac{i}{\pi} \sum \frac{\partial^2 u}{\partial z_i \partial \overline{z}_j} dz_i \wedge d\overline{z}_j \geq 0.$$

Propriétés A.4.1

(a) Tout courant positif de bidimension (p,p) est représentable par intégration.

(b) Si S est un courant positif fermé de bidegré $(1,1)$ alors, pour tout $z_0 \in \Omega$, il existe un voisinage U de z_0 et $u \in \mathrm{Psh}(U)$ telle que $S = dd^c u$ dans U. Si $\Omega = \mathbb{C}^m$, on a $S = dd^c u$ avec $u \in \mathrm{Psh}(\mathbb{C}^m)$. Si u_1 et u_2 sont deux potentiels de S dans U, alors $u_1 - u_2$ est une fonction pluriharmonique.

(c) Soit Z un ensemble analytique de Ω de dimension pure p. Notons $\operatorname{Reg} Z$ les points réguliers de Z. On pose

$$\langle [Z], \varphi \rangle = \int_{\operatorname{Reg} Z} \varphi, \quad \varphi \in \mathcal{D}^{p,q}(\Omega).$$

Lelong a montré que [Z] est un courant positif fermé dans Ω, de bidimension (p,p).

(d) Notons $\beta = i \sum_j dz_j \wedge d\overline{z}_j$ la $(1,1)$ forme canonique sur $\mathbb{C}^m$. Pour tout courant $S \in \mathcal{D}'_{p,p}(\Omega)$, positif, on pose

$$\sigma_S = \frac{1}{p!} S \wedge \beta^p.$$

C'est la mesure trace du courant S. Elle domine les mesures $|S_{I,J}|$.

Pour le courant associé à un ensemble analytique, la mesure trace d'une région de Z est égale à son volume.

(e) Soit E un fermé de Ω. Soit S un courant positif de bidimension (p,p) dans $\Omega \backslash E$. On suppose que S est de masse bornée au voisinage de tout point de E. L'extension triviale $\widetilde{S}$ de S est le courant obtenu en prolongeant S par 0 sur E. Puisque S est à coefficients mesures, on décide simplement de prolonger les mesures par 0 sur E. Si S est fermé, le courant $\widetilde{S}$ n'est en général pas fermé. Mais si E est un ensemble analytique, Skoda a démontré que le courant $\widetilde{S}$ est positif fermé.

(f) Soit f une fonction méromorphe non nulle dans Ω. Soit $\sum m_j [Z_j]$ le diviseur associé. La fonction $\log |f| \in L^1_{\mathrm{loc}}(\Omega)$ et on a l'équation de Lelong-Poincaré

$$dd^c \log |f| = \sum m_j [Z_j].$$

(g) Toutes ces notions se transportent dans les variétés analytiques complexes. Soit M une variété kählérienne de forme de Kähler ω. Si $S \in \mathcal{D}'_{p,p}(M)$ est un courant positif et si K est un compact de M, on pose

$$|S|_K := \int_K S \wedge \frac{\omega^p}{p!}.$$

On montre qu'il existe une constante C_K telle que, pour tout courant positif S, on a

$$\frac{1}{C_K} M_K(S) \leq |S|_K \leq C_K M_K(S).$$

Lorsque M est compacte, on pose

$$\|S\| = \int S \wedge \frac{\omega^p}{p!}.$$

C'est ce que nous ferons par exemple lorsque $M = \mathbb{P}^k$.

Si une suite de courants positifs sur une variété compacte est de masse bornée, on peut en extraire une sous-suite convergente.

(h) Le résultat suivant est un cas particulier du théorème du support de Federer **[25]**. Notons Λ_α la mesure de Hausdorff en dimension α. Soit S un courant positif fermé de bidimension (p,p) dans $\Omega \subset \mathbb{C}^m$. Soit $A = \text{support}(S)$.

(i) Si $\Lambda_{2p}(A) = 0$, alors $S = 0$.

(ii) Si A est un sous-ensemble analytique complexe de dimension p, alors $S = \sum c_j[A_j]$, les A_j étant les composantes irréductibles de A et les c_j étant des constantes positives.

(i) *Inégalité de Cauchy-Schwarz*

Soit S un courant positif de bidimension $(1,1)$. Soient $\varphi, \psi \in \mathcal{D}^{1,0}(\Omega)$. Puisque $\langle S, i\varphi \wedge \overline{\varphi}\rangle \geq 0$, par définition de la positivité de S, on a une inégalité de Cauchy-Schwarz, si on considère le produit scalaire $(\varphi, \psi) := \langle S, i\varphi \wedge \overline{\psi}\rangle$. On obtient

$$\left|\left\langle S, i\varphi \wedge \overline{\psi}\right\rangle\right| \leq \langle S, i\varphi \wedge \overline{\varphi}\rangle^{1/2} \left\langle S, i\psi \wedge \overline{\psi}\right\rangle^{1/2}.$$

A.5. Courants de bidegré $(1,1)$ sur $\mathbb{P}^k$

Voir **[32]**. Soit $\mathbb{P}^k$ l'espace projectif complexe. Soit $\pi : \mathbb{C}^{k+1}\backslash 0 \to \mathbb{P}^k$ la projection canonique. On considère $\mathcal{P}$ le cône convexe des fonctions u, p.s.h. dans $\mathbb{C}^{k+1}$ vérifiant, pour un $c > 0$,

$$u(\lambda z) = c \log|\lambda| + u(z), \quad z \in \mathbb{C}^{k+1}. \tag{1}$$

On a alors $u(z) \leq c \log \|z\| + O(1)$. On peut normaliser les fonctions de $\mathcal{P}$ en supposant que $\int_B u\, dm = 0$, où m désigne la mesure de Lebesgue sur la boule unité B, ce qu'on supposera dans la suite. À une fonction $u \in \mathcal{P}$, on associe un courant positif fermé R de bidegré $(1,1)$ de la façon suivante : soit s une section holomorphe de π sur un ouvert U, on définit le courant R_s sur U en posant $R_s = dd^c(u \circ s)$. C'est un courant positif fermé sur U. Si s' est une autre section holomorphe non nulle de π, on a $s' = hs$ avec h holomorphe et on a

$$\begin{aligned} R_{s'} &= dd^c(u \circ s') = dd^c(u(h.s)) \\ &= c dd^c \log|h| + dd^c u \circ s = R_s. \end{aligned}$$

On a ainsi défini un opérateur $L : \mathcal{P} \to \mathcal{D}'_{k-1,k-1}(\mathbb{P}^k)$, $L(u) = R$, où R est le courant qui coïncide avec R_s sur U. Par exemple, la forme de Kähler ω de $\mathbb{P}^k$ est associée à la fonction $u(z) = \log|z|$ sur $\mathbb{C}^{k+1}$.

Réciproquement, soit R un courant positif fermé dans $\mathbb{P}^k$, de bidegré $(1,1)$. L'application $\pi : \mathbb{C}^{k+1}\backslash 0 \to \mathbb{P}^k$ étant une submersion, on peut considérer le courant positif fermé $\pi^* R$, et on lui associe son prolongement trivial à $\mathbb{C}^{k+1}$. Il existe donc une fonction p.s.h. dans $\mathbb{C}^{k+1}$ telle que

$$dd^c v = \pi^* R.$$

Si on définit
$$u(z) = \frac{1}{2\pi}\int_0^{2\pi} v(e^{i\theta}z)d\theta,$$
on vérifie que $dd^c u = \pi^* R$ et qu'il existe une constante $c > 0$ telle que
$$u(\lambda z) = c\ \log|\lambda| + u(z), \quad \lambda \in \mathbb{C}.$$
La fonction $v = u - c\ \log|z|$ est bien définie dans $\mathbb{P}^k$, donc
$$\|R\| = \int R \wedge \omega^{k-1} = c\int \omega^k + \int dd^c v \wedge \omega^{k-1} = c\int \omega^k.$$
La correspondance $R \to u$ est bicontinue (voir **[32]** pour plus de détails). On dit que u est le potentiel de R. On a donc montré le résultat suivant :

Théorème A.5.1. — *L'application L de $\mathcal{P}$ dans l'espace des courants positifs de bidegré $(1,1)$ sur $\mathbb{P}^k$ est un isomorphisme. Pour tout R, il existe $u \in \mathcal{P}$ unique vérifiant $\pi^* R = dd^c u$, $u(\lambda z) = c\ \log|\lambda| + u(z)$, $\|R\| = c$.*

Exemple. — Soit $V = \{P(z) = 0\}$, où P est un polynôme homogène de degré d dans $\mathbb{C}^{k+1}$. On sait que $\pi^*[V] = dd^c \log|P|$. On trouve que $\|V\| = d$ car
$$\log|P(\lambda z)| = d\ \log|\lambda| + \log|P(z)|.$$

Proposition A.5.2. — *Tout courant positif fermé de bidimension (p,p) sur $\mathbb{P}^k$ est limite au sens des courants de courants lisses positifs fermés.*

Démonstration. — Soit R un courant positif fermé de bidimension (p,p). Soit ρ_ε une approximation lisse de l'identité sur le groupe $U(k)$ qui agit transitivement sur $\mathbb{P}^k$. Notons ν la mesure de Haar sur $U(k)$. Il suffit de poser
$$R_\varepsilon = \int_{U(k)} \rho_\varepsilon(g)(g_* R)d\nu(g).$$
On vérifie que R_ε répond à la question. □

A.6. Produit extérieur de courants

Pour cette section nous renvoyons à **[11, 22, 75, 33]**.

Soit S un courant positif fermé de bidimension (p,p) dans un ouvert $\Omega \subset \mathbb{C}^m$. Posons $\beta = dd^c|z|^2$. Notons $|S|$ la mesure positive définie par
$$|S| = S \wedge \beta^p.$$
Si $u \in \mathrm{Psh}(\Omega) \cap L^1_{\mathrm{loc}}(|S|)$, le produit uS est un courant sur Ω. On définit le courant $dd^c u \wedge S$, en posant $dd^c u \wedge S := dd^c(uS)$. En particulier, lorsque u est bornée, la définition a un sens pour tout S **[11]**.

Proposition A.6.1 (**[33]**). — *Soit $u \in \mathrm{Psh}(\Omega) \cap L^1_{\mathrm{loc}}(|S|)$. Le courant $dd^c u \wedge S$ est positif fermé dans Ω. Si $u_j \to u$ dans $L^1_{\mathrm{loc}}(|S|)$, alors $dd^c u_j \wedge S \to dd^c u \wedge S$ au sens des courants.*

Soient $u_1, \ldots, u_q \in \mathrm{Psh}(\Omega) \cap L^\infty_{\mathrm{loc}}(\Omega)$. On peut définir par récurrence le courant

$$dd^c u_1 \wedge dd^c u_2 \wedge \cdots \wedge dd^c u_q \wedge S := dd^c(u_1 dd^c u_2 \wedge \cdots \wedge dd^c u_q \wedge S).$$

On montre qu'il est symétrique par rapport à $u_1, \ldots u_q$.

Théorème A.6.2 (**[11]**). — *Soient $u_1, \ldots, u_q \in \mathrm{Psh}(\Omega) \cap L^\infty_{\mathrm{loc}}(\Omega)$. Soient $u_1^j, \ldots, u_q^j$ des suites décroissantes de fonctions p.s.h. convergeant ponctuellement vers $u_1, \ldots, u_q$. Alors*

(a) $u_1^j dd^c u_2^j \wedge \cdots \wedge dd^c u_q^j \wedge S \longrightarrow u_1 dd^c u_2 \wedge \cdots \wedge dd^c u_q \wedge S$;

(b) $dd^c u_1^j \wedge dd^c u_2^j \wedge \cdots \wedge dd^c u_q^j \wedge S \longrightarrow dd^c u_1 \wedge \cdots \wedge dd^c u_q \wedge S$.

La variante suivante de l'inégalité de Chern-Levine-Nirenberg **[21]** est très utile.

Proposition A.6.3 (**[22]**). — *Soient K, L des compacts de Ω, $L \Subset K$. Soient*

$$u_1, \ldots, u_q \in \mathrm{Psh}(\Omega) \cap L^\infty(\Omega) \quad \textit{et} \quad V \in \mathrm{Psh}(\Omega).$$

Alors

$$\|V dd^c u_1 \wedge \cdots \wedge dd^c u_q\|_L \leq C_{K,L} \|V\|_{L^1(K)} \|u_1\|_{L^\infty(K)} \cdots \|u_q\|_{L^\infty(K)}.$$

En particulier le courant $dd^c u_1 \wedge \cdots \wedge dd^c u_q$ ne charge pas les ensembles pluripolaires car on peut prendre pour V une fonction qui vaut $-\infty$ sur l'ensemble pluripolaire.

Il est utile de généraliser la définition du produit extérieur de courants positifs fermés de $\mathcal{D}'_{k-1,k-1}(\Omega)$ lorsque les potentiels ne sont pas bornés (voir **[22, 33, 75]**).

Pour $u \in \mathrm{Psh}(\Omega)$, définissons

$$M(u) := \{q;\ q \in \Omega,\ u \text{ est non bornée au voisinage de } q\}.$$

Notons Λ_α la mesure de Hausdorff de dimension α.

Théorème A.6.4 (**[22, 33]**). — *Soient $u_1, \ldots, u_q$ des fonctions p.s.h. dans un ouvert $\Omega \subset \mathbb{C}^m$. Supposons que, pour tout choix d'indices $j_1 > \cdots > j_\ell$ dans $\{1, \ldots, q\}$, on ait*

$$\Lambda_{2(m-\ell+1)}(M(u_{j_1}) \cap \cdots \cap M(u_{j_\ell})) = 0.$$

Alors u_1 est localement intégrable par rapport à la mesure trace de $dd^c u_2 \wedge \cdots \wedge dd^c u_q$ et on peut poser

$$dd^c u_1 \wedge \cdots \wedge dd^c u_q = dd^c(u_1 dd^c u_2 \wedge \cdots \wedge dd^c u_q).$$

Si, pour chaque $1 \leq k \leq q$, on a une suite u_k^j de fonction de $\mathrm{Psh}(\Omega)$ telle que $u_k^j \to u_k$ dans $L^1_{\mathrm{loc}}(\Omega)$ et $u_k^j \geq u_k$ pour tout j, alors

$$u_1^j dd^c u_2^j \wedge \cdots \wedge dd^c u_q^j \longrightarrow u_1 dd^c u_2 \wedge \cdots \wedge dd^c u_q$$

au sens des courants et

$$dd^c u_1^j \wedge dd^c u_2^j \wedge \cdots \wedge dd^c u_q^j \longrightarrow dd^c u_1 \wedge dd^c u_2 \wedge \cdots \wedge dd^c u_q.$$

Le théorème permet de définir le produit extérieur lorsque les ensembles $M(u_j)$ sont contenus dans des ensembles analytiques A_j vérifiant $\operatorname{codim}(A_{j1} \cap \cdots \cap A_{j\ell}) \geq \ell$ pour tout choix d'indices. C'est un cas considéré dans **[22]**.

Les résultats étant de nature locale, ils sont valides pour des courants positifs fermés $S_1, \ldots, S_q$ de bidegré $(1,1)$ dans une variété complexe M. On peut considérer le produit $S_1 \wedge \cdots \wedge S_q$, à condition que les potentiels locaux $u_1, \ldots, u_q$ de $S_1, \ldots, S_q$ satisfassent l'hypothèse du théorème A.6.4.

Corollaire A.6.5 ([**33**]). — *Soient $S_1, \ldots, S_q$ des courants positifs fermés de bidegré $(1,1)$ dans $\mathbb{P}^k$. On suppose que les potentiels locaux $u_1, \ldots, u_q$ vérifient l'hypothèse du théorème A.6.4. Alors le courant $S_1 \wedge \cdots \wedge S_q$ est bien défini. C'est un courant positif fermé. De plus, on a*

$$\|S_1 \wedge \cdots \wedge S_q\| = \|S_1\| \cdots \|S_q\|.$$

Il suffit d'observer que $S_j = c_j\omega + dd^c v_j$ avec v_j définie sur $\mathbb{P}^k$, et $c_j = \|S_j\|$.

Le calcul précédent est une généralisation du théorème de Bézout. Si $S_j = [V_j]$, où V_j est une hypersurface de $\mathbb{P}^k$, et si, pour tout $j_1 < \cdots < j_m$, $\operatorname{codim}(V_{j1} \cap \cdots \cap V_{j\ell}) \geq \ell$, alors

$$\|[V_1 \wedge \cdots \wedge V_q]\| = \|V_1\| \cdots \|V_q\|.$$

Si $q = k$, on trouve que le nombre de points d'intersection, comptés avec multiplicité, est égal au produit des degrés.

Si $u \in \operatorname{Psh}(\Omega)$ et si $\Lambda_{2(m-\ell+1)}(M(u)) = 0$, on peut définir le courant $(dd^c u)^\ell$; cela signifie que u est localement intégrable par rapport à $(dd^c u)^{\ell-1}$ et que $(dd^c u)^\ell$ est un courant positif fermé. Par exemple considérons $u(z) = \log|z|$ dans $\mathbb{C}^m$. On vérifie que $(dd^c u)^m = 0$ en dehors de l'origine. Par conséquent $(dd^c u)^m = c_m\varepsilon_0$, où ε_0 est la masse de Dirac en 0 et c_m une constante positive qu'on peut calculer.

A.7. Image réciproque de courants positifs fermés

Voir [**60, 29**]. On a vu au paragraphe A.3, qu'on peut définir l'image réciproque d'un courant par une submersion. L'hypothèse de surjectivité de la différentielle est imposée car on veut que l'opération soit continue, c'est-à-dire que $S_j \to S$ entraîne $f^*S_j \to f^*S$. Lorsqu'on se restreint à la classe des courants positifs fermés d'un certain type, on peut s'autoriser à prendre l'image réciproque par des applications qui ne sont pas des submersions et même par des applications méromorphes. Commençons par une conséquence immédiate du théorème A.1.2.

Proposition A.7.1. — *Soient Ω, Ω_1 deux domaines de $\mathbb{C}^m$ et $f : \Omega \to \Omega'$ une application holomorphe. On suppose le jacobien de f non identiquement nul. Soit $u_j \in L^1_{\mathrm{loc}}(\Omega') \cap \operatorname{Psh}(\Omega')$. Si $u_j \to u$ dans $L^1_{\mathrm{loc}}(\Omega')$ alors $u_j \circ f \to u \circ f$ dans $L^1_{\mathrm{loc}}(\Omega)$. Plus généralement, soit $f_j : \Omega \to \Omega'$ une suite d'applications holomorphes convergeant vers*

f, uniformément sur les compacts. On suppose le jacobien de f non identiquement nul. Alors $u_j \circ f_j \to u \circ f$ dans $L^1_{\mathrm{loc}}(\Omega)$.

Démonstration. — La suite (u_j) est localement majorée car elle converge dans L^1_{loc} et on peut appliquer l'inégalité de la moyenne. Posons $v_j = u_j \circ f$. Les v_j sont localement majorées dans Ω. On veut montrer que $v_j \to u \circ f$. C'est une conséquence du théorème A.1.2. En effet, quitte à extraire une sous-suite, on peut supposer que $v_j \to v$ dans L^1_{loc} et p.p. On en déduit, puisque f est de rang générique n, que $v = u \circ f$ p.p., donc partout. On peut supposer que $u_j \circ f_j$ converge vers v dans L^1_{loc}. Quitte à extraire une sous-suite on peut supposer que u_j converge vers u uniformément sur des ensembles de mesure arbitrairement grande. Pour montrer que $v = u \circ f$, il suffit d'écrire

$$u_j \circ f_j - u \circ f = (u_j \circ f_j - u \circ f_j) + (u \circ f_j - u \circ f)\,;$$

le premier terme est petit car u_j converge vers u uniformément sur des ensembles de grande mesure. □

Soit $f : \Omega \to \Omega'$ holomorphe de rang générique $m = \dim \Omega = \dim \Omega'$. Soit S un courant positif fermé de bidegré $(1,1)$ dans Ω'. On définit le courant positif fermé f^*S de la façon suivante. Pour $z_0 \in \Omega$ donné, soit $B(w_0, r) \subset \Omega'$, $w_0 = f(z_0)$. Dans $B(w_0, r)$, on a $S = dd^c u$ avec u p.s.h. Il existe $r_1 > 0$ tel que $f\left(B(z_0, r_1)\right) \subset B(w_0, r)$. On pose $f^*S_{|B(z_0,r)} := dd^c u \circ f$. La définition ne dépend pas du potentiel u car, si u_1 et u_2 sont deux potentiels de S, $dd^c(u_1 - u_2) \circ f = 0$. Si $S_j \to S$ au sens des courants, on peut choisir des potentiels $u_j \to u$ dans $L^1_{\mathrm{loc}}\left(B(w_0, r)\right)$ et on applique la proposition précédente.

Image réciproque par une application méromorphe dominante dans $\mathbb{P}^k$. — Soit S un courant positif fermé de bidegré $(1,1)$ sur $\mathbb{P}^k$. On sait qu'il existe $u \in \mathcal{P}$ telle que $\pi^*S = dd^c u$. Soit $f \in \mathcal{M}_d(\mathbb{P}^k)$. On a $f = [F_0 : \ldots : F_k]$, $F = (F_0, \ldots, F_k)$, les F_j étant des polynômes homogènes de degré k. Le jacobien de F n'est pas identiquement nul puisque f est dominante. On définit f^*S en posant

$$\pi^*(f^*S) = dd^c(u \circ F).$$

Ainsi défini, f^*S est donc un courant positif fermé sur $\mathbb{P}^k$, de potentiel $u \circ F$. On a vu que, si $S_j \to S$, on peut choisir les potentiels u_j et u de façon que $u_j \to u$ dans $L^1_{\mathrm{loc}}(\mathbb{C}^{k+1})$. Par conséquent, on a bien $f^*S_j \to f^*S$. Si

$$u(\lambda z) = c \log|\lambda| + u(z),$$

on a

$$u \circ F(\lambda z) = c\, d \log|\lambda| + u(F(z)).$$

On a donc une relation simple entre les masses

$$\|f^*S\| = d\|S\|.$$

Le cas des courants de bidegré (ℓ, ℓ), $\ell > 1$. — L'image réciproque d'un courant positif fermé de bidegré (ℓ, ℓ), $\ell > 1$, a été étudiée par Meo **[60]** ; il faut des hypothèses sur f. Nous considérerons ici l'image réciproque de courants de la forme $dd^c u_1 \wedge \cdots \wedge dd^c u_q$, avec $u_1, \ldots, u_q$ satisfaisant les hypothèses du théorème A.6.4.

Théorème A.7.2. — *Soient Ω, Ω' deux ouverts de $\mathbb{C}^m$. Soit $f : \Omega \to \Omega'$ une application holomorphe à fibres discrètes. Soient $u_1, \ldots, u_q$ des fonctions dans $\mathrm{Psh}(\Omega')$. On suppose que, pour tout choix d'indices $j_1 < \cdots < j_\ell$ dans $\{1, \ldots, q\}$, on a*

$$\Lambda_{2(m-\ell+1)}(M(u_{j_1}) \cap \cdots \cap M(u_{j_\ell})) = 0.$$

On pose

$$f^*[dd^c u_1 \wedge \cdots \wedge dd^c u_q] := dd^c(u_1 \circ f) \wedge \cdots \wedge dd^c(u_q \circ f).$$

Si $u_k^j \to u_k$ dans $L^1_{\mathrm{loc}}(\Omega')$, avec $u_k^j \in \mathrm{Psh}(\Omega')$ et $u_k^j \geq u_k$ pour tout j, alors

$$f^*\left[dd^c u_1^j \wedge \cdots \wedge dd^c u_q^j\right] \to f^*[dd^c u_1 \wedge \cdots \wedge dd^c u_q].$$

Démonstration. — Il suffit d'observer que

$$\Lambda_{2(m-\ell+1)}(M(u_{j_1} \circ f) \cap \cdots \cap M(u_{j_\ell} \circ f)) = 0.$$

On peut donc appliquer la proposition A.7.1 et le théorème A.6.4. □

Théorème A.7.3. — *Soient Ω, Ω' deux ouverts de $\mathbb{C}^m$. Soit $f : \Omega \to \Omega'$ une application holomorphe ; on suppose que f est génériquement de rang m. Pour $u_1, \ldots, u_q \in \mathrm{Psh}(\Omega') \cap L^\infty_{\mathrm{loc}}(\Omega')$, on pose*

$$f^*[dd^c u_1 \wedge \cdots \wedge dd^c u_q] := dd^c(u_1 \circ f) \wedge \cdots \wedge dd^c(u_q \circ f).$$

Si $u_k^j \to u_k$ dans $L^1_{\mathrm{loc}}(\Omega')$, avec $u_k^j \in \mathrm{Psh}(\Omega')$ et $u_k^j \geq u_k$ pour tout j, alors

$$f^*\left[dd^c u_1^j \wedge \cdots \wedge dd^c u_q^j\right] \longrightarrow f^*[dd^c u_1 \wedge \cdots \wedge dd^c u_q].$$

Démonstration. — En effet les fonctions $u_\ell \circ f$ sont p.s.h. bornées. Il suffit d'appliquer le théorème A.6.2 et la proposition A.7.1. □

A.8. Capacité logarithmique dans $\mathbb{C}$

Voir **[83]**. Notons $\mathcal{L}(\mathbb{C})$ le convexe des fonctions u sousharmoniques de $\mathbb{C}$ vérifiant

$$u(z) \leq \log^+|z| + O(1).$$

Pour tout compact $K \subset \mathbb{C}$, on définit la fonction de Green de K par

$$g(z) = (\sup\{u(z),\ u \leq 0 \text{ sur } K,\ u \in \mathcal{L}(\mathbb{C})\})^*.$$

L'étoile $\star$ désigne la régularisation en fonction s.c.s.

Lorsque g n'est pas identiquement $+\infty$, elle est harmonique sur $\mathbb{C} \backslash K$. À l'infini, elle admet le développement

$$g(z) = \log|z| + V + O(1).$$

La constante V s'appelle la constante de Robin de K.

Pour le disque $D(0,R)$, on trouve $g(z) = \log^+ |z|/R$. On définit la capacité logarithmique de K en posant

$$\operatorname{cap}(K) := e^{-V}.$$

Si E est un borélien, on pose

$$\operatorname{cap}(E) = \sup\{\operatorname{cap}(K),\ K \subset E,\ K \text{ compact}\}.$$

La proposition suivante permet d'estimer l'aire de l'ensemble où une fonction de $\mathcal{L}(\mathbb{C})$ est petite.

Proposition A.8.1. — *Soit $v \in \mathcal{L}(\mathbb{C})$. Supposons $\limsup_{|z|\to\infty}(v(z) - \log|z|) = A > -\infty$. Pour $m > 0$, posons*

$$E_m = \{z \mid |z| \leq 1,\ v(z) < -m\}.$$

On a

$$\operatorname{cap}(E_m) \leq e^{-A}e^{-m}$$

et

$$\operatorname{aire}(E_m) \leq \pi e(\operatorname{cap}(E_m))^2 \leq \pi e^{-2A}e^{-2m}.$$

Démonstration. — On a $v + m \leq 0$ sur E_m. Donc, par définition de g, pour $|z|$ assez grand,

$$v(z) + m \leq \log|z| + V_m + O(1),$$

où V_m désigne la constante de Robin de E_m. On obtient par soustraction de $\log|z|$, $A + m \leq V_m$ et $\operatorname{cap}(E_m) = e^{-V_m} \leq e^{-A}e^{-m}$.

L'estimation de l'aire à partir de la capacité est donnée dans Tsuji [**83**, p. 58]. □

Proposition A.8.2 **([83**, p. 85**]).** — *Soit E un continu de $\mathbb{C}$ de diamètre $\delta(E)$, on a*

$$\delta(E) \leq 4 \cdot \operatorname{cap}(E).$$

Donc les ensembles où une fonction de $\mathcal{L}(\mathbb{C})$ est petite ne peuvent contenir des disques trop grands.

Remarque A.8.3. — Si $u \in \operatorname{Psh}(\mathbb{C}^k)$ est à croissance logarithmique, on peut estimer le volume de $\{z \mid |z| \leq 1,\ u(z) \leq -m\}$, en appliquant la proposition A.8.2 sur chaque tranche, puis le théorème de Fubini.

A.9. Capacité de Bedford-Taylor et fonction extrémale de Siciak

Voir [**11, 54**]. Bedford-Taylor ont introduit [**11**] une capacité liée aux fonctions plurisousharmoniques. Soit Ω un ouvert borné de $\mathbb{C}^m$.

Définition A.9.1 **([11])**. — Pour tout borélien $E \subset \Omega$, on pose

$$C(E,\Omega) = \sup\left\{\int_E (dd^c u)^k;\ u \in \operatorname{Psh}(\Omega),\ 0 \leq u \leq 1\right\}.$$

L'inégalité de C.L.N., proposition A.6.3 montre que $C(E,\Omega) < \infty$, si $E \Subset \Omega$. Elle montre également que $C(E,\Omega) = 0$, si E est pluripolaire. Il est clair que C possède les propriétés suivantes :

(i) Si $E_1 \subset E_2$, alors $C(E_1,\Omega) \leq C(E_2,\Omega)$.
(ii) $C(\cup E_j,\Omega) \leq \sum_j C(E_j,\Omega)$.
(iii) Si $E_j \nearrow E$, $C(E_j,\Omega) \nearrow C(E,\Omega)$.
(iv) $C(E,\Omega) = \sup\{C(K,\Omega),\ K \subset \Omega,\ \text{compact}\}$.

La capacité C, possède les propriétés suivantes qui sont de démonstration plus élaborée [**11**].

(a) Si $\Omega_1 \subset \Omega_2 \Subset \mathbb{C}^m$, $C(E,\Omega_1) \geq C(E,\Omega_2)$ pour tout borélien $E \subset \Omega_1$.

(b) Soit $\omega \Subset \Omega_1$. Il existe une constante $A > 0$ telle que $C(E,\Omega_1) \leq AC(E,\Omega_2)$, pour tout borélien $E \subset \omega$.

(c) Soit E un borélien de Ω. Si $C(E,\Omega) = 0$ alors E est pluripolaire.

(d) Soit $K \Subset B$ la boule unité de $\mathbb{C}^m$. Posons

$$u_{K,B} = \sup\{v;\ v \in \mathrm{Psh}(B),\ v \leq 0 \text{ sur } K,\ \ 0 \leq v \leq 1\}.$$

Soit $u^*_{K,B}$ la régularisée semicontinue supérieure de $u_{K,B}$. On a

$$C(K,B) = \int_B \left(dd^c u^*_{K,B}\right)^m.$$

Siciak, voir [**54**], a introduit une généralisation de la fonction de Green à $\mathbb{C}^m$. Posons $\mathcal{L}(\mathbb{C}^m) = \{u \in \mathrm{Psh}(\mathbb{C}^m),\ u(z) \leq \log^+|z| + O(1)\}$. Si E est borné dans $\mathbb{C}^m$, on pose

$$U_E(z) = \sup\{u(z);\ u \in \mathcal{L}(\mathbb{C}^m),\ u \leq 0 \text{ sur } E\}.$$

Notons U^*_E la régularisée s.c.s. de U_E. C'est la fonction de Siciak de E. Si U^*_E n'est pas identiquement $+\infty$, alors $U^*_E \in \mathcal{L}$ et satisfait à l'infini

$$U^*_E(z) = \log|z| + O(1).$$

De plus $(dd^c U^*_E)^m = 0$ sur $\mathbb{C}^m \setminus \overline{E}$.

Si $E = B(0,r)$, on a $U^*_E(z) = \log^+(|z|/r)$.

Théorème A.9.2. — *La fonction U^*_E n'est pas identiquement $+\infty$ si et seulement si E n'est pas pluripolaire. Alors $(dd^c u^*_E)^m$ est une mesure de probabilité dont le support est contenu dans $\overline{E}$.*

Supposons E non pluripolaire et $E \subset B$ la boule unité. Posons $m(E) = \sup_B U^*_B$. On vérifie que

$$\log^+|z| \leq U^*_E(z) \leq m(E) + \log^+|z|.$$

Alexander et Taylor ont établi une relation entre $m(E)$ et $C(E,B)$.

Théorème A.9.3 (**[1]**). — *Pour $r > 1$, il existe une constante $A(r)$ telle que, pour tout compact $K \subset B(0,r)$, on ait*

$$C(K,B)^{-1/k} \leq m(K) \leq \frac{A(r)}{C(K,B)}.$$

A.10. Problème de Dirichlet pour l'équation de Monge-Ampère

Soit B la boule unité de $\mathbb{C}^m$. Soit $u \in \mathcal{C}(\partial B)$. On définit

$$\widehat{u} = \sup\left\{v \mid v \in \mathrm{Psh}(B) \cap \mathcal{C}(\overline{B}), \quad v \leq u \text{ sur } \partial B\right\}. \tag{1}$$

La fonction $\widehat{u}$ est p.s.h. dans B et il est facile de vérifier que $\widehat{u}_{|\partial B} = u$. C'est une construction qui généralise la méthode de Perron pour résoudre le problème de Dirichlet. Pour $m = 1$, on trouve que $\widehat{u}$ est la solution du problème de Dirichlet pour le laplacien.

Théorème A.10.1 (**[10]**). — *Soit $u \in \mathcal{C}(\partial B)$. La fonction $\widehat{u} \in \mathrm{Psh}(B) \cap \mathcal{C}(\overline{B})$; elle satisfait dans B l'équation de Monge-Ampère $(dd^c\widehat{u})^m = 0$. Si u est höldérienne de rapport $\alpha > 0$, alors $\widehat{u}$ est höldérienne de rapport $\alpha/2$.*

Étant données deux fonctions $u_1, u_2 \in \mathrm{Psh}(B)$, vérifiant $u_1 \leq u_2$, il est utile de pouvoir estimer $(dd^c u_1)^m$ sur certains ensembles ; c'est ce que fournit le résultat suivant de Briend-Duval (**[14, 15]**).

Théorème A.10.2 (**[14, 15]**). — *Soient $u_1, u_2 \in \mathrm{Psh}(B) \cap L^\infty(B)$. Supposons $u_1 \leq u_2$. Posons, pour $\varepsilon > 0$,*

$$\Sigma_\varepsilon := \{z \mid |z| \leq 1/2, \ u_2(z) \leq u_1(z) + \varepsilon\}.$$

Il existe une constante C (indépendante de u_1, u_2) telle que

$$(dd^c u_1)^m(\Sigma_\varepsilon) \leq \int_B (dd^c u_2)^m + C\varepsilon(\|u_2\|_\infty + 1)^{m-2} \cdot \|u_2\|_\infty.$$

En particulier si $(dd^c u_2)^m = 0$, on a

$$(dd^c u_1)^m(\Sigma_\varepsilon) \leq C\varepsilon\left(\|u_2\|_\infty + 1\right)^{m-2} \|u_2\|_\infty.$$

Démonstration. — Posons $u_3 = \frac{\log^+(2|z|)}{\log(3/2)}$. La fonction u_3 est p.s.h., $u_3(z) = 0$, si $|z| = 1/2$, et $u_3(z) = 1$ si $|z| = 3/4$.

Définissons $v := u_2 + 3\varepsilon u_3 - 2\varepsilon$. On a $\Sigma_\varepsilon \subset \{v < u_1\} \Subset B$. En effet, si $z \in \Sigma_\varepsilon$,

$$v(z) \leq u_1(z) + \varepsilon - 2\varepsilon = u_1(z) - \varepsilon.$$

De plus pour $|z| \geq 3/4$, $v \geq u_2 + \varepsilon > u_1$.

Soit $\chi \in \mathcal{C}_0^\infty(B)$, $0 \leq \chi \leq 1$, $\chi = 1$ dans un voisinage de $|z| \leq 3/4$. Posons $\theta = \max(u_1, v)$. Observons que $\theta = u_1$ près de Σ_ε et $\theta = v$ pour $|z| \geq 3/4$, en particulier sur le support de $d\chi$. Par intégration par parties, on a

$$\begin{aligned}
I_\varepsilon := \int_{\Sigma_\varepsilon} (dd^c u_1)^m \leq \int \chi (dd^c\theta)^m &= -\int d\chi \wedge d^c\theta \wedge (dd^c\theta)^{m-1} \\
&= -\int d\chi \wedge d^c v \wedge (dd^c v)^{m-1} \\
&= \int \chi (dd^c v)^m.
\end{aligned}$$

En développant $(dd^c v)^m$, on a

$$I_\varepsilon \leq \int \chi \Big[(dd^c u_2)^m + \varepsilon C_1 \sum_{j=1}^{m-1} (dd^c u_2)^j \wedge (dd^c u_3)^{m-j} \Big].$$

Si on applique l'inégalité de C.L.N., puisque χ est à support compact dans B, on obtient

$$\begin{aligned}
I_\varepsilon &\leq \int_B (dd^c u_2)^m + C_2 \varepsilon \sum_{j=1}^{m-1} \|u_2\|_\infty^j \|u_3\|_\infty^{m-j} \\
&\leq \int_B (dd^c u_2)^m + C\varepsilon \|u_2\|_\infty (1 + \|u_2\|_\infty)^{m-2}.
\end{aligned}$$

□

Pour une fonction u s.c.s., considérons l'ensemble $E(u)$ des points par lesquels il passe un disque holomorphe sur lequel u est harmonique. Plus précisément $E(u)$ est l'ensemble des points $z_0 \in B$ tels qu'il existe $h : D \to B$ holomorphe non constante avec $h(0) = z_0$ et $u \circ h$ harmonique sur D.

Corollaire A.10.3. — *Soit* $u \in \mathrm{Psh}(B) \cap \mathcal{C}(\overline{B})$. *On a*

$$(dd^c u)^m (E(u)) = 0.$$

Démonstration. — Observons que l'estimation du théorème A.10.1 est invariante par homothétie. Si les fonctions u_j sont définies dans $B(0, r)$, il suffit d'appliquer le théorème aux fonctions $z \to u_j(rz)$ dans B.

Notons $E_{a,r}$ l'ensemble des points $z_0 \in B(a, r)$ pour lesquels il existe une fonction holomorphe non constante $h : D \to B(a, r)$, vérifiant $h(0) = z_0$, $h(e^{i\theta}) \in \partial B(a, r)$ et $u \circ h$ harmonique dans D.

Si $v \leq u$ sur $\partial B(a, r)$ et $v \in \mathrm{Psh}(B(a, r))$, alors $v \circ h \leq u \circ h$. Par conséquent, $\widehat{u}_{a,r}$, la solution du problème de Dirichlet avec pour donnée au bord u, satisfait $\widehat{u}_{a,r}(z_0) = u(z_0)$. En prenant $u_1 = u$ dans le théorème A.10.2 et $u_2 = \widehat{u}_{a,r}$, on en déduit que $(dd^c u)^m (E_{a,r}) = 0$.

En choisissant a, à coordonnées rationnelles, et r rationnel, on en déduit que

$$(dd^c u)^m \left[\bigcup_{a,r} E_{a,r}\right] = 0.$$

Or, pour tout $z_0 \in E(u)$, on peut trouver a, r tels que $z_0 \in E_{a,r}$. □

Références

[1] H. Alexander & B. A. Taylor – « Comparison of two capacities in $\mathbb{C}^n$ », *Math. Z.* **186** (1984), p. 407–417.

[2] H. Bass, E. Connell & D. Wright – « The Jacobian conjecture : Reduction of degree and formal expansion of the inverse », *Bull. Amer. Math. Soc. (N.S.)* **7** (1982), p. 287–330.

[3] E. Bedford, M. Lyubich & J. Smillie – « Distribution of periodic points of polynomial diffeomorphisms of $\mathbb{C}^2$ », *Invent. Math.* **114** (1993), p. 277–288.

[4] ______, « Polynomial diffeomorphisms of $\mathbb{C}^2$, IV : The measure of maximal entropy and laminar currents », *Invent. Math.* **112** (1993), p. 77–125.

[5] E. Bedford & V. Pambuccian – « Dynamics of Shift-like diffeomorphisms of $\mathbb{C}^N$ », *Conform. Geom. Dynam.* **2** (1998), p. 45–55.

[6] E. Bedford & J. Smillie – « Fatou-Bieberbach domains arising from polynomial automorphisms », *Indiana Univ. Math. J.* **40** (1991), p. 789–792.

[7] ______, « Polynomial diffeomorphisms of $\mathbb{C}^2$: Currents, equilibrium measure and hyperbolicity », *Invent. Math.* **103** (1991), p. 69–99.

[8] ______, « Polynomial diffeomorphisms of $\mathbb{C}^2$, II : Stable manifolds and recurrence », *J. Amer. Math. Soc.* **4** (1991), p. 657–679.

[9] ______, « Polynomial diffeomorphisms of $\mathbb{C}^2$, III : Ergodicity, exponents and entropy of the equilibrium measure », *Math. Ann.* **294** (1992), p. 395–420.

[10] E. Bedford & B. A. Taylor – « The Dirichlet problem for Monge-Ampère equation », *Invent. Math.* **37** (1976), p. 1–44.

[11] ______, « A new capacity for plurisubharmonic functions », *Acta Math.* **149** (1982), p. 1–39.

[12] M. Benedicks & L. Carleson – « The dynamics of the Hénon maps », *Ann. of Math.* **132** (1990), p. 629–725.

[13] A. Bonifant – « Degrees of non linearity in higher dimensional complex dynamics », Thèse, Mexico, 1996.

[14] J.-Y. Briend – « Exposants de Liapounoff et points périodiques d'endomorphismes holomorphes de $\mathbb{C}P^k$ », Thèse, Toulouse, 1997.

[15] J.-Y. Briend & J. Duval – « Exposants de Liapounoff et points périodiques d'endomorphismes holomorphes de $\mathbb{C}P^k$ », à paraître dans Acta Math.

[16] H. Brolin – « Invariant sets under iteration of rational functions », *Ark. Mat.* **6** (1965), p. 103–144.

[17] G. T. Buzzard – « Infinitely many periodic attractors for holomorphic maps of 2 variables », *Ann. of Math.* **145** (1997), p. 389–417.

[18] L. Carleson & T. W. Gamelin – *Complex dynamics*, Springer-Verlag, 1993.

[19] J. Carlson – « A moving lemma for transcendental Bezout problem », *Ann. of Math.* **103** (1976), p. 305–330.

[20] U. Cegrell – « Removable singularities for plurisubharmonic functions and related problems », *Proc. London Math. Soc. (3)* **36** (1978), p. 310–336.

[21] S. S. Chern, H. Levine & L. Nirenberg – « Intrinsic norms on a complex manifold », *Global analysis (Papers in honor of K. Kodaira)*, Univ. Tokyo press, 1969, p. 119–139.

[22] J.-P. Demailly – « Monge-Ampère operators, Lelong numbers and intersection theory », *Complex analysis and geometry* (A. Ancona & A. Silva, éds.), Plenum Press, 1993, p. 115–193.

[23] J. Diller – « Dynamical Green's functions for rational and birational maps of $\mathbb{P}^2$ », Preprint, 1995.

[24] C. Favre – « Points périodiques d'applications birationnelles de $\mathbb{P}^2$ », *Ann. Inst. Fourier (Grenoble)* **48** (1998), p. 999–1023.

[25] H. Federer – *Geometric measure theory*, Springer-Verlag, Berlin, 1969.

[26] J. E. Fornæss – *Dynamics in several complex variables*, CBMS, vol. 87, Amer. Math. Soc., Providence RI, 1996.

[27] J. E. Fornæss & N. Sibony – « Complex Henon mappings in $\mathbb{C}^2$ and Fatou-Bieberbach domains », *Duke Math. J.* **65** (1992), p. 345–380.

[28] ———, « Critically finite rational maps on $\mathbb{P}^2$ », *The Madison symposium on complex analysis*, Contemp. Math., vol. 137, Amer. Math. Soc., Providence RI, 1992, p. 245–260.

[29] ———, « Complex dynamics in higher dimension », *Complex potential theory* (P. M. Gauthier, éd.), NATO ASI series Math. and Phys. Sci., vol. C439, 1994, p. 131–186.

[30] ———, « Complex dynamics in higher dimension I », *Complex analytic methods in dynamical systems, IMPA, Janvier 1992*, Astérisque, 1994, p. 201–213.

[31] ———, « Classification of recurrent domains for some holomorphic mappings », *Math. Ann.* **301** (1995), p. 487–513.

[32] ———, « Complex dynamics in higher dimension II », *Modern Methods in Complex Analysis, Princeton, NJ, 1992*, Ann. Math. Studies, vol. 137, 1995, p. 135–187.

[33] ———, « Oka's inequality for currents and applications », *Math. Ann.* **301** (1995), p. 399–415.

[34] ———, « Holomorphic symplectomorphisms in $\mathbb{C}^{2p}$ », *Duke Math. J.* **82** (1996), p. 309–317.

[35] ———, « Hyperbolic maps on $\mathbb{P}^2$ », *Math. Ann.* **311** (1998), p. 305–333.

[36] J. E. Fornæss & B. Weickert – « Attractors in $\mathbb{P}^2$ », preprint, 1999.

[37] J. E. Fornæss & H. Wu – « Classification of degree 2 polynomial automorphisms of $\mathbb{C}^3$ », *Publ. Math.* **42** (1998), p. 195–210.

[38] S. Friedland – « Entropy of polynomial and rational maps », *Ann. of Math.* **133** (1991), p. 359–368.

[39] ———, « Entropy of algebraic maps », *J. Fourier Anal. & Appl.* (1995), p. 215–228.

[40] S. Friedland & J. Milnor – « Dynamical properties of plane polynomial automorphisms », *Ergodic Theory Dynamical Systems* **9** (1989), p. 67–99.

[41] J.-P. Furter – « On the degrees of iterates of automorphisms of the affine plane », *Manuscripta Math.* **98** (1999), p. 183–193.

[42] E. A. Gavosto – « Attracting basins in $\mathbb{P}^2$ », *J. Geom. Anal.* **8** (1998), p. 433–440.

[43] M. Gromov – « Entropy, homology and semi-algebraic geometry », Séminaire Bourbaki, volume 1985/86, exposés 651-668, Astérisque, vol. 145-146, Soc. Math. France, 1987, p. 225–240.

[44] L. Gruman – « La géométrie globale des ensembles analytiques dans $\mathbb{C}^n$ », *Séminaire Lelong-Skoda*, Lect. Notes in Math., vol. 822, Springer-Verlag, 1980, p. 90–100.

[45] R. C. GUNNING – *Introduction to holomorphic functions of several variables. Vol. 2*, Wadsworth & Brooks/Cole Advanced Books & Software, Monterey, CA, 1990.

[46] M. HAKIM – « Transformations tangent to the identity. Stable pieces of manifolds », Prépublication, Orsay 1997.

[47] ———, « Analytic transformations of $(\mathbb{C}^p, 0)$ tangent to the identity », *Duke Math. J.* **92** (1998), p. 403–428.

[48] R. HARVEY & J. POLKING – « Extending analytic objets », *Comm. Pure Appl. Math.* **28** (1975), p. 701–727.

[49] L. HÖRMANDER – *The analysis of linear partial differential operators I*, Springer-Verlag, 1983.

[50] J. H. HUBBARD – « The Hénon mapping in the complex domain », *Chaotic Dynamics and Fractals*, Academic Press, Orlando, FL, 1986, p. 101–111.

[51] J. H. HUBBARD & R. W. OBERSTE-VORTH – « Hénon mappings in the complex domain I : the global topology of dynamical space », *Publ. Math. Inst. Hautes Études Sci.* **79** (1994), p. 5–46.

[52] M. JONSSON – « Some properties of 2-critically finite maps of $\mathbb{P}^2$ », *Ergodic Theory Dynamical Systems* **18** (1998), p. 171–187.

[53] A. KATOK & B. HASSELBLATT – *Introduction to the modern theory of dynamical systems*, Cambridge Univ. Press, 1995.

[54] M. K. KLIMEK – *Pluripotential theory*, Oxford Univ. Press, 1995.

[55] S. KOBAYASHI – *Hyperbolic manifolds and holomorphic mappings*, Dekker, New York, 1970.

[56] M. KOSEK – « Hölder continuity property of filled-in Julia sets in $\mathbb{C}^n$ », *Proc. Amer. Math. Soc.* **125** (1997), p. 2029–2032.

[57] S. LANG – *Introduction to complex hyperbolic spaces*, Springer-Verlag, 1987.

[58] L. LAZARSFELD – « Some applications of the theory of positive vector bundles », *Complete intersections (Acireale, 1983)*, Lect. Notes in Math., vol. 1092, Springer-Verlag, 1984, p. 29–61.

[59] P. LELONG – *Fonctions plurisousharmoniques et formes différentielles positives*, Dunod, Paris, 1968.

[60] M. MEO – « Transformations intégrales pour les courants positifs fermés et théorie de l'intersection », Thèse, Grenoble, 1996.

[61] R. MOLZON, B. SHIFFMAN & N. SIBONY – « Average growth for hyperplane sections of entire analytic sets », *Math. Ann.* **257** (1981), p. 43–51.

[62] N. NEWHOUSE – « Diffeomorphisms with infinitely many sinks », *Topology* **13** (1974), p. 9–18.

[63] V. I. OSELEDEC – « Multiplicative ergodic theorem, Lyapounov characteristic numbers for dynamical systems », *Trans. Moscow Math. Soc.* **19** (1968), p. 197–221.

[64] W. PARRY – *Entropy and generators in ergodic theory*, Benjamin, 1969.

[65] Y. PESIN – « Characteristic Lyapounov exponents and smooth ergodic theory », *Russian Math. Surveys* **32** (1977), p. 55–114.

[66] G. DE RHAM – *Variétés différentiables*, Hermann, Paris, 1955.

[67] D. RUELLE – *Elements of differentiable dynamics and bifurcation theory*, Academic Press, 1968.

[68] D. RUELLE & D. SULLIVAN – « Currents, flows and diffeomorphisms », *Topology* **14** (1975), p. 319–327.

[69] A. Russakovski & B. Shiffman – « Value distribution for sequences of rational mappings and complex dynamics », *Indiana Univ. Math. J.* **46** (1997), p. 897–932.

[70] A. Russakovski & M. Sodin – « Equidistribution for sequences of rational mappings and complex dynamics », *Indiana Univ. Math. J.* **44** (1995), p. 850–882.

[71] B. Shiffman – « On the removal of singularities of analytic sets », *Michigan Math. J.* **15** (1968), p. 111–120.

[72] M. Shub – *Global stability of dynamical systems*, Springer-Verlag, 1987.

[73] M. Shub & D. Sullivan – « A remark on the Lefschetz fixed point formula for differentiable maps », *Topology* **13** (1974), p. 189–191.

[74] N. Sibony – Exposés à Orsay non publiés (1981), Cours UCLA (1984).

[75] ———, « Quelques problèmes de prolongement de courants en analyse complexe », *Duke Math. J.* **52** (1985), p. 157–197.

[76] Y. T. Siu – « Analyticity of sets associated to Lelong numbers and extension of closed positive currents », *Invent. Math.* **27** (1974), p. 53–156.

[77] H. Skoda – « Prolongement des courants positifs fermés de masse finie », *Invent. Math.* **66** (1982), p. 361–376.

[78] J. Smillie – « The entropy of polynomial diffeomorphisms of $\mathbb{C}^2$ », *Ergodic Theory Dynamical Systems* **10** (1990), p. 823–827.

[79] S. Sternberg – « Local contractions and a theorem of Poincaré », *Amer. J. Math.* **79** (1957), p. 809–823.

[80] D. Sullivan – « Quasiconformal homeomorphisms and dynamics I : Solution of the Fatou-Julia problem on wandering domains », *Ann. of Math.* **122** (1985), p. 401–418.

[81] P. Tortrat – « Aspects potentialistes de l'itération des polynômes », *Séminaire de Théorie du Potentiel, Paris*, Lect. Notes in Math., vol. 1255, Springer-Verlag, 1987, p. 195–209.

[82] H. Tsuji – « A generalization of Schwarz Lemma », *Math. Ann.* **256** (1981), p. 387–390.

[83] M. Tsuji – *Potential theory in modern function theory*, Chelsea Publishing Co., New York, 1975, Reprinting of the 1959 original.

[84] T. Ueda – « Fatou set in complex dynamics in projective spaces », *J. Math. Soc. Japan* **46** (1994), p. 545–555.

[85] ———, « Critical orbits of holomorphic maps on projective spaces », *J. Geom. Anal.* **8** (1998), p. 319–334.

[86] P. Walters – *An introduction to ergodic theory*, Springer-Verlag, 1981.

[87] Y. Yomdin – « Volume growth and entropy », *Israel J. Math.* **57** (1987), p. 285–259.

Panoramas & Synthèses
8, 1999, p. 187–222

DYNAMIQUE DES POLYNÔMES QUADRATIQUES

par

Jean-Christophe Yoccoz,
notes rédigées par Marguerite Flexor

Résumé. — Décrire le système dynamique défini par une fonction holomorphe, c'est étudier le comportement des orbites obtenues après itération de cette fonction et décrire comment celles-ci sont distribuées dans le plan. Le cas le plus simple non trivial est le cas des polynômes d'une variable complexe de degré 2 qui est l'objet de ce texte. Cet article comporte trois paragraphes. Le premier est un survol de la théorie élémentaire du plan dynamique d'un polynôme et de l'espace des paramètres de la famille des polynômes quadratiques. Le second paragraphe est consacré aux aspects hyperboliques, autour du théorème de Jakobson. Le troisième paragraphe décrit les aspects quasi-périodiques, liés à des problèmes de petits diviseurs.

Introduction

Décrire le système dynamique défini par une fonction holomorphe, c'est étudier le comportement des orbites obtenues après itération de cette fonction et décrire comment celles-ci sont distribuées dans le plan. Ce programme a été inauguré en 1919 par G. Julia et P. Fatou. Après une longue période de somnolence, il a retrouvé en 1942 avec C. Siegel et ces vingt dernières années un renouveau d'activité.

Le cas le plus simple non trivial est celui des polynômes d'une variable complexe de degré deux. C'est l'objet de ce texte. Bien que la fonction considérée soit particulièrement simple, la dynamique associée peut s'avérer très compliquée et peut être modifiée très fortement après une légère perturbation de la fonction.

Par ailleurs, les résultats obtenus peuvent être réinvestis dans l'étude dynamique des polynômes de degré supérieur, des fractions rationnelles et plus généralement des fonctions holomorphes présentant des points critiques simples.

***Classification mathématique par sujets* (1991).** — 58Fxx, 34Cxx, 30Fxx.
Mots clefs. — Ensemble de Julia, ensemble de Mandelbrot, application à allure polynomiale, renormalisation, hyperbolicité, linéarisabilité, fonction de Brjuno, compact invariant, hérissons, anneaux de Herman.

Cet article comporte trois paragraphes. Le premier est un survol très général de la théorie élémentaire dans le plan dynamique pour l'étude d'un seul polynôme et de la théorie élémentaire dans l'espace des paramètres pour l'étude de la famille de tous les polynômes quadratiques.

La figure 0 représente dans le plan des paramètres (en fait, ici, un seul paramètre complexe) le sous-ensemble appelé classiquement *ensemble de Mandelbrot.*

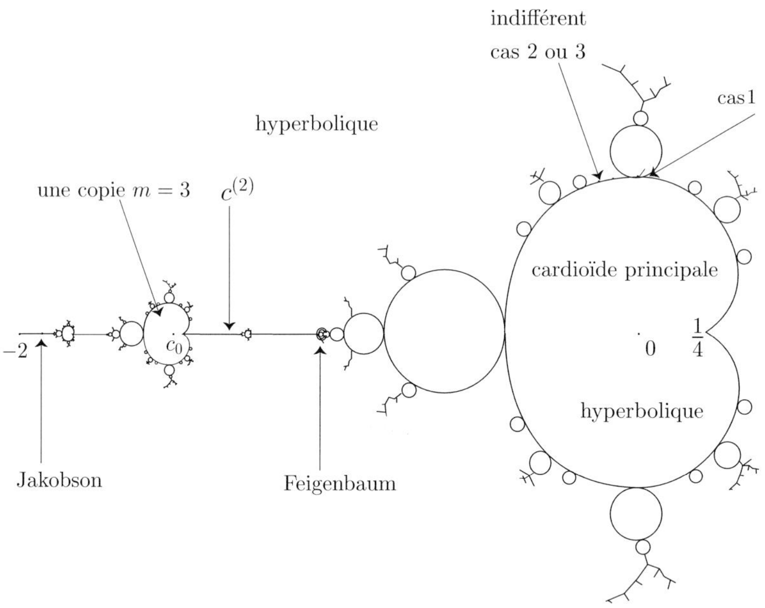

L'ensemble de Mandelbrot M schématisé

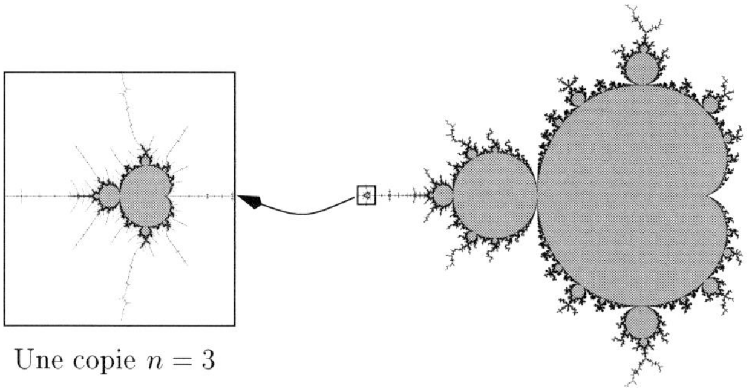

Une copie $n = 3$

FIGURE 0. L'ensemble de Mandelbrot M

L'ensemble de Mandelbrot est l'ensemble des paramètres pour lesquels l'ensemble des points dont l'orbite reste bornée est connexe. On y a indiqué quelques uns des phénomènes, que nous aborderons dans ce paragraphe, correspondant à diverses valeurs du paramètre. On a volontairement opéré des distorsions dans le dessin pour en améliorer la lisibilité. Ce premier paragraphe est aussi une introduction aux résultats et questions encore ouvertes qui seront développés par la suite.

Le second paragraphe est consacré aux aspects hyperboliques, autour du théorème de Jakobson. Le troisième paragraphe décrit les aspects quasi-périodiques, liés à des problèmes de petits diviseurs.

Le point de vue adopté ici privilégie plutôt les aspects dynamiques que les aspects géométriques ou analytiques et laisse donc de côté certaines questions importantes. Le but est de se concentrer sur des notions susceptibles de s'étendre à un cadre plus large.

Le texte qui suit ne fournit aucune démonstration des théorèmes profonds mentionnés, tout au plus pour certains une indication sur la démarche suivie ; les références pour leur démonstration se trouvent dans la bibliographie.

Précisons aussi que certaines des figures de ce texte sont des illustrations des phénomènes évoqués, destinées à la compréhension des quelques dessins réels.

1. Survol général

1.1. Plan dynamique et espace des paramètres. — Tout polynôme complexe de degré 2 est conjugué par une application affine à un polynôme de la forme

$$P_c(z) = z^2 + c.$$

Il suffit donc d'étudier la famille de polynômes (P_c), pour $c \in \mathbb{C}$.

Pour $c \in \mathbb{C}$, on considère l'*ensemble de Julia rempli*

$$K_c = \{z,\ \sup_{n>0} |P_c^n(z)| < +\infty\},$$

où $P_c^n = P_c \circ \cdots \circ P_c$, n fois et que l'on peut décrire dans un premier temps de la manière suivante :

Soit $R = \big(1 + \sqrt{1+4|c|}\,\big)/2$. Pour $|z| > R$, on a $|P_c(z)| > |z|$ et donc

$$K_c = \bigcap_{n\geq 0} P_c^{-n}\overline{\mathbb{D}(0,R)}.$$

En particulier :

- K_c est une intersection de parties compactes donc compact.
- K_c est non vide, tous les points périodiques, *i.e.* les points z pour lesquels il existe un entier $n > 0$ tel que $P_c^n(z) = z$, sont dans K_c.
- K_c est totalement invariant, *i.e.* $P_c(K_c) = K_c = P_c^{-1}(K_c)$.
- K_c est plein, *i.e.*, $\mathbb{C} \setminus K_c$ est connexe. En effet le principe du maximum assure que tout ouvert borné, dont le bord est dans K_c, est entièrement contenu dans K_c.

Le bord $J_c = \partial K_c$ est l'*ensemble de Julia*. D'après un théorème obtenu indépendamment par Julia et Fatou, J_c est aussi l'adhérence de l'ensemble des points fixes répulsifs. C'est la partie instable de la dynamique.

Exemple. — Pour $c = 0$, $P_0(z) = z^2$ et $K_0 = \overline{\mathbb{D}}$, $J_0 = \mathcal{S}^1 = \{z,\ |z| = 1\}$.

1.1.1. La fonction de Green de K_c. — Pour étudier un tel compact, on considère le potentiel G qu'il définit. Pour les ensembles de Julia, G est très facile à calculer. Comme P_c se comporte à l'infini comme $z \mapsto z^2$, la fonction

$$G_c(z) = \lim_{n\to+\infty} 2^{-n} \log^+ |P_c^n(z)|$$

est bien définie (où $\log^+ = |\log|$) et vérifie :

(1) $G_c : \mathbb{C} \to \mathbb{R}^+$ est continue ;
(2) $G_c(P_c(z)) = 2\,G_c(z)$;
(3) $K_c = \{z \in \mathbb{C} \mid G_c(z) = 0\}$;
(4) G_c est harmonique sur $\mathbb{C} \setminus K_c$: c'est la limite uniforme d'une suite de fonctions dont chacune est harmonique comme logarithme du module d'une fonction holomorphe ;
(5) $G(z) = G_c(z) = \log|z| + O(|z|^{-2})$, $|z| \to +\infty$.

1.1.2. Points critiques de G_c dans $\mathbb{C} \setminus K_c$. — Le point critique 0 joue un rôle particulier dans la strucure de K_c. D'après un théorème de Fatou datant de 1919, on a :

Cas 1. — Si $0 \in K_c$, G_c n'a pas de point critique dans $\mathbb{C} \setminus K_c$ et K_c est connexe.

Cas 2. — Si $0 \in \mathbb{C} \setminus K_c$, les points critiques de G_c sont 0 et toutes ses préimages (*i.e.*, les points de $\cup_{n\geq 0} P^{-n}(0)$), $G_c(0)$ est la plus grande valeur critique et K_c n'est pas connexe. En fait, c'est un ensemble de Cantor comme nous le verrons en 1.2.

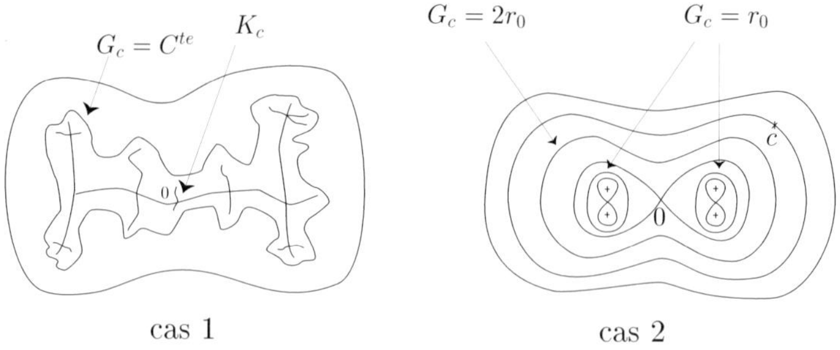

FIGURE 1

Posons $g_c(z) = \lim_{n\to+\infty} (P_c^n(z))^{2^{-n}}$. Pour $|z|$ très grand, cette fonction est bien définie et vérifie l'équation fonctionnelle :

$$g_c(P_c(z)) = (g_c(z))^2.$$

Par suite, $g_c(z)$ est définie sur $\{z,\, G_c(z) > G_c(0)\}$ et vérifie :

(1) $\log|g_c(z)| = G_c(z)$;

(2) $g_c : \{z,\, G_c(z) > G_c(0)\} \to \{z,\ |z| > \exp G_c(0)\}$ est une représentation conforme ;

(3) $g_c(z) = z + O(z^{-1})$, $|z| \to +\infty$.

En particulier, si K_c est connexe, l'application

$$\varphi_c = g_c^{-1} : \mathbb{C} \setminus \overline{\mathbb{D}} \longrightarrow \mathbb{C} \setminus K_c$$

est une représentation conforme.

Dans l'espace des paramètres, considérons *l'ensemble de Mandelbrot*

$$M = \{c \in \mathbb{C},\ K_c \text{ est connexe}\}$$

Pour $|c| > 2$ et $n > 0$, $|P_c^n(0)| \geq |c|(|c|-1)^{2^{n-1}}$ et donc $P_c^n(0) \to \infty$; par conséquent c n'est pas dans M. En fait $M = \{c,\ |P_c^n(0)| \leq 2,\ n > 0\}$ et est donc compact. Par le principe du maximum, $\mathbb{C} \setminus M$ n'a pas de composante bornée et est donc connexe. Par suite, M est plein. De plus M est symétrique par rapport à l'axe réel qu'il rencontre suivant l'intervalle $[-2, 1/4]$.

Pour c dans $\mathbb{C} \setminus M$, K_c n'est pas connexe mais $G_c(c) > G_c(0) > 0$ et $g_c(c)$ est bien défini. Douady et Hubbard **[5]** ont montré que l'application

$$\varphi : \mathbb{C} \setminus M \longrightarrow \mathbb{C} \setminus \overline{\mathbb{D}}$$

définie par $\varphi(c) = g_c(c)$ est une représentation conforme.

Dans la suite de ce paragraphe, on parcourt le plan des paramètres c en décrivant la dynamique de P_c suivant l'endroit où l'on se trouve dans $\mathbb{C}$.

1.2. Dynamique pour $c \notin M$. — Soient $c \notin M$, $r_0 > 0$ tels que $r_0 < G_c(0) < 2r_0$ et $L = \{z,\, G_c(z) < 2r_0\}$. L'ensemble $P_c^{-1}(L) = \{z,\, G_c(z) < r_0\}$ a deux composantes connexes L_0, L_1 ne contenant pas le point critique 0, vérifiant $P_c(L_j) = L$ pour $j = 0, 1$ et contenant des points de K_c (sinon G_c serait harmonique et strictement positive sur L_j donc constante). De même $P_c^{-1}(L_j)$ a deux composantes connexes et ainsi de suite (voir figure 1, cas 2).

Comme c n'est pas dans L, l'application $f_j = P_{c|L_j}^{-1} : L \to L_j$ est bien définie et contractante pour la métrique de Poincaré de L (lemme de Schwarz) et

$$K_c = \bigcap_{n \geq 0} P_c^{-n}(L_0 \cup L_1) = J_c$$

est un ensemble de Cantor.

Observons, dans ce cas, deux propriétés importantes :

– *La dynamique pour $c \notin M$ est du type décalage* (ou *shift*).

En effet, nous considérons sur l'espace métrique compact $\Sigma^+ = \{0,1\}^{\mathbb{N}}$ le décalage $\sigma : \Sigma^+ \to \Sigma^+$ défini par

$$\sigma(\theta)(n) = \theta(n+1).$$

L'application $H : K_c \to \Sigma^+$ définie par

$$H(z) = (H(z)(n)), \text{ avec } H(z)(n) = j, \text{ si } P_c^n(z) \in L_j, \ j \in \{0,1\},$$

est un homéomorphisme qui conjugue $P_{c|K_c}$ et σ. De manière imagée, $H(z)$ est l'adresse du point z, l'application inverse consistant à prendre l'unique point d'adresse donnée.

– *P_c est hyperbolique, i.e.*, il existe $\lambda > 1$, $C > 0$ tels que, pour tout $z \in K_c$ et $n \geq 0$, $|D_z P_c^n| \geq C\lambda^n$.
C'est une application du critère suivant, pour $c \in \mathbb{C}$: *P_c est hyperbolique sur J_c si et seulement si la fermeture T de l'orbite du point critique* 0 *ne rencontre pas J_c.*
En effet, posons $S = \mathbb{C} \setminus T$; S est connexe, contient J_c et vérifie $P_c^{-1}(S) \subset S$. Si R est une composante de $P_c^{-1}(S)$, l'application $P_c^{-1} : S \to R \subset S$ est injective, localement contractante pour la métrique de Poincaré de S. Comme J_c est compact, il existe $\lambda > 1$ tels que, pour tout $z \in J_c$ et tout vecteur tangent v en z,

$$||D_z P_c(v)||_P \geq \lambda ||v||_P,$$

où $|| \ ||_P$ désigne la norme pour la métrique de Poincaré de S.

1.3. Dynamique pour $c \in M$. — Soient $c \in M$, z_0 un point périodique de P_c de période m et

$$O(z_0) = \{P_c^i(z_0), \ 0 \leq i < m\}$$

le cycle associé, $\mu = (P_c^m)'(z_0)$ le multiplicateur du cycle. Trois cas sont à distinguer :

(1) $|\mu| < 1$: $O(z_0)$ est un cycle attractif, superattractif si $\mu = 0$;
(2) $|\mu| = 1$: $O(z_0)$ est un cycle indifférent ;
(3) $|\mu| > 1$: $O(z_0)$ est un cycle répulsif.

L'existence (ou la non existence) de point périodique du type (1) ou (2) est déterminante pour la structure de K_c. En 1982, Douady a montré que de toute manière P_c a au plus un cycle de type (1) ou (2).

1.3.1. Orbites périodiques attractives et composantes hyperboliques de M. — Soit $c \in M$ tel que P_c possède un cycle attractif $O(z_0)$ de période m. L'ensemble

$$W = W(O(z_0)) = \{z, \lim_{n \to +\infty} d(P_c^n(z), O(z_0)) = 0\}$$

est appelé bassin d'attraction de $O(z_0)$. Il est ouvert et totalement invariant.

Pour achever la description de K_c dans ce cas, indiquons les deux propriétés suivantes :

- Soit U la composante de W contenant z_0, U est aussi une composante de $P_c^{-m}(U)$. Comme $P_{c|U}^{m}$ n'est pas une isométrie, U contient un point critique de P_c^m et il existe $0 \leq k < m$ tel que $U_0 = P_c^k(U)$ contienne 0.
- W est l'intérieur de K_c. La fermeture de l'orbite critique ne rencontrant pas J_c, on voit comme précédemment que $P_{c|J_c}$ est hyperbolique.

Dans le plan des paramètres, si P_{c_0} a une orbite périodique attractive $O(z_0)$, alors c_0 est dans l'intérieur de M (c'est une conséquence de l'étude précédente).

Soit V_0 la composante connexe de l'intérieur de M contenant c_0. On peut suivre dans V_0 le point périodique attractif $c \mapsto z_0(c)$, $z_0(c_0) = z_0$; le cycle $O(z_0(c))$ reste attractif et de même période. De plus, l'application $c \mapsto \mu(c)$ de $V_0 \to \mathbb{D}$, où $\mu(c)$ est le multiplicateur du cycle $O(z_0(c))$, est une représentation conforme (Douady-Hubbard, Sullivan) [**5**].

Une telle composante est appelée *composante hyperbolique* de M.

Exemple. — L'ensemble des c tels que P_c possède un point fixe attractif est l'intérieur d'une *cardioïde* dite *principale* contenant 0 (*cf.* figure 0). Pour un tel c, l'intérieur de K_c a une seule composante et J_c est un quasi-cercle (Sullivan), *i.e.*, est l'image de $\mathcal{S}^1$ par un homéomorphisme quasi-conforme (dont la définition suit) ϕ tel que $P_c(\phi(z)) = \phi(z^2)$ pour z dans un voisinage de J_c.

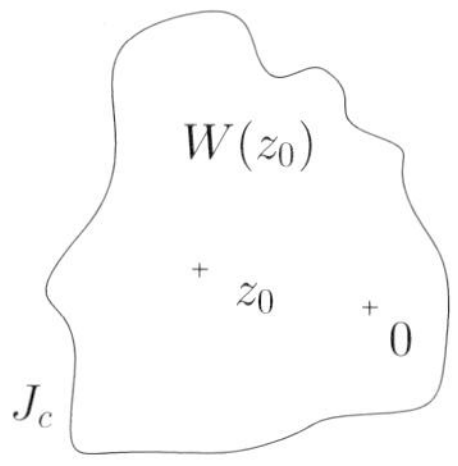

FIGURE 2

Définition. — *Un homéomorphisme $\phi : \mathbb{C} \to \mathbb{C}$ est quasi-conforme si ϕ vérifie*

$$\sup_{z\in\mathbb{C},\ t>0} \frac{\sup_{d(y,z)=t}\ d(\phi(z),\phi(y))}{\inf_{d(y,z)=t}\ d(\phi(z),\phi(y))} < \infty.$$

(De manière plus imagée, $D\phi^{-1}$ existe presque partout et transforme le champ de cercles infinitésimaux en un champ d'ellipses infinitésimales à excentricité bornée.)

Examinons l'intérieur de M.

- *L'intérieur de M est dense dans M*. Plus précisément, tout point du bord de M est approché par des valeurs du paramètre pour lesquelles il existe un cycle superattractif.

En effet, soit U un disque ouvert ne contenant pas 0 et rencontrant le bord de M. Si U ne contient pas de points c possédant un cycle superattractif, la famille de fonctions $g_n : c \mapsto P_c^n(0)/\sqrt{-c}$, bien définie sur U, ne prend pas les valeurs $0, 1, \infty$. D'après un thérorème de Montel, (g_n) est une famille normale. Mais pour c_0 dans le bord de M et c voisin de c_0, ou $g_n(c) \to \infty$ ou $g_n(c)$ reste borné (les deux cas se produisent) et (g_n) ne peut pas être une famille normale.

– *L'intérieur de M contient toutes les composantes hyperboliques.*

La question est naturellement de savoir si l'intérieur de M a d'autres composantes. En fait, en 1982, Douady et Hubbard conjecturent qu'il n'en est pas ainsi :

***Conjecture* (d'hyperbolicité).** — *Toutes les composantes de l'intérieur de M sont hyperboliques.*

Des résultats partiels ont été obtenus dans cette direction. Signalons les deux théorèmes importants suivants dus à R. Mañe, P. Sad et D. Sullivan [**13**] pour le théorème 1.1 et G. Swiatek [**7**] pour le théorème 1.2.

***Théorème 1.1* (de stabilité).** — *Tout point c intérieur à M est J-stable, i.e., si f est une perturbation holomorphe de P_c sur un voisinage de J_c, alors f et P_c sont quasiconformément conjugués au voisinage de J_c.*

***Corollaire*.** — *Si c et c' sont dans une même composante de l'intérieur de M, P_c et $P_{c'}$ sont quasiconformément conjugués au voisinage de J_c.*

Si P_c est hyperbolique, P_c est J-stable. Pour prouver la conjecture d'hyperbolicité, il s'agit de montrer la réciproque. On a un résultat partiel :

***Théorème 1.2*.** — *Les composantes hyperboliques rencontrent*

$$M \cap \mathbb{R} = [-2, 1/4]$$

suivant un ensemble dense.

Ce résultat admet une extension due à M. Lyubich [**12**]. Néanmoins le théorème de M. Jakobson, qui constitue la matière du paragraphe 2, affirme que, si E est l'ensemble des $c \in M \cap \mathbb{R}$ qui possèdent un cycle attractif, $(M \cap \mathbb{R}) \setminus E$ est de mesure strictement positive.

La démonstration du théorème 1.2 est difficile et utilise de nombreux arguments présents dans la preuve du théorème de Jakobson cité.

1.3.2. Points périodiques indifférents et bord des composantes hyperboliques. — Soit $c \in M$ tel que P_c possède un point périodique z_0 indifférent, *i.e.*, de multiplicateur $\mu = \exp 2i\pi\alpha$, $\alpha \in \mathbb{R}$. Notons m sa période. Trois cas sont à distinguer, en fonction des propriétés de α :

(1) Cas $\alpha \in \mathbb{Q}$ (cas parabolique). — Dans ce cas, 0 appartient à l'intérieur $\operatorname{int} K_c$ de K_c. Soit U la composante de $\operatorname{int} K_c$ contenant 0, U contient aussi l'ensemble $\{P^{km}(0),\ k \geq 0\}$. Il existe z_i dans $O(z_0)$ tel que z_i soit dans le bord de U et tel que la suite $(P^{km}(0))_k$ converge vers z_i. De plus, $O(z_0) \subset J_c$ et la suite des itérés de tout point de $\operatorname{int} K_c$ tend vers un point de $O(z_0)$.

Comme $z_0 \in J$, $P_{|J}$ n'est pas hyperbolique.

Exemple. — Pour $c = 1/4$, $z_0 = 1/2$ est un point fixe parabolique et $\operatorname{int} K_c$ a une seule composante. Sur J_c, P_c est topologiquement conjugué à l'application $z \mapsto z^2$.

FIGURE 3. Le chou-fleur c = 1/4

(2) Cas α irrationnel satisfaisant la condition de Brjuno. — Rappelons qu'un nombre α satisfait la condition de Brjuno s'il vérifie :

$$\sum_{n\geq 0} q_n^{-1} \log q_{n+1} < +\infty$$

où les fractions p_n/q_n sont les réduites de α dans son développement en fraction continue.

Dans ce cas $z_0 \in \operatorname{int} K_c$ et $0 \in J_c$; en particulier P_c n'est pas hyperbolique. A. Brjuno [**2, 3**] montre que P_c est linéarisable, *i.e.*, que, si U est la composante de z_0 dans $\operatorname{int} K_c$, il existe une représentation conforme $h : (U, z_0) \to (\mathbb{D}, 0)$ conjuguant $P^m_{|U}$ à la rotation $z \to \lambda z$; U est alors appelé *disque de Siegel.*

La réciproque est aussi vraie et a été montrée par Yoccoz [**22**], *i.e.*, si P_c est linéarisable, alors α satisfait à la condition de Brjuno.

(3) Cas α irrationnel ne satisfaisant pas à la condition de Brjuno. — Dans ce cas, P_c n'est pas linéarisable au voisinage de z_0 et K_c est d'intérieur vide.

Nous reviendrons sur les cas (2) et (3) dans le paragraphe 3.

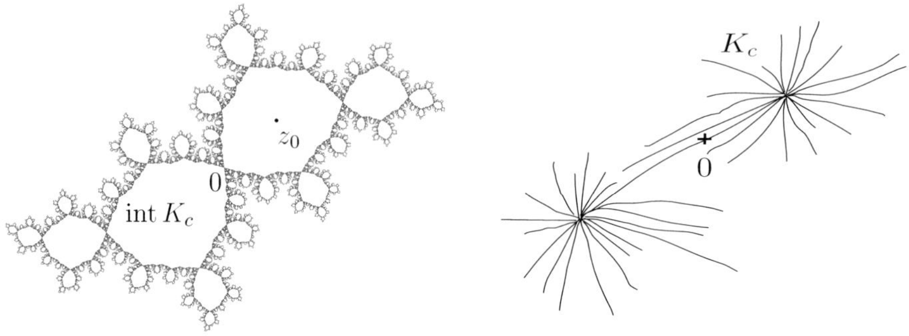

cas 2, $c = -\frac{1}{2}\exp(i\pi\sqrt{5}) - \frac{1}{4}\exp(2i\pi\sqrt{5})$ cas 3

FIGURE 4. Allure de K_c

Dans le plan des paramètres, les points $c_0 \in M$ possédant un cycle indifférent sont dans le bord d'une composante hyperbolique. Le multiplicateur d'un cycle étant une fonction analytique de module non localement constant, on peut en effet perturber le polynôme P_{c_0} en un polynôme P_c possédant un cycle attractif (il faut très légèrement modifier cet argument si le multiplicateur est égal à 1).

1.3.3. L'intérieur de K_c. — Le théorème suivant achève la description de l'intérieur de K_c.

Théorème 1.3. — *Soit U une composante de* int K_c.

(a) *U est prépériodique : il existe $n \geq 0$, $k > 0$ tels que $P_c^n(P_c^k(U)) = P_c^k(U)$.*
(b) *Si U est périodique, on est dans un et un seul des cas suivants :*
  – *U possède un point périodique attractif,*
  – *le bord de U contient un point périodique parabolique,*
  – *U est un disque de Siegel.*

La classification des composantes périodiques (assertion (b) du théorème) est due à Fatou. L'assertion (a), encore appelée le théorème de non errance, est due à Sullivan **[20]**.

Corollaire. — *Si tous les cycles de P_c sont répulsifs, alors K_c est d'intérieur vide.*

1.3.4. Applications à allure quadratique. Renormalisation. Résultats de Douady et Hubbard. Copies de M. — Douady et Hubbard ont introduit la notion fondamentale d'applications à allure quadratique qui fournit le bon cadre pour étudier certaines propriétés fines des polynômes quadratiques.

Plus précisément, une application $f : V \to U$, où V et U sont des ouverts simplement connexes de $\mathbb{C}$, est *à allure quadratique*, si V est relativement compact dans U et f est un revêtement ramifié de degré 2. On note encore 0 le point critique de f.

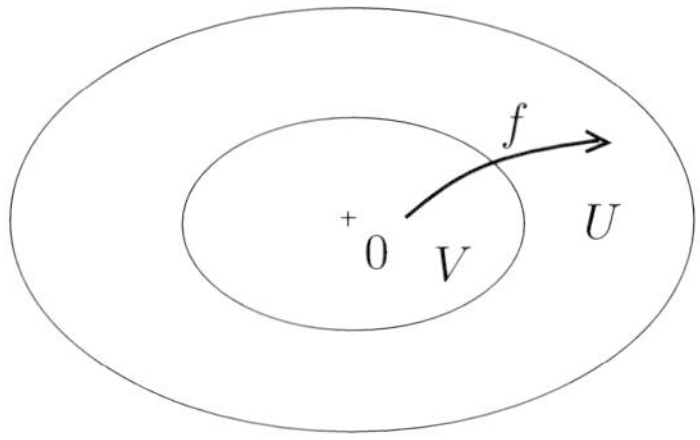

FIGURE 5

On définit

$$K_f = \bigcap_{n \geq 0} f^{-n}(V),$$

l'ensemble de Julia rempli de f. C'est un compact, non vide, totalement invariant, plein. De plus K_f est connexe si et seulement si $0 \in K_f$.

Exemple. — Pour $f = P_c$, on peut prendre $U = \mathbb{D}(0, R)$, R étant assez grand et $V = P_c^{-1}(U)$.

Douady et Hubbard **[6]** ont démontré le théorème suivant :

***Théorème 1.4* (de rectification)**. — *Soit $f : V \to U$ une application à allure quadratique. Il existe c (unique si K_f est connexe) tel que f et P_c soient conjugués au voisinage de K_f par un homéomorphisme quasiconforme h vérifiant $\overline{\partial} h = 0$ p.p. sur K_f.*

Exemple. — Pour $|\mu| = 1$, il existe $\varepsilon_0 > 0$ tel que le polynôme $P(z) = \mu z + z^2$ de degré deux et le polynôme $Q(z) = \mu z + z^2 + \varepsilon z^3$ de degré trois soient conjugués au voisinage de l'origine pour $|\varepsilon| < \varepsilon_0$. En particulier, ceci se produit pour μ ne vérifiant pas la condition de Brjuno ; dans ce cas P n'est pas linéarisable et a une dynamique compliquée.

La démonstration de ce théorème de rectification repose sur la *chirurgie quasiconforme*, procédé qui permet, à partir de deux systèmes dynamiques agissant sur deux parties distinctes de $\mathbb{C}$, de construire un nouveau système dynamique sur $\mathbb{C}$ qui respecte les systèmes initiaux. Dans le cas qui nous intéresse, l'un des systèmes dynamiques est bien sûr $f : V \to U$. L'autre est $g = \phi \circ P_0 \circ \phi^{-1} : \mathbb{C} \setminus U \to \mathbb{C}$, où $P_0(z) = z^2$ et $\phi : \mathbb{C} \setminus \mathbb{D} \to \mathbb{C} \setminus U$ est une représentation conforme. L'existence du système dynamique $P_c : \mathbb{C} \to \mathbb{C}$ construit à partir de ces derniers repose sur le théorème d'intégrabilité de Ahlfors-Bers **[1]**, théorème qui n'a pas d'équivalent en dynamique réelle.

Pour tout couple (m, c_0), $m > 2$, c_0 tels que $P_{c_0}^m(0) = 0$, il existe un homéomorphisme

$$\Phi_{c_0} = \Phi : M \longrightarrow M_{m,c_0} \subset M$$

tel que $\Phi(0) = c_0$ et tel que, pour tout $c \in M$, il existe des voisinages de 0 simplement connexes V et U, V relativement compact dans U, tels que $P^m_{\Phi(c)|_V} : V \to U$ soit d'allure quadratique, d'ensemble de Julia connexe, rectifiable en P_c (*cf.* théorème 1.4).

Les paramètres $\widehat{c} \in M_{m,c_0}$ sont dits m-renormalisables et M_{m,c_0} est dite copie de M. Deux copies sont disjointes ou emboîtées. En fait, si $m \leq m'$, $M_{m',c'_0} \subset M_{m,c_0}$ si et seulement si m' est un multiple de m et si c'_0 est dans M_{m,c_0} .

Un paramètre est ∞-renormalisable s'il est contenu dans une suite infinie de copies emboitées. Par exemple le point de Feigenbaum $c = -1,401155\ldots$, seul paramètre c de $M \cap \mathbb{R}$ pour lequel les points périodiques réels du polynôme P_c sont d'ordre 2^n, pour tout $n > 0$, est dans l'intersection des 2^n-copies, $n \geq 0$, centrées sur l'axe réel.

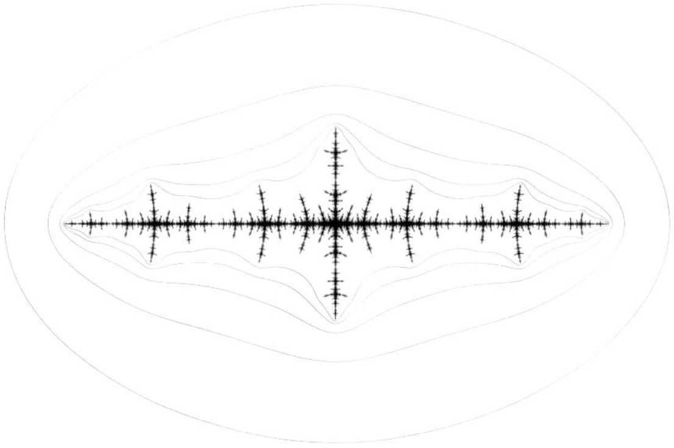

FIGURE 6. Ensemble de Julia du point de Feigenbaum

On est bien loin de comprendre toute la complexité de M. En 1982, Douady et Hubbard **[6]** ont proposé la conjecture suivante :

***Conjecture* (MLC).** — *M est localement connexe.*

Un pas important dans cette direction a été franchi par Yoccoz **[10]** en 1991.

Théorème 1.5. — *Si c est un point de M non ∞-renormalisable, M est localement connexe en c. De plus, pour un tel c, K_c est localement connexe.*

La démonstration de ce théorème se fait en deux étapes, la première lorsque c est dans l'adhérence d'une composante hyperbolique, la seconde lorsque toutes les orbites périodiques sont répulsives, en distinguant deux cas suivant que l'orbite du point critique 0 accumule 0 (cas récurrent) ou n'accumule pas 0 (cas non récurrent).

Les outils utilisés dans la preuve de ce théorème permettent aussi de montrer que :

Pour prouver la conjecture MLC, il suffit de montrer que :

($\star$) *L'intersection de toute suite de copies emboîtées est un point.*

De même,

pour prouver la conjecture d'hyperbolicité il suffit de montrer que :

($\star\star$) *Cette intersection est d'intérieur vide.*

Il devient clair que la conjecture MLC implique la conjecture d'hyperbolicité. Remarquons pour terminer que les propriétés ($\star$) et ($\star\star$) sont bien sûr nécessaires.

2. Aspects hyperboliques

Le but de ce paragraphe est de présenter un certain nombre d'idées qui conduisent au théorème de Jakobson. Ce théorème (dont l'énoncé précis est donné plus loin) est le départ d'une nouvelle direction dans l'étude des systèmes dynamiques. C'est en particulier un passage obligé pour comprendre le travail de Benedicks-Carleson sur les applications de Hénon.

Situons tout d'abord la région de M encore inexplorée par l'étude faite au paragraphe précédent et qui fait la matière du théorème de Jakobson.

Dans le paragraphe 1, nous avons vu que, pour tout c dans $\mathbb{C} \setminus M$ ou dans une composante hyperbolique, P_c est hyperbolique. Par contre, P_c n'est pas hyperbolique si c est dans le bord d'une composante hyperbolique.

Considérons maintenant c un paramètre de M tel que :

(1) c n'appartient pas à l'adhérence d'une composante hyperbolique, *i.e.*, toutes les orbites périodiques sont répulsives ;

(2) c n'appartient pas à une copie de M, *i.e.*, P_c n'est pas renormalisable.

D'après les théorèmes 1.3 et 1.5, $K_c = J_c$ est d'intérieur vide, localement connexe, de mesure nulle et la dynamique de P_c sur K_c est contrôlée par la *récurrence* de l'orbite du point critique.

Le théorème suivant dû à Jakobson **[11]** montre que, si cette récurrence n'est pas trop forte, la dynamique est *(non uniformément) hyperbolique*. Pour c réel, ceci se produit avec probabilité (sur c) positive.

2.1. Le théorème de Jakobson pour c réel. — L'énoncé de ce théorème nécessite quelques définitions et notations préliminaires.

2.1.1. Rappels. — Pour commencer, donnons quelques propriétés observées pour les polynômes P_c avec c réel et dans M :

- Pour $c \leq 1/4$, les points fixes $\beta = (1 + \sqrt{1-4c})/2$ et $\alpha = (1 - \sqrt{1-4c})/2$ de P_c sont réels.
  L'intervalle $A = [\alpha, -\alpha]$ servira, dans toute la preuve de ce théorème, d'intervalle test pour les retours d'un point dans un voisinage proche de 0.
- Pour $-2 < c < 1/4$, K_c est connexe et $K_c \cap \mathbb{R} = [-\beta, \beta]$.
- Pour $c = 1/4$, $\beta = \alpha = 1/2$ est un point parabolique : $P_c'(\alpha) = 1$.
- Pour $1/4 > c > -3/4$, α est un point attractif.

– Pour $-3/4 \geq c \geq c^{(2)} = -1.54369\ldots$, où $c^{(2)}$ est la racine réelle de l'équation $P_c^2(0) = -\alpha$, *i.e.*,

$$c^3 + 2c^2 + 2c + 2 = 0,$$

on a :

$$\alpha \leq P_c^2(0) \leq -\alpha.$$

L'application $P_{c|A}^{\,2} : A \to A$ est quadratique, 0 est son seul point critique, et donc P_c est 2-renormalisable.

– Pour $-2 \leq c < c^{(2)}$, $P_c^2(0) > -\alpha$ et P_c n'est pas 2-renormalisable.

En 1981, M. Jakobson **[11]** publiait le théorème suivant :

Théorème 2.1. — *Pour un ensemble de paramètres $c \in [-2, c^{(2)}[$ de mesure positive, les propriétés suivantes sont vérifiées :*

(a) *il existe $\lambda = \lambda_c > 0$ tel que, pour Lebesgue presque tout $x \in [-\beta, \beta]$, on ait*

$$\lim_{n\to+\infty} \frac{1}{n} \log |D_x P_c^n| = \lambda;$$

(b) *il existe une mesure de probabilité, invariante par P_c, absolument continue par rapport à la mesure de Lebesgue sur $[-\beta, \beta]$.*

Avant d'entreprendre la démonstration de ce théorème, donnons encore quelques définitions et notations dont nous aurons besoin par la suite et qui sont illustrées par la figure 7.

Notons, pour $c < 0$, $\alpha^{(1)}$ la préimage négative de $-\alpha$ et, pour $i > 1$, $\alpha^{(i)}$ la préimage négative de $-\alpha^{(i-1)}$.

Pour $\alpha^{(i-1)} \geq c$, $\widetilde{\alpha}^{(i)}$ désigne la préimage négative de $\alpha^{(i-1)}$. La suite $(\alpha^{(i)})$ est décroissante de limite $-\beta$, la suite $(\widetilde{\alpha}^{(i)})$ est croissante.

Pour $c \in]-2, c^{(2)}[$, on a de plus

$$-\beta < c < \alpha^{(1)}$$

et il existe $n > 1$ tel que $c \in [\alpha^{(n)}, \alpha^{(n-1)}]$.

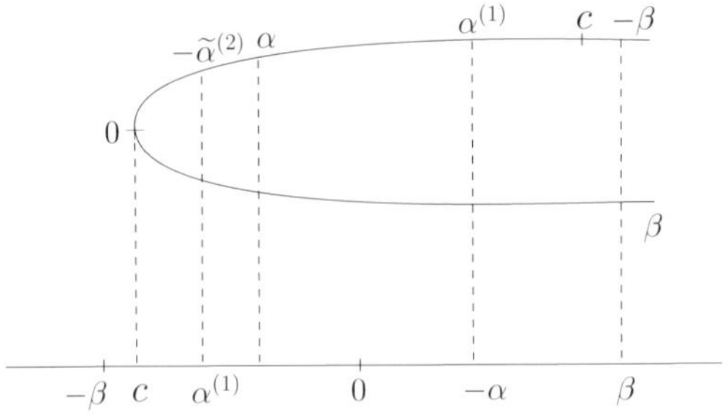

FIGURE 7

2.1.2. Le cas $c = -2$. — C'est un cas particulier limite : $\beta = 2 = -c$; 0 est prépériodique. Dans ce cas, il est facile de calculer explicitement le couple (λ, μ). Néanmoins ce cas illustre bien la démarche suivie pour montrer le théorème en général.

On a $\alpha = -1$, $P_{-2}(2\cos\theta) = 2\cos 2\theta$. Notons pour plus de simplicité dans les notations $P = P_{-2}$. Soit

$$h(x) = 1/\sqrt{4 - x^2};$$

on a $|D_x P| = 2h(x)/h(P(x))$ et donc, pour tout $n > 0$,

$$|D_x P^n| = 2^n \frac{h(x)}{h(P^n(x))}.$$

Considérons $\mu = \frac{1}{\pi} h(x)dx$ pour $x \in [-2, 2]$; c'est une mesure de probabilité invariante par P, absolument continue par rapport à la mesure de Lebesgue.

Pour $c = -2$, la suite $(\widetilde{\alpha}^{(i)})_{i>0}$ est définie et l'application T définie par le graphe ci-dessous est une application de premier retour dans $A = [-1, 1]$.

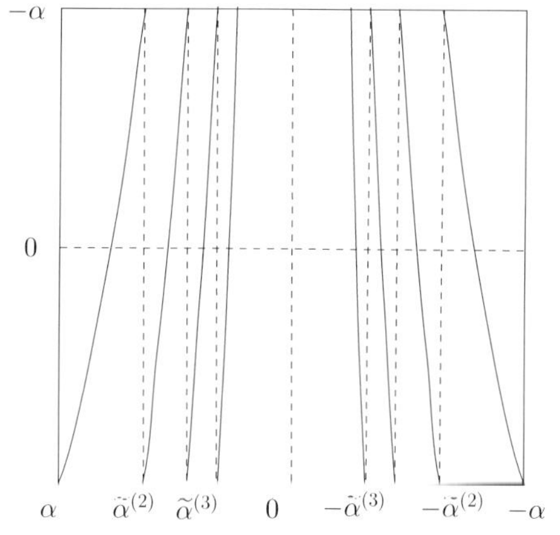

FIGURE 8

Pour $x \in A$, posons $N(x) = \inf\{n > 0,\ P^n(x) \in A\}$ et $T(x) = P^{N(x)}(x)$. Définissons aussi $N_k(x) = \sum_{0 \leq i < k} N(T^i(x))$. On a donc $T^k(x) = P^{N_k(x)}(x)$. La restriction normalisée $\mu_T = \mu_{|A}/\mu(A)$ est invariante par T.

On a, pour $k \geq 2$,

$$\mu_T(\{x,\ N(x) = k\}) = 2^{1-k},$$

et les variables aléatoires $N(T^i(x))$ sont indépendantes. On a donc, pour presque tout $x \in A$,

$$\lim_{k \to +\infty} \frac{N_k(x)}{k} = \sum_{k \geq 2} k\, 2^{1-k} = 3.$$

Pour tout $n > 0$, il existe k tel que $N_k(x) \le n < N_{k+1}(x)$. On a alors :

$$\log |D_x P^{N_{k+1}}| + (n - N_{k+1}) \log 4 < \log |D_x P^n| \\ \le \log |D_x P^{N_k}| + (n - N_k) \log 4.$$

Par suite, pour presque tout $x \in A$,

$$\lim_{n\to+\infty} \frac{1}{n} \log |D_x P^n| = \lim_{k\to+\infty} \frac{1}{N_k} \log |D_x P^{N_k}| = \log 2.$$

Cette propriété reste vraie pour presque tout $x \in]-2, 2[$, car un tel point entre dans A après itération par P. Le couple $(\lambda = \log 2, \mu)$ satisfait donc aux conditions (a) et (b) du théorème de Jakobson.

2.2. Paramètres réguliers. — Si l'on veut généraliser la stratégie dégagée pour le cas $c = -2$, on est amené à considérer l'application de retour T de A dans A. Pour $c \neq -2$, le domaine de T est une réunion d'intervalles dits réguliers (*cf.* définition ci-dessous).

Plus précisément, on définit tout d'abord l'intervalle $\widehat{A} = [\alpha^{(1)}, -\alpha^{(1)}]$ contenant A et qui nous permettra de contrôler la distorsion sur A.

Définition. — *Un intervalle J est* régulier *s'il existe un entier $n > 0$ et un voisinage $\widehat{J}$ de J tels que la restriction $P^n{}_{|\widehat{J}}$ de P^n à $\widehat{J}$ soit un* difféomorphisme de $\widehat{J}$ sur $\widehat{A}$ *envoyant J sur A.*

Si J est régulier, le voisinage $\widehat{J}$ et l'entier n sont alors uniquement déterminés ; J est dit d'ordre n, n est appelé ordre de J.

Soit $M \geq 3$ tel que $\alpha^{(M-1)} \le c < \alpha^{(M-2)}$; alors $P^M(0) = P^{M-1}(c) \in A$ et M est le *temps de retour* de 0 dans A. Les intervalles $[\alpha^{(i)}, \alpha^{(i-1)}]$, pour $i > 0$, et $[\widetilde{\alpha}^{(i-1)}, \widetilde{\alpha}^{(i)}]$, pour $1 < i < M - 1$, sont réguliers d'ordre i.

Définition. — *Un paramètre $c \in [-2, c^{(2)}[$ est* régulier *s'il existe $C > 0, \theta > 0$ tels que, pour tout $n > 0$, on ait :*

$$\text{mes}(\{x \in A,\ x \textit{ n'est pas dans un intervalle régulier d'ordre } \le n\}) \le C\, 2^{-\theta n}$$

Exemples

- Pour $c = -2$, les intervalles $I_n = [\widetilde{\alpha}^{(n-1)}, \widetilde{\alpha}^{(n)}]$, pour $n > 0$, et $-I_n$ sont réguliers d'ordre n et recouvrent $A \setminus \{0\}$. Un calcul rapide montre que $\widetilde{\alpha}^{(n)} = \sin \pi/3 \cdot 2^n$, de sorte que $|I_n| \le C\, 2^{-n}$ et $c = -2$ est un paramètre régulier.
- Plus généralement, les paramètres c pour lesquels 0 est prépériodique sont des paramètres réguliers ; cependant ils forment un ensemble de mesure nulle.

Dans tout ce qui suit, on suppose $c \in [-2, c^{(2)}[$ et les constantes notées C qui apparaissent sont des constantes indépendantes de M. Le théorème de Jakobson est une conséquence des deux théorèmes suivants.

Théorème A. — *Pour c régulier, les conclusions (a) et (b) du théorème 2.1 sont vérifiées.*

Théorème B. — *La mesure de l'ensemble des paramètres réguliers de* $[-2, c^{(2)}[$ *est strictement positive.*

En fait, la proportion des paramètres réguliers dans $[-2, -2+\varepsilon[$ tend vers 1 quand $\varepsilon \to 0$.

2.3. Esquisse de démonstration du théorème A (classique). — Le schéma de démonstration suivi ici est classique et comporte huit étapes. Dans tout ce sous-paragraphe et le suivant où le paramètre c est fixé, on note $P_c = P$. Si J est un intervalle régulier d'ordre n, on note $\widehat{J}$ l'intervalle tel que ${P^n}_{|\widehat{J}} : \widehat{J} \overset{P^n}{\to} \widehat{A}$ soit un difféomorphisme et on pose $g_J = ({P^n}_{|\widehat{J}})^{-1}$.

2.3.1. Distorsion bornée. — Soit J un intervalle régulier d'ordre n. La distorsion de g_J sur A est bornée. L'argument est le suivant : la dérivée schwarzienne

$$S(g_J) = D^2 \log |Dg_J| - \frac{1}{2}(D \log |Dg_J|)^2$$

est positive sur $\widehat{A}$, de sorte que l'on a

$$|D \log |Dg_J(x)|| < C_0,$$

où $C_0 = \dfrac{2}{|\alpha - \alpha^{(1)}|}$. Posons encore $C_1 = \exp(C_0|A|)$.

On a alors

$$\frac{1}{C_1}\,\frac{|J|}{|A|} \leq |Dg_J| \leq C_1\,\frac{|J|}{|A|},$$

et, pour tout sous-ensemble mesurable B, de A

$$\frac{1}{C_1}\,\frac{\mathrm{mes}(B)}{|A|} \leq \frac{\mathrm{mes}(g_J(B))}{|J|} \leq C_1\,\frac{\mathrm{mes}(B)}{|A|}.$$

2.3.2. L'application de retour T. — Il résulte de la définition que les extrémités d'un intervalle régulier d'ordre n sont deux points consécutifs de $P^{-n}(\{\alpha, -\alpha\})$. Deux intervalles réguliers sont donc ou emboîtés ou d'intérieurs disjoints.

Soit $\mathcal{J}$ l'ensemble des intervalles J qui sont réguliers, contenus dans A, distincts de A (*i.e.*, d'ordre > 0) et maximaux pour ces propriétés. Posons $U = \bigsqcup_{J\in\mathcal{J}} \operatorname{int} J$.

Pour $J \in \mathcal{J}$ d'ordre n et $x \in J$, on pose $N(x) = n$ et $T(x) = P^n(x)$. On définit ainsi des applications $N : U \to \mathbb{N}$ et $T : U \to A$ telle que

$$N_{|\operatorname{int} J} = n_J, \quad T_{|\operatorname{int} J} = P^{n_J},$$

où $n_J = \mathrm{ord}(J)$. Les g_J, $J \in \mathcal{J}$, sont les *branches inverses* de T.

Pour $x \in \cap_{j=0}^{k-1} T^{-j}(U)$, on pose

$$N_k(x) = \sum_{j=0}^{k-1} N(T^j(x)),$$

de sorte que $T^k(x) = P^{N_k(x)}(x)$.

2.3.3. Si $J_1, \ldots, J_k$ est une suite finie d'éléments de $\mathcal{J}$, on note

$$\underline{J} = g_{J_1} \circ \cdots \circ g_{J_k}(A);$$

c'est un intervalle régulier tel que $g_{\underline{J}} = g_{J_1} \circ \cdots \circ g_{J_k}$. Inversement tout intervalle régulier contenu dans A s'obtient de manière unique par ce procédé. L'ensemble de ces intervalles s'identifie ainsi à $\bigsqcup_{k \geq 0} \mathcal{J}^k$.

Posons

$$C_2 = 1 - \frac{1}{C_1}\Big(1 - \frac{1}{|A|} \max_{J \in \mathcal{J}} |J|\Big);$$

on a

$$0 < C_2 < 1.$$

Pour $\underline{J} \in \mathcal{J}^k$ et $x \in \underline{J}$, en appliquant les estimées obtenues en 2.3.1, on a

$$|\underline{J}| < C_2^k \, |A| \, ; \quad |D_x T^k| \geq \frac{1}{C_1 C_2^k}.$$

On suppose désormais *c régulier*. Dans ce cas, $\operatorname{mes}(A \backslash U) = 0$ et il existe $C > 0$, $\theta > 0$ tels que, pour tout $n \geq 0$, $\operatorname{mes}(\{x,\, N(x) \geq n\}) \leq C\, 2^{-\theta n}$.

2.3.4. Soit $\mu = h(x)dx$ une mesure positive finie sur A, absolument continue par rapport à la mesure de Lebesgue, de densité $h \in L^1(A)$. L'image $T_\star \mu$ est aussi absolument continue par rapport à la mesure de Lebesgue, de densité $\mathcal{L}h$, où

$$\mathcal{L}h(x) = \sum_{J \in \mathcal{J}} h \circ g_J(x) |Dg_J(x)|.$$

Pour $k > 0$, $\mathcal{L}^k h(x) = \sum_{J \in \mathcal{J}^k} h \circ g_J(x) |Dg_J(x)|$.

2.3.5. Soit $\mathbb{C}_{\widehat{A}}$ le plan complexe privé de $]-\infty, \alpha^{(1)}[$ et de $]-\alpha^{(1)}, +\infty[$. Pour un intervalle régulier J d'ordre $n > 0$, la branche inverse g_J se prolonge en une application univalente de $\mathbb{C}_{\widehat{A}}$ dans $\mathbb{C}$, car les valeurs critiques de P^n sont réelles. Ces applications, lorsque n et J varient, forment une famille normale (leur images évitent $]-\infty, -\beta[$ et $]\beta, +\infty[$).

La famille de fonctions holomorphes définies sur $\mathbb{C}_{\widehat{A}}$:

$$\mathcal{L}^k 1 = h_k = \sum_{\underline{J} \in \mathcal{J}^k} \varepsilon_{\underline{J}} Dg_{\underline{J}},$$

où $\varepsilon_{\underline{J}}$ est le signe $Dg_{\underline{J}}$ sur A, est aussi normale. Soit h_T un point d'accumulation de la suite

$$\frac{1}{k} \sum_{0}^{k-1} h_j,$$

c'est une fonction holomorphe sur $\mathbb{C}_{\widehat{A}}$, strictement positive sur A, vérifiant $\mathcal{L}h_T = h_T$.

2.3.6. La mesure T-invariante $\mu_T = h_T(x)dx$ est ergodique. En effet, soit E un sous-ensemble de A de mesure > 0, T-invariant et soit x_0 un point de densité de E. Comme E est T-invariant, $x_0 \in \cap_k T^{-k}(U)$. Soit $J(k) \in \mathcal{J}$ l'intervalle qui contient x_0, on a (d'après 2.3.1) :

$$\frac{\operatorname{mes}(A \setminus E)}{|A|} \leq C_1 \frac{\operatorname{mes}(J(k) \setminus (E \cap J(k)))}{|J(k)|}.$$

Comme $|J(k)| \to 0$ lorsque $k \to \infty$, $\operatorname{mes}(A \setminus E) = 0$. La mesure μ_T est l'unique mesure absolument continue T-invariante. En particulier, la suite $\dfrac{1}{k}\sum_0^{k-1} h_j$ converge vers h_T (en fait, la suite h_k converge elle-même vers h_T).

2.3.7. L'exposant λ. — Comme $\operatorname{mes}(\{x,\, N(x) \geq n\}) \leq C\,2^{-\theta n}$, pour tout $n \geq 0$, l'application N est μ_T intégrable. De plus, $\log 1/C_1 < \log|DT| \leq (\log 4)N$ et donc $\log|DT|$ est aussi μ_T intégrable. D'après le théorème de Birkhoff, on a alors :

$$\frac{1}{k}\log|D_xT^k| \xrightarrow{p.p.} \int \log|DT|d\mu_T; \qquad \frac{1}{k}N_k(x) \xrightarrow{p.p.} \int N d\mu_T.$$

D'après la dernière inégalité de 2.3.3, on a

$$\int \log|DT|d\mu_T = \frac{1}{k}\int \log|DT^k|d\mu_T > \log\frac{1}{C_2} > 0.$$

Finalement,

$$\frac{\log|D_xP^{N_k(x)}|}{N_k(x)} \xrightarrow{p.p.} \lambda = \frac{\int \log|DT|d\mu_T}{\int N d\mu_T} > 0.$$

Il nous reste encore à passer de la suite extraite $(N_k)_{k\geq 0}$ à la suite $(n)_{n\geq 0}$. Pour ceci, on procède comme on a fait pour le cas $c = -2$.

La condition (a) du théorème de Jakobson est vérifiée au point c.

2.3.8. La mesure invariante μ_P. — Enfin, toujours pour c régulier, soient

$$S : \mathcal{C}([-\beta,\beta]) \longrightarrow L^1(A, d\mu_T)$$

et μ_P définies par

$$S\varphi(x) = \sum_{i=0}^{N(x)-1} \varphi \circ P^i(x), \qquad \int \varphi d\mu_P = \int S\varphi d\mu_T.$$

La mesure μ_P est une mesure positive finie sur $[-\beta,\beta]$ invariante par P, absolument continue par rapport à la mesure de Lebesgue (équivalente à la mesure de Lebesgue sur $[c, P(c)]$), ergodique, qui vérifie la condition (b) du théorème en c.

Remarques

- Pour $c = -2$, on retrouve $\mu_P = h_P(x)\,dx$, avec $h_P(x) = \frac{1}{\pi}h(x)\,dx$ et $\mu_T = h_T(x)dx$, avec $h_T = h_{P|A}$.
- μ_P est moins régulière que μ_T ; h_P n'est pas dans $L^2([c, P(c)])$.

2.4. Quelques pistes pour le théorème B. — Il s'agit maintenant d'estimer la mesure de l'ensemble des paramètres réguliers. Esquissons la stratégie suivie. On construit premièrement un ensemble R de paramètres pour lesquels les retours sucessifs de 0 dans A seront bons mais cependant pas trop proches de 0. Il faut ensuite montrer d'une part que les éléments de R sont réguliers. D'autre part, il faut montrer que les conditions faites sur ces retours permettent d'évaluer la taille de R.

2.4.1. Construction de R. — Pour tout $m > 1$, il existe une unique solution $c^{(m)}$ dans $[-2, c^{(2)}[$ de l'équation $\alpha^{(m-1)}(c) = c$. La suite $(c^{(m)})$ est décroissante de limite -2.

On se donne un entier M très grand et on considère dans la suite de ce paragraphe les paramètres $c \in]c^{(M)}, c^{(M-1)}[$, pour lesquels on a

$$\alpha^{(M-1)}(c) < c < \alpha^{(M-2)}(c)$$

L'entier M est le temps de retour de 0 dans A. Bien que $0 \notin U$, on convient de poser $T(0) = P^M(0)$.

Pour $i \in [2, M-2]$, les intervalles $[\widetilde{\alpha}^{(i-1)}, \widetilde{\alpha}^{(i)}]$, $[-\widetilde{\alpha}^{(i)}, -\widetilde{\alpha}^{(i-1)}]$ sont réguliers maximaux d'ordre i. On les appelle alors *intervalles simples*. Tout autre élément de $\mathcal{J}$ est d'ordre $> M$.

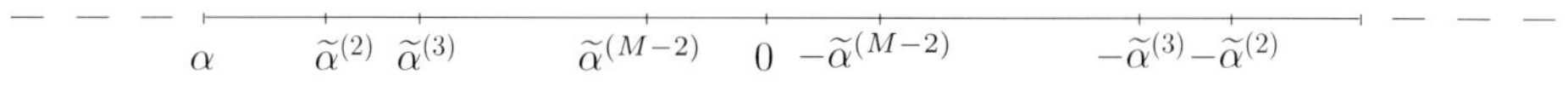

FIGURE 9

Considérons maintenant les conditions suivantes pour un entier $k \geq 0$:

$$(1_k) \qquad T(0) \in \bigcap_{\ell=0}^{\ell=k-1} T^{-\ell}(U).$$

Sous cette condition, les itérés $T^\ell(0)$ sont définis pour $0 < \ell \leq k+1$. Pour $0 < \ell \leq k$, $T^\ell(0)$ appartient à un intervalle $J(\ell) \in \mathcal{J}$ d'ordre $n_\ell = N(T^\ell(0))$.

$$(2_k) \qquad \text{Pour } 0 < \ell \leq k, \text{ on a } \sum_{0<j\leq \ell,\, n_j > M} n_j \leq 2^{-\sqrt{M}}\, \ell.$$

En particulier, $J(\ell)$ est un intervalle simple pour $\ell \leq M\, 2^{\sqrt{M}}$.

Observons que les conditions $(1_0), (2_0)$ sont automatiquement satisfaites, et que les conditions $(1_{k+1}), (2_{k+1})$ sont plus restrictives que les conditions $(1_k), (2_k)$.

Notons R_k l'ensemble des paramètres $c \in]c^{(M)}, c^{(M-1)}[$ qui vérifient les conditions $(1_k), (2_k)$ et $R = \cap_{k\geq 0} R_k$. Le théorème B et donc le théorème de Jakobson est une conséquence des deux assertions suivantes :

(B') *Tout paramètre dans R est régulier.*

(B'') *La mesure relative de R dans $]c^{(M)}, c^{(M-1)}[$ tend vers 1 lorsque M tend vers l'infini.*

2.4.2. Expansion le long de l'orbite critique. — On suppose que les conditions (1_k), (2_k) sont vérifiées. Pour $0 < \ell \leq k+1$, on définit une suite décroissante d'intervalles $B(\ell)$ contenant $T(0)$:

$$B(1) = A, \quad B(\ell+1) = g_{B(\ell)}(g_{J(\ell)}(A)).$$

On pose

$$N_\ell = \sum_0^{\ell-1} N(T^j(0)) \quad \text{et} \quad g_{B(\ell+1)} = g_{B(\ell)} \circ g_{J(\ell)} = g_{J(1)} \circ \cdots \circ g_{J(\ell)}.$$

Les intervalles $B(\ell)$ sont alors réguliers d'ordre

$$\sum_1^{\ell-1} n_j = N_\ell - M.$$

Lorsque $J(\ell)$ n'est pas simple, on a une estimation triviale

$$4^{-n_\ell} \leq |Dg_{J(\ell)}| \leq 1.$$

Jointe à une estimation précise de $|Dg_{J(\ell)}|$ dans le cas simple

$$\left| |Dg_{J(\ell)}(x)|\, 2^{n_\ell} \frac{h(g_{J(\ell)}(x))}{h(x)} - 1 \right| \leq C\, 4^{n_\ell - M},$$

où $h(x) = 1/\sqrt{\beta^2 - x^2}$, $x \in A$, elle fournit l'estimation suivante pour $B(\ell)$ (et c'est ici que l'on utilise (2_k)) :

$$2^{-N_\ell + M - CM^{-1}N_\ell} \leq |Dg_{B(\ell)}(x)| \leq 2^{-N_\ell + M + CM^{-1}N_\ell},$$

pour tout $0 < \ell \leq k+1$ et tout $x \in A$.

2.4.3. L'estimation cruciale de mesure (assertion (B')). — C'est le point le plus délicat de la preuve. On suppose encore que les conditions (1_k), (2_k) sont vérifiées. On note U_n l'union des intervalles $J \in \mathcal{J}$ d'ordre $\leq n$ et $\mathcal{E}(n)$ l'ensemble des composantes connexes de $A \setminus \overline{U_n}$.

On va montrer que, pour $0 < \theta < 1/2$, il existe $C > 0$ tel que, pour tout $n \leq N_{k+1}$, on a

$$\sum_{E \in \mathcal{E}(n)} |E| \leq C\, 2^{-\theta n}.$$

On ne va considérer que le cas particulier où les deux propriétés suivantes sont vérifiées pour tout $0 < \ell \leq k$ (voir figure 10) :

($\star$) Les extrémités gauches de $B(\ell)$ et de $B(\ell+1)$ sont distinctes.

($\star\star$) La composante connexe gauche de $\widehat{B(\ell+1)} \setminus B(\ell+1)$ est un intervalle régulier.

Le cas général est à peine plus compliqué. Posons

$$A(0) = [\widehat{\alpha^{(M-2)}}, -\widehat{\alpha^{(M-2)}}]$$

et notons, pour $0 < \ell \leq k+1$, $A(\ell)$ (resp. $\widehat{A(\ell)}$) la composante de 0 dans $P^{-M}(B(\ell))$ (resp. $P^{-M}(\widehat{B(\ell)})$). D'après ($\star$), on a $\widehat{A(\ell+1)} \subset A(\ell)$. D'après ($\star$) et ($\star\star$), les deux composantes de $\widehat{A(\ell)} \setminus A(\ell)$ sont des intervalles réguliers d'ordre $N_\ell + 1$. On remarquera que $P^M(0)$ est le maximum de $P^M_{|\widehat{A(\ell)}}$.

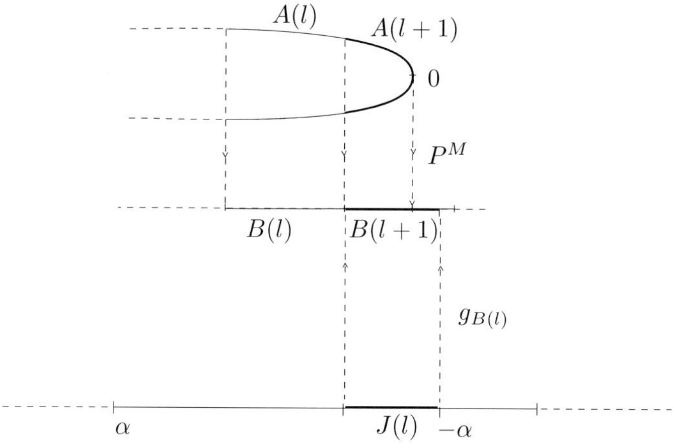

FIGURE 10

Soit n un entier (fixe) tel que $N_k < n \leq N_{k+1}$. On peut alors écrire

$$\mathcal{E}(n) = \bigsqcup_{0 \leq \ell < k} \mathcal{E}(n, \ell) \bigsqcup \mathcal{E}'(n),$$

où $\mathcal{E}(n, \ell)$ désigne l'ensemble des composantes qui sont contenues dans $A(\ell)$ mais pas dans $\widehat{A(\ell+1)}$, tandis que $\mathcal{E}'(n)$ est l'ensemble des composantes qui sont contenues dans $A(k)$. On montre alors la proposition suivante :

Proposition 2.2. — *Soient ℓ, n tels que $0 < \ell < k$ et $N_k < n \leq N_{k+1}$. Soit $E \in \mathcal{E}(n, \ell)$.*

(i) *Si $J(\ell)$ est simple et $g_{B(\ell)}(0)$ est à gauche de $B(\ell+1)$, $P^{N_\ell}(E)$ est une composante de $\mathcal{E}(n - N_\ell)$.*

(ii) *Si $J(\ell)$ est simple et $g_{B(\ell)}(0)$ est à droite de $B(\ell+1)$, $P^{N_{\ell+1}}(E)$ est une composante de $\mathcal{E}(n - N_{\ell+1} - 1)$.*

(iii) *En général, soit $P^{N_\ell}(E)$ est une composante de $\mathcal{E}(n - N_\ell)$, soit il existe un intervalle régulier J d'ordre n_J, $0 < n_J < n_\ell$, tel que $P^{N_\ell + n_J}(E)$ est une composante de $\mathcal{E}(n - N_\ell - n_J)$. De plus, les ordres de tels intervalles J sont distincts.*

À partir de la proposition, il n'est pas difficile d'obtenir l'estimation

$$\sum_{E \in \mathcal{E}(n)} |E| \leq C\, 2^{-\theta n},$$

avec une constante $\theta < 1/2$, voisine de $1/2$ lorsque M est grand. En effet, ceci est immédiatement vérifié pour $n < M - 1$. On a

$$\mathcal{E}(n) = \{[\tilde{\alpha}^{(n)}, -\tilde{\alpha}^{(n)}]\}.$$

La proposition 2.2 permet alors de raisonner par récurrence sur n, en profitant de l'expansion donnée par la dernière inégalité de 2.4.2.

2.4.4. Structure dans l'espace des paramètres. — La suite (R_k) est décroissante, avec $R_0 =]c^{(M)}, c^{(M-1)}[$. Expliquons comment obtenir, à partir d'une composante connexe de R_k, les composantes de R_{k+1} qu'elle contient.

Soient $k \geq 0$, $c_0 \in R_k$; les intervalles $B(\ell)$ et les entiers N_ℓ sont alors définis pour P_{c_0} et $0 < \ell \leq k+1$.

Notons I_k la composante de c_0 dans R_k, c'est aussi la composante de c_0 dans $\{c,\ P_c^{N_{k+1}}(0) \notin \{\alpha, -\alpha\}\}$. De plus, toute préimage de α ou de $-\alpha$ d'ordre $\leq N_{k+1}$ dépend analytiquement de c dans I_k. En particulier les extrémités de $J(\ell)$ pour $0 < \ell \leq k$ et de $B(\ell)$ pour $0 < \ell \leq k+1$ dépendent analytiquement de c dans I_k. Par ailleurs, pour c dans I_k, les entiers n_ℓ pour $0 < \ell \leq k$ et N_ℓ pour $0 < \ell \leq k+1$ sont indépendants de c.

Si J est un intervalle régulier pour P_{c_0} d'ordre $< N_{k+1}$, l'intervalle obtenu par prolongement analytique des extrémités de J reste régulier pour tout c dans I_k. Posons

$$n_{k+1}^\star = \max(M, 2^{-\sqrt{M}}(k+1))$$

et notons

$$g = g_{[\alpha^{(M-1)}, \alpha^{(M-2)}]}.$$

On montre que, si γ est une extrémité d'un intervalle $J \in \mathcal{J}$ d'ordre $< n_{k+1}^\star$ (en particulier si $\gamma = \alpha$ ou $\gamma = -\alpha$), on a, pour tout c dans I_k :

$$\left| \frac{\partial}{\partial c}\, g \circ g_{B(k+1)}(\gamma) - \frac{1}{3} \right| \leq C\, 2^{-M}.$$

D'autre part, on a bien sûr

$$\frac{\partial}{\partial c}\, g(P_c^M(0)) = \frac{\partial}{\partial c}\, P_c(0) = 1;$$

donc $c = P_c(0)$ traverse $g(B(k+1))$ avec une vitesse relative non nulle essentiellement constante. À chaque $J \in \mathcal{J}$ d'ordre $< n_{k+1}^\star$ correspond l'intervalle $I_{k+1}(J) \subset I_k$ pour lequel $P_c^M(0) \in g_{B(k+1)}(J)$. Si c est dans $I_{k+1}(J)$, on a $T^{k+1}(0) \in J$, donc $J = J(k+1)$.

Les composantes connexes de R_{k+1} contenues dans I_k sont exactement les intervalles $I_{k+1}(J)$ pour lesquels, ou bien $\operatorname{ord}(J) < M$ ou bien :

$$\Bigl(\sum_{0<\ell\leq k,\ n_\ell > M} n_\ell \Bigr) + \operatorname{ord}(J) < 2^{-\sqrt{M}}\,(k+1).$$

Finalement, l'estimation de mesure se transpose à l'espace des paramètres.

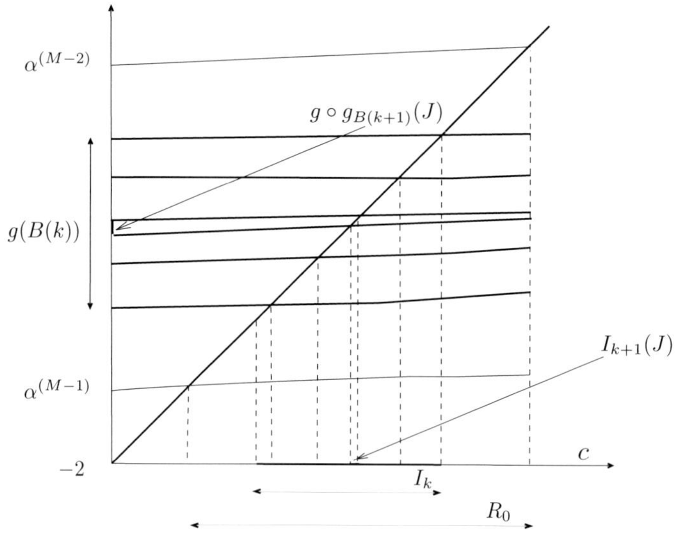

FIGURE 11

Pour $0 < n \leq n^\star_{k+1}$, on a

$$\operatorname{mes}\Big(I_k \setminus \bigsqcup_{J\in\mathcal{J},\ 0<\operatorname{ord} J\leq n} I_{k+1}(J)\Big) \leq C'\, 2^{-\theta n}\, |I_k|.$$

2.4.5. L'argument de grande déviation. — Pour $c \in R_0 =]c^{(M)}, c^{(M-1)}[$, on définit une suite de *variables aléatoires* $X_k(c)$, $k > 0$, comme suit. Pour $k \geq 0$:

- Si $c \notin R_k$, $X_{k+1}(c) = 0$;
- Si $c \in R_k$, soit I_k sa composante dans R_k.
  - Si c n'appartient à aucun des intervalles $I_{k+1}(J)$ comme ci-dessus (avec $0 < \operatorname{ord}(J) \leq n^\star_{k+1}$), on pose $X_{k+1}(c) = n^\star_{k+1} + 1$.
  - Si $c \in I_{k+1}(J)$, on pose

$$X_{k+1}(c) = \begin{cases} 0 & \text{si } 0 < \operatorname{ord}(J) \leq M, \\ \operatorname{ord}(J) & \text{si } \operatorname{ord}(J) > M. \end{cases}$$

Il est facile de voir que R est exactement constitué des c tels que, pour tout $k > 0$, on ait

$$\sum_1^k X_\ell(c) \leq 2^{-\sqrt{M}}\, k.$$

Par ailleurs, il résulte de 2.4.5. qu'on a l'inégalité

$$\operatorname{Prob}(X_{k+1} \geq n \mid X_1, \dots, X_k) \leq C'' 2^{-\theta n}.$$

Le terme de gauche de cette inégalité désigne la probabilité pour que $X_{k+1} \geq n$ sachant que $X_1 = x_1, \dots, X_k = x_k$. Si on pose $S_k = \sum_1^k X_\ell$, on a donc (si Esp désigne l'espérance)

$$\operatorname{Esp}\left(2^{-\theta X_{k+1}/2} \mid X_1, \dots, X_k\right) \leq 1 + C'''2^{-\theta M/2}.$$

D'où

$$\operatorname{Esp}\left(2^{-\theta S_k/2}\right) \leq \left(1 + C'''2^{-\theta M/2}\right)^k,$$

et

$$p_k = \operatorname{Prob}\left(S_k \geq 2^{-\sqrt{M}}\, k\right) \leq \frac{\mu^k - 1}{\lambda^k - 1},$$

avec $\mu = (1 + C'''2^{-\theta M/2})$ et $\lambda = 2^{-\theta\, 2^{-\sqrt{M}}/2}$.

Finalement, pour M grand, on obtient

$$\sum_{k>0} p_k \leq 2^{-\theta M/3},$$

et

$$\operatorname{mes}\left\{c \in \left]c^{(M)}, c^{(M-1)}\right[,\ c \notin \dot{R}\right\} \leq 2^{-\theta M/3} \left|c^{(M)} - c^{(M-1)}\right|.$$

3. Aspects quasi-périodiques

Dans ce dernier paragraphe, on présente sans démonstration un certain nombre de résultats qui concernent les dynamiques quasi-périodiques et qui s'appliquent en particulier aux polynômes quadratiques. Le premier de ces résultats montre que les seules dynamiques holomorphes univalentes intéressantes au voisinage d'un compact connexe invariant non trivial (*i.e.*, non vide et non réduit à un point) sont les dynamiques quasi-périodiques.

3.1. Compacts connexes invariants par une application univalente

Soient K un sous-ensemble de $\mathbb{C}$ compact connexe non trivial et $\widetilde{F}$ une application univalente (*i.e.* holomorphe et injective) dans un voisinage ouvert V de K qui vérifie $\widetilde{F}(K) = K$. On note $F = \widetilde{F}_{|K}$.

Soit U une composante connexe de $\mathbb{C} \setminus K$. Quitte à restreindre V, $V \cap U$ est connexe et $\widetilde{F}(V \cap U)$ est contenu dans une composante U' de $\mathbb{C} \setminus K$. Si U est (resp. n'est pas) bornée, soit $h : \mathbb{D} = \{z, |z| < 1\} \to U$ (resp. $h : \mathbb{C} \setminus \overline{\mathbb{D}} \to U$) une représentation conforme.

Lorsque $U' = U$, l'application $g = h^{-1} \circ \widetilde{F} \circ h$ s'étend par réflexion de Schwarz en un difféomorphisme analytique du cercle $\mathcal{S}^1$ de nombre de rotation noté $\rho(U, F)$.

Le théorème suivant donne une classification des différents types de comportement dynamique de $(K, F = \widetilde{F}_{|K})$.

Théorème 3.1. — *Sous les hypothèses et notations précédentes, on est toujours dans un (et un seul) des cas suivants :*

(1) *F est d'ordre fini.*

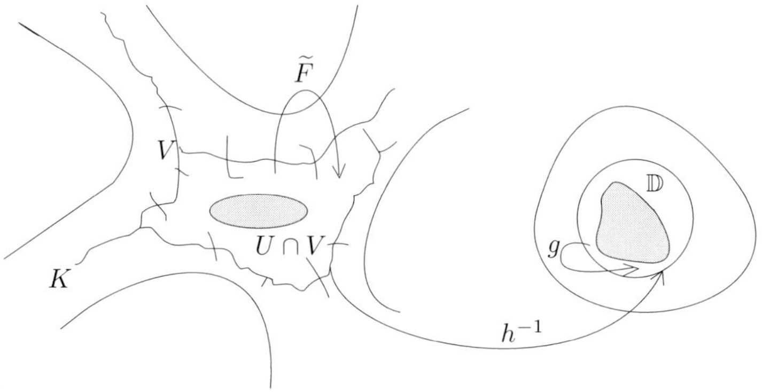

FIGURE 12

(2) *F est de type Morse-Smale, i.e. F a un nombre fini d'orbites périodiques et les ensembles ω-limite et α-limite de toute orbite sont des orbites périodiques.*
(3) *K est plein ou annulaire de nombre de rotation irrationnel. De plus les itérées de F accumulent l'identité (pour la topologie de la convergence uniforme sur K).*

Donnons quelques explications et compléments de ce théorème, dû à E. Risler [**17**] et aussi à R. Pérez Marco [**16**] pour le cas plein.

(1) Rappelons que K est plein si $\mathbb{C} \setminus K$ est connexe, annulaire si $\mathbb{C} \setminus K$ a deux composantes connexes.

(a) Si K est plein et si $\rho = \rho(\mathbb{C} \setminus K, F)$ est irrationnel, F a un point fixe de multiplicateur $\exp 2i\pi\rho$ qui est l'unique point périodique.

Si de plus l'intérieur $\operatorname{int}(K)$ de K n'est pas vide, alors $\operatorname{int}(K)$ est un disque de Siegel, *i.e.* un domaine simplement connexe sur lequel F est conjuguée à la rotation

$$z \longmapsto (\exp 2i\pi\rho)z.$$

(b) Si K est annulaire et si l'on se trouve dans le cas (3) du théorème, les deux composantes connexes $U_{\text{int}}, U_{\text{ext}}$ (où U_{int} désigne la composante bornée) sont préservées par $\widetilde{F}$. On a

$$\rho(U_{\text{int}}) = \rho(U_{\text{ext}}) \in \mathbb{R} \setminus \mathbb{Q},$$

et ce nombre ρ est appelé nombre de rotation de (K, F). L'application F n'a pas d'orbite périodique.

Lorsque $\operatorname{int}(K) \neq \varnothing$, $\operatorname{int}(K)$ est un anneau sur lequel F est conjuguée à $z \mapsto (\exp 2i\pi\rho)z$.

(c) Pérez Marco **[16]** a montré que dans les deux cas précédents, la dynamique est quasi-périodique : si p_n/q_n sont les fractions réduites de ρ dans son développement en fractions continues, (F^{q_n}) tend uniformément vers l'identité.

Lorsque $\operatorname{int}(K) = \varnothing$, la topologie de K devient très complexe, d'où leur nom de *hérissons* (*cf.* paragraphe 3.4).

(2) Supposons que F ne soit pas d'ordre fini et que l'on ne soit pas dans une des situations précédentes. Dans ce cas, F est de type Morse-Smale (*cf.* le point (2) du théorème 3.1). Si une composante U de $\mathbb{C} \setminus K$ est préservée par une itérée F^k de F, $\rho(U, F^k)$ est rationnel. De plus, $\rho(U, F^k)$ est nul si K n'est pas plein ou annulaire.

Les points périodiques sont attractifs, répulsifs ou paraboliques. Quitte à conjuguer $\widetilde{F}$ par un homéomorphisme quasi-conforme et à agrandir K, on a :

$$K = \{\text{points périodiques de } F\} \cup \Big(\bigcup_{i=1,\dots r} \overline{P_i} \Big),$$

où P_i est un pétale invariant par un itéré F^k, *i.e.*, un ouvert connexe tel que $F^k(P_i) = P_i$, $F^k_{|P_i}$ est sans point fixe et il existe deux points x_α et x_ω tels que, pour tout $x \in P_i$, $\lim_{r\to+\infty} F^{rk}(x) = x_\omega$ et $\lim_{r\to-\infty} F^{rk}(x) = x_\alpha$.

Les pétales P sont de trois types distincts :

– ceux pour lesquels $x_\omega \neq x_\alpha$,
– ceux pour lesquels $x_\omega = x_\alpha$ et $\overline{P}$ est plein,
– ceux pour lesquels $x_\omega \neq x_\alpha$ et $\overline{P}$ est annulaire.

La figure 13 ci-dessous représente une dynamique où chaque type de pétale apparaît.

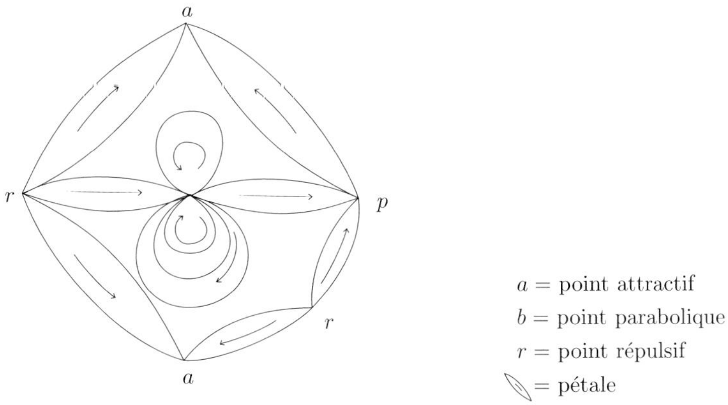

FIGURE 13

De plus, il existe une classification analytique « à la Mather-Ecalle-Voronin » des couples $(K, \widetilde{F})$.

Nous ne dirons pas plus du type Morse-Smale. Les sous-paragraphes qui suivent relèvent du cas (3) en distinguant les cas linéarisables (sous-paragraphes 3.2, 3.3) et non linéarisables (hérissons, sous-paragraphe 3.4).

3.2. Condition et fonction de Brjuno. — Soit $\alpha \in \mathbb{R} \setminus \mathbb{Q}$ de développement en fraction continue

$$\alpha = a_0 + \cfrac{1}{a_1 + \cfrac{1}{a_2 + \cfrac{1}{\ddots}}}.$$

Posons $\alpha_0 = \alpha$, $\beta_{-1} = 1$, $a_0 = p_0$, $q_0 = 1$ et pour $n > 0$, définissons les entiers naturels α_n, p_n, q_n, β_n par :

$$\alpha = a_0 + \cfrac{1}{a_1 + \cfrac{1}{\ddots + \cfrac{1}{a_n + \alpha_n}}} = \frac{p_n + p_{n-1}\alpha_n}{q_n + q_{n-1}\alpha_n}$$

$$\beta_n = |q_n\alpha - p_n| = \prod_{i=0}^{n} \alpha_i.$$

Posons encore $\beta_0 = \alpha_0$, la suite (β_n) mesure la qualité de l'approximation de α par p_n/q_n.

Nous avons défini au § 1.3.2 les nombres de Brjuno par la condition

$$\phi(\alpha) = \sum_{n>0} q_n^{-1} \log q_{n+1} < \infty.$$

Mais plutôt que de considérer la fonction ϕ, on lui préfère la fonction dite de Brjuno $B : \mathbb{R} \setminus \mathbb{Q} \to \mathbb{R} \cup \{\infty\}$

$$B(\alpha) = \sum_{0}^{\infty} \beta_{i-1} \log \alpha_i^{-1}.$$

Cette fonction est périodique de période 1 : $B(\alpha + 1) = B(\alpha)$ et satisfait, pour $0 < \alpha < 1$, l'équation fonctionnelle :

$$B(\alpha) = \log \alpha^{-1} + \alpha\phi(1/\alpha).$$

En fait, il existe une constante $C > 0$ telle que

$$|B(\alpha) - \phi(\alpha)| < C,$$

de sorte que l'ensemble des nombres de Brjuno est

$$\mathcal{B} = \{\alpha \in [0, 1[,\ B(\alpha) < +\infty\}.$$

Soit $f(z) = (\exp 2i\pi\alpha)z + O(z^2)$ une fonction univalente sur $\mathbb{D}$. On note Δ_f le disque de Siegel de f, *i.e.*, le domaine maximal (éventuellement vide) sur lequel f est analytiquement conjuguée à la rotation : $z \mapsto (\exp 2i\pi\alpha)z$.

La fonction de Brjuno fournit une estimée de la taille, en fonction de α, du disque de Siegel Δ_f. Plus précisément Brjuno **[2, 3]**, Siegel **[19]** et Yoccoz **[22]** montrent le théorème suivant.

Théorème 3.2. — *Il existe $0 < C_0 < C_1$ (constantes universelles) telles que, pour tout $\alpha \in \mathbb{R} \setminus \mathbb{Q}$, on ait :*

(1) *Pour $\alpha \in \mathcal{B}$,*
   (1.1) *si $f(z) = (\exp 2i\pi\alpha)z + O(z^2)$ est univalente dans $\mathbb{D}$, alors f est linéarisable et $\Delta_f \supset D(0, C_0 \exp(-B(\alpha)))$;*
   (1.2) *il existe $f(z) = (\exp 2i\pi\alpha)z + O(z^2)$ univalente dans $\mathbb{D}$ à allure quadratique telle que $\Delta_f \not\supset D(0, C_1 \exp(-B(\alpha)))$.*

(2) *Pour $\alpha \notin \mathcal{B}$, le polynôme $P : z \mapsto (\exp 2i\pi\alpha)z + z^2$ n'est pas linéarisable et $\Delta_P = \varnothing$.*

Étude de la fonction de Brjuno. — Cette étude a été menée conjointement par Marmi, Moussa et Yoccoz **[14]**. Le point de départ est l'équation fonctionnelle de B :

$$B(x) = -\log x + xB\Big(\frac{1}{x}\Big)$$

On est ainsi amené à considérer l'ensemble :

$$\Sigma = \{f : \mathbb{R} \to \mathbb{R},\ \text{mesurable},\ f(x) = f(x+1)\}$$

et l'opérateur $T : \Sigma \to \Sigma$ défini par : $T(f)(x) = xf(1/x)$. L'équation fonctionnelle précédente s'écrit encore

$$(\mathrm{Id} - T)(B) = t,$$

où $t(x) = -\log x$ pour $0 < x < 1$. Pour tout $p \geq 1$, T opère sur $L^p(\mathbb{T}) \cap \Sigma$, où $\mathbb{T} = \mathbb{R}/\mathbb{Z}$; son rayon spectral est < 1, $\mathrm{Id} - T$ est inversible, de sorte que

$$B = \sum_{n \geq 0} T^n(t).$$

Comme la fonction t n'est pas dans $L^\infty(\mathbb{T})$, on ne peut espérer que B le soit. D'autre part, on a les inclusions suivantes :

$$L^\infty(\mathbb{T}) \subset \mathrm{BMO}(\mathbb{T}) \subset \bigcap_{p \geq 1} L^p(\mathbb{T})$$

On rappelle que

$$\mathrm{BMO}(\mathbb{T}) = \left\{\varphi \in L^1(\mathbb{T}),\ \sup_I \frac{1}{|I|}\int_I |\varphi - \varphi_I|dx < +\infty\right\},$$

où I décrit les intervalles de $\mathbb{T}$ et φ_I est la moyenne de φ sur I. Comme la fonction t est dans $\mathrm{BMO}(\mathbb{T})$, on obtient immédiatement l'assertion (a) du théorème suivant :

Théorème 3.3. — *La fonction B vérifie :*

(a) *B est dans* $\mathrm{BMO}(\mathbb{T})$,

(b) *la conjuguée harmonique de B est dans* $L^\infty(\mathbb{T})$.

Esquissons la démonstration de l'assertion (b). Considérons l'espace

$$E = \{h : \overline{\mathbb{C}} \setminus [0,1] \to \overline{\mathbb{C}},\ \text{holomorphe},\ h(\infty) = 0\}.$$

Notons $\mathcal{M}$ le monoïde de $\mathrm{GL}(2,\mathbb{Z})$ formé de l'identité et des matrices de la forme $\begin{pmatrix} a & b \\ c & d \end{pmatrix}$ vérifiant $0 \le a \le b \le d$ et $a \le c \le d$. Pour $g \in \mathcal{M}, h \in E$, la fonction

$$L_g(h) = (a-cz)\Big[h\Big(\frac{dz-b}{a-cz}\Big) - h\Big(-\frac{d}{c}\Big)\Big] - \frac{ad-bc}{c}\,h'\Big(-\frac{d}{c}\Big)$$

appartient à E. Ceci définit une action $L : \mathcal{M} \times E \to E$

$$L(g,h) = L_g(h).$$

Ceci étant, posons $t_1(z) = -\dfrac{1}{\pi}\,\mathrm{Li}_2(1/z)$, où Li_2 est le dilogarithme, *i.e.*,

$$\mathrm{Li}_2(z) = \sum_{n>0} \frac{z^n}{n^2}.$$

La fonction t_1 est dans E. On peut montrer que la série

$$B_1 = \sum_{g\in\mathcal{M}} L_g(t_1)$$

définit un élément de E, satisfaisant :

– $B_1(\overline{z}) = \overline{B_1(z)}$;

– Pour $0 < x < 1$, $B(x) = \lim\limits_{y\to 0^+} \mathrm{Im}\, B_1(x+iy)$;

– $B_2(x) = \mathrm{Ré} \sum_{n\in\mathbb{Z}} B_1(z+n)$ est bornée sur $\{z, \mathrm{Im}(z) > 0\}$.

Cas du polynôme quadratique $Q_\lambda(z) = \lambda(z-z^2)$. — Les résultats obtenus pour Q_λ que nous mentionnons ici sont dûs à Yoccoz [**22**].

Pour $\lambda \in \mathbb{C}^*$, non racine de l'unité, notons H_λ l'unique série formelle de la forme $H_\lambda(z) = z + a_2 z^2 + \cdots$ qui vérifie

$$H_\lambda(\lambda z) = Q_\lambda(H_\lambda(z)).$$

Soit $R(\lambda)$ le rayon de convergence de H_λ ; H_λ se prolonge sur $\{z,\ |z| \le R(\lambda)\}$ continuement et injectivement.

Pour $|\lambda| < 1, 0$ est point fixe attractif de Q_λ et $R(\lambda)$ est non nul. Posons

$$U(\lambda) = \lim_{n\to\infty} \lambda^{-n} Q_\lambda^n(1/2).$$

La fonction $\lambda \to U(\lambda)$ est bien définie, holomorphe sur $\mathbb{D}$ et vérifie :

– $|U(\lambda)| = R(\lambda)$, $H_\lambda(U(\lambda)) = 1/2$;

– $U(\lambda)$ est l'unique singularité de H_λ dans $\{z,\ |z| \le R(\lambda)\}$.

Le cas où λ est de module 1 mais n'est pas racine de l'unité est évidemment celui qui nous intéresse le plus, mais aussi le plus difficile à étudier. Signalons que dans ce cas,

– $|U|$ admet en λ une limite non tangentielle égale à $R(\lambda)$.

3.2.1. Quelques questions relatives aux fonctions B et U

– Pour $\alpha \in \mathcal{B}$, existe-t-il $C' > 0$ tel que
$$R(\exp 2i\pi\alpha) \leq C' \exp(-B(\alpha)) \ ?$$
Autrement dit la fonction $\alpha \to \log|U(\exp 2i\pi\alpha)| + B(\alpha)$ appartient-elle à $L^\infty(\mathbb{T})$?
Rappelons que $R(\exp 2i\pi\alpha) > C \exp(-B(\alpha))$. De plus on a, pour tout $\varepsilon > 0$,
$$R(\exp 2i\pi\alpha) \leq C(\varepsilon) \exp(-(1-\varepsilon)B(\alpha)).$$
– Pour quels α, $\operatorname{Arg} U$ a-t-il une limite en $\lambda = \exp(2i\pi\alpha)$? Lorsqu'il en est ainsi, $U(\lambda)$ est défini. A-t-on encore $H_\lambda(U(\lambda)) = 1/2$? On espère une réponse positive à ces questions. D'après un théorème célèbre de Fatou [**4**], c'est vrai presque partout. Ceci impliquerait en particulier que le point critique $c = 1/2$ est sur le bord du disque de Siegel.
– $\operatorname{Arg} U$ est-il borné dans $\mathbb{D}$?

La fonction $\log U = \log|U| + i \operatorname{Arg} U$ est un analogue dynamique de la fonction B_2. Dans ce dictionnaire, le fait que $\text{Ré}\, B_2$ soit bornée devrait avoir pour pendant le fait que $\operatorname{Arg} U$ soit borné. D'autre part, il n'est pas impossible que $\text{Ré}\, U$ soit positive et donc que $\log|U|$ soit dans $\text{BMO}(\mathbb{T})$.

3.3. Bord du disque de Siegel. — Pour $\alpha \in \mathbb{R} \setminus \mathbb{Q}$, considérons la suite :
$$\Delta_0(\alpha) = 0, \ldots, \Delta_{n+1} = \delta_{\log \alpha_n^{-1}}(\Delta_n(\alpha)),$$
où $\delta_u(t)$ est la fonction définie par
$$\delta_u(t) = \begin{cases} e^t & \text{si } t \leq u \\ e^u(t-u+1) & \text{pour} t \geq u. \end{cases}$$
Posons
$$\mathcal{H}_0 = \{\alpha \mid \exists\, n_0(\alpha),\ \Delta_n(\alpha) \geq \log \alpha_n^{-1}\ \forall\, n \geq n_0(\alpha)\}.$$
Les éléments de $\mathcal{H}_0$ sont ceux pour lesquels la croissance de $\log \alpha_n^{-1}$ est contrôlée par $\Delta_n(\alpha)$ et donc α_n n'est pas trop petit, ce sont encore les α pour lesquels l'approximation par les rationnels n'est pas très bonne. Posons
$$\mathcal{H} = \{\alpha,\ \alpha_n \in \mathcal{H}_0 \text{ pour tout } n \geq 0\}.$$
En fait on a
$$\mathcal{H} \subset \mathcal{H}_0 \subset \mathcal{B},$$
et ces ensembles sont deux à deux distincts.

Considérons l'action de $\mathrm{PGL}_2(\mathbb{Z})$ sur $\mathbb{R} \setminus \mathbb{Q}$ via les générateurs $\alpha \mapsto \alpha + 1$ et $\alpha \mapsto 1/\alpha$ qui produisent le développement en fraction continue de α. On voit que $\mathcal{B}$ est l'ensemble des α dont l'orbite rencontre $\mathcal{H}_0$ et que $\mathcal{H}$ est l'ensemble des α dont l'orbite est contenue dans $\mathcal{H}_0$.

Le théorème suivant, de Yoccoz [**22**], caractérise les éléments de $\mathcal{H}$.

Théorème 3.4. — *$\alpha \in \mathcal{H}$ si et seulement si tout $f \in \mathrm{Diff}^{\omega}_{+}(\mathbb{T})$ de nombre de rotation α est analytiquement linéarisable.*

Revenons aux polynômes quadratiques. Le théorème de Herman [**8**] qui suit donne, dans le cas linéarisable, une description (partielle) du bord du disque de Siegel.

Théorème 3.5. — *Supposons $\alpha \in \mathcal{B}$ et soient S le bord du disque de Siegel de $Q_\alpha(z) = (\exp 2i\pi\alpha)(z - z^2)$ et $c = 1/2$ son point critique.*

(1) *Si $\alpha \in \mathcal{H}$ alors $c \in S$.*
(2) *Il existe $\alpha \in \mathcal{B} \setminus \mathcal{H}$ tel que S soit un quasi-cercle ne contenant pas c.*
(3) *α est de type constant (i.e. il existe $C > 0$ tel que $a_i \leq C$ pour tout i) si et seulement si S est un quasi-cercle contenant c.*
(4) *L'ensemble des α pour lesquels S est une courbe de Jordan contenant c est de mesure totale.*

Remarques

(a) L'assertion (4) a été annoncée par Herman et Yoccoz.
(b) L'ensemble des α de type constant est strictement contenu dans $\mathcal{H}_0$.
(c) La démonstration de (3) utilise les résultats de Swiatek [**21**].

Pour pouvoir achever cette description de S, il est naturel de se poser les questions suivantes :

Questions

– A-t-on la réciproque de (1) et donc $\alpha \in \mathcal{H}$ si et seulement si $c \in S$?
– S est-il toujours une courbe de Jordan ?

3.4. Hérissons. — Ces objets ont été étudiés par R. Pérez Marco [**15**] et les résultats que l'on cite dans ce sous-paragraphe lui sont dûs.

Revenons à l'étude du cas (3) de la classification des compacts invariants par une application univalente donnée au théorème 3.1.

On se place d'abord dans le cas d'un compact plein. Soient $\alpha \in \mathbb{R}\setminus\mathbb{Q}$ et f univalente au voisinage de $\overline{\mathbb{D}} = \{z, |z| \leq 1\}$ de la forme

$$f(z) = (\exp 2i\pi\alpha)z + O(z^2).$$

Pour $0 < r \leq 1$, posons $\overline{\mathbb{D}}_r = \{z, |z| \leq r\}$ et notons K_r la composante connexe de L de l'ensemble compact invariant maximal $\cap_{n\in\mathbb{Z}} f^{-n}(\overline{\mathbb{D}})$ qui contient 0. C'est une partie compacte pleine qui rencontre le bord de $\overline{\mathbb{D}}_r$.

Le nombre de rotation $\rho(\mathbb{C} \setminus K_r, f)$ ne dépend pas de r ; en effet c'est le nombre de rotation du difféomorphisme du cercle déduit de f par représentation conforme de $\mathbb{C} \setminus K_r$ (cf. 3.1), qui est aussi égal à $\rho(\mathbb{C} \setminus K_1, f)$, d'après le point (1.b) suivant le théorème 3.1. Comme $\rho(\mathbb{C} \setminus K_r, f)$ tend vers α lorsque r tend vers 0, il est égal à α pour tout $r \in [0, 1]$.

R. Pérez Marco montre les résultats suivants :

- Si $K \subset \overline{\mathbb{D}}$ est compact, non vide, plein, invariant, il existe $0 \leq r \leq 1$ tel que $K = K_r$ (on pose $K_0 = \{0\}$).
- Si $\operatorname{int} K_1 = \varnothing$, alors $f_{|K_1}$ est uniquement ergodique, l'unique mesure invariante étant la mesure de Dirac en 0 .
- Soient p_n/q_n les réduites de α, alors la suite $f_{|K_1}^{q_n}$ tend uniformément vers $\mathrm{Id}_{|K_1}$; le sous-groupe des itérés de $f_{|K_1}$ dans le groupe des homéomorphismes de K_1 n'est pas discret ; le centralisateur de $f_{|K_1}$ n'est pas dénombrable.

Considérons maintenant rapidement le cas annulaire. Soit K_0 un compact annulaire entourant 0 et soient h_{int} (resp. h_{ext}) la représentation conforme de $\overline{\mathbb{D}}$ (resp. $\mathbb{C} \setminus \overline{\mathbb{D}}$) sur la composante bornée (resp. non bornée) de $\mathbb{C} \setminus K_0$ qui fixe 0 (resp. ∞).

Pour $R_0 \leq 1 \leq R_1$, posons

$$\overline{A}_{R_0,R_1} = \mathbb{C} \setminus \big[h_{\text{int}}(\{z,\ |z| < R_0\}) \cup h_{\text{ext}}(\{z,\ |z| > R_1\})\big].$$

Soit f une application univalente au voisinage d'un anneau $\overline{A}_{R_0,R_1}$, préservant K_0 et chaque composante de $\mathbb{C} \setminus K_0$. On suppose que le nombre de rotation α de $f_{|K_0}$ est irrationnel.

Pour $R_0 \leq r_0 \leq 1 \leq r_1 \leq R_1$, notons K_{r_0,r_1} la composante connexe de K_0 dans l'ensemble compact invariant maximal $\cap_{n\in\mathbb{Z}} f^{-n}(\overline{A}_{r_0,r_1})$. C'est une partie compacte annulaire qui rencontre les deux composantes du bord de $\overline{A}_{r_0,r_1}$. Comme précédemment, le nombre de rotation de K_{r_0,r_1} est égal à α. Tout compact connexe annulaire invariant, contenant K_0 et contenu dans $\overline{A}_{R_0,R_1}$, est l'un des K_{r_0,r_1}. La suite des itérées $f_{|K_{r_0,r_1}}^{q_n}$ tend uniformément vers $\mathrm{Id}_{|K_{r_0,r_1}}$.

Dans la figure 14 sont représentées différentes possibilités pour les compacts K_r ou K_{r_0,r_1} :

- Si $\alpha \in \mathcal{H}$, K_r est un disque dont le bord est une courbe analytique ; K_{r_0,r_1} est un anneau dont les deux bords sont des courbes analytiques (cas I).
- Si $\alpha \in \mathcal{B}$, l'intérieur de K_r, pour $r > 0$, contient 0. Dans le cas annulaire, l'intérieur de K_{r_0,r_1} contient un ouvert annulaire entourant 0 si f est assez proche d'une rotation (cas I ou II).

3.5. Anneaux de Herman. — Soit $\mathbf{Rat}_d$ l'ensemble des fractions rationnelles de degré d. Si V est la sous-variété des fractions rationnelles réductibles, $\mathbf{Rat}_d = \mathbb{CP}^{2d+1} \setminus V$. Pour $\alpha \in \mathbb{R} \setminus \mathbb{Q}$ fixé, soit $W(\alpha)$ le sous-ensemble de $\mathbf{Rat}_d$, formé des

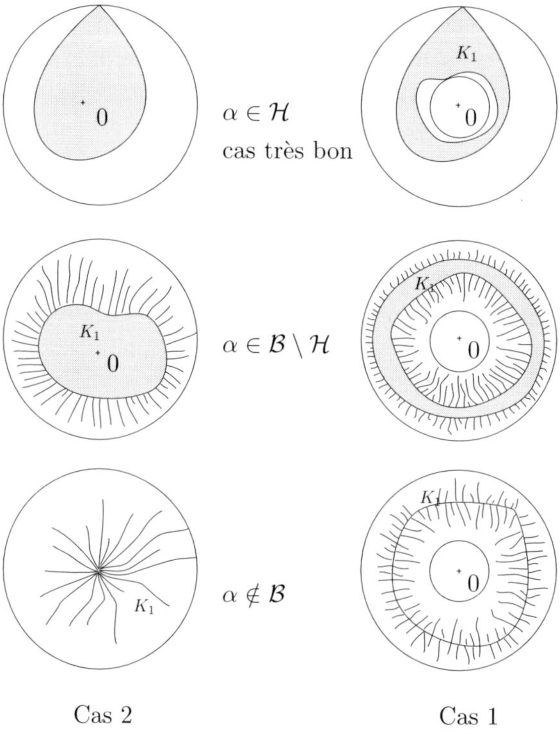

FIGURE 14

fractions rationnelles R, qui ont un anneau de Herman de période 1 et de nombre de rotation α.

Le théorème suivant est dû en partie à M. Herman **[9]** et à E. Risler. **[18]**

Théorème 3.6. — *Si $\alpha \in \mathcal{B}$, $W(\alpha)$ est une hypersurface analytique complexe.*

En fait, on sait peu de choses sur $W(\alpha)$; ce n'est pas une hypersurface algébrique. Citons quelques questions dont on aimerait avoir une réponse et dont on a une réponse partielle.

Questions

(1) $W(\alpha)$ est-elle non singulière ?
Il est facile de voir que $W(\alpha)$ est non singulière en un point qui admet un unique anneau de Herman de nombre de rotation α lorsque le module de cet anneau est grand.

(2) Quelle est la dépendance de $W(\alpha)$ lorsque α varie dans $\mathcal{B}$?

Lorsque α varie dans certains compacts de $\mathcal{B}$ définis par des conditions arithmétiques uniformes sur α, les $W(\alpha)$ dépendent de manière $\mathcal{C}^\infty$ de α et forment donc un feuilletage partiel.

(3) Que peut-on dire de l'adhérence $\overline{W(\alpha)}$ dans $\mathbb{CP}^{2d+1}$?

(4) Que se passe-t-il lorsque α quitte $\mathcal{B}$?

Références

[1] L. Ahlfors et L. Bers – « Riemann's mapping theorem for variable metrics », *Ann. of Math.* **72** (1960), p. 385–404.

[2] A. Brjuno – « Analytical form of differential equations », *Trans. Moscow Math. Soc.* **25** (1971), p. 131–288.

[3] ______, « Analytical form of differential equations », *Trans. Moscow Math. Soc.* **26** (1972), p. 199–239.

[4] L. Carleson et T. Gamelin – *Complex dynamics*, Springer Verlag, 1993.

[5] A. Douady et J. Hubbard – *Étude dynamique des polynômes complexes*, Publications Mathématiques d'Orsay, 1984.

[6] ______, « On the dynamics of polynomial-like mappings », *Ann. scient. Éc. Norm. Sup. 4e série* **18** (1985), p. 287–343.

[7] J. Graczyk et G. Swiatek – « Generic hyperbolicity in the logistic family », *Ann. of Math.* **146** (1997), p. 1–52.

[8] M. Herman – « Are there critical points on the boundaries of singular domains ? », *Comm. Math. Phys.* **99** (1985), p. 593–612.

[9] ______, « Simple proofs of local conjugacy theorems for diffeomorphisms of the circle with almost every rotation number », *Bol. Soc. Brasil. Mat.* **16** (1985), p. 45–83.

[10] J. Hubbard – « Local connectivity in a family of cubic polynomials : 3 theorems of J.-C. Yoccoz », *Topological Methods in Modern Mathematics*, Publish or Perish, 1993, p. 467–512.

[11] M. Jakobson – « Absolutely continuous invariant measures for one parameter families of one-dimensional maps », *Comm. Math. Phys.* **81** (1981), p. 161–185.

[12] M. Lyubich – manuscript, 1993.

[13] R. Mañé, P. Sad et D. Sullivan – « On the dynamics of rational maps », *Ann. scient. Éc. Norm. Sup. 4e série* **16** (1983), p. 193–217.

[14] S. Marmi, P. Moussa et J.-C. Yoccoz – « The Brjuno functions and their regularity properties », *Comm. Math. Phys.* **186** (1997), p. 265–294.

[15] R. Pérez Marco – *Topology of Julia sets and hedgehogs*, vol. 94-48, Publications Mathématiques d'Orsay, 1994.

[16] ______, « Classification dynamique des continua pleins invariants par un difféomorphisme holomorphe », preprint, 1996.

[17] E. Risler – « Dynamique des perturbations holomorphes des rotations », Thèse, École polytechnique, Palaiseau, 1996.

[18] ______, *Linéarisation des perturbations holomorphes des rotations et applications*, Mémoires, vol. 77, Société mathématique de France, 1999.

[19] C. Siegel – « Iterations of analytic functions », *Ann. of Math.* **43** (1942), p. 607–612.

[20] D. Sullivan – « Quasiconformal homeomorphisms and dynamics, I, Solution of the Fatou-Julia problem on wandering domains », *Ann. of Math.* **122** (1985), p. 401–418.

[21] G. Swiatek – « Rational rotation numbers for maps of the circle », *Comm. Math. Phys.* **119** (1988), p. 109–128.

[22] J.-C. Yoccoz – *Petits diviseurs en dimension 1*, Astérisque, vol. 231, Société mathématique de France, 1995.

[23] J.-C. Yoccoz – « Jakobson's theorem », notes d'un cours donné à l' ETH (Zürich), 1996/97.

PANORAMAS ET SYNTHÈSES

1999

8. D. CERVEAU, É. GHYS, N. SIBONY, J.-C. YOCCOZ (avec la collaboration de M. FLEXOR) – *Dynamique et géométrie complexes*
7. X. BUFF, J. FEHRENBACH, P. LOCHAK, L. SCHNEPS, P. VOGEL – *Espace de modules des courbes, groupes modulaires et théorie des champs*

1998

6. D. ALPAY – *Algorithme de Schur, espaces à noyau reproduisant et théorie des systèmes*

1997

5. C. KASSEL, M. ROSSO, V. TURAEV – *Quantum groups and knot invariants*

1996

4. M. ZINSMEISTER – *Formalisme thermodynamique et systèmes dynamiques holomorphes*
3. J. BERTIN, J.-P. DEMAILLY, L. ILLUSIE, C. PETERS – *Introduction à la théorie de Hodge*
2. C. VOISIN – *Symétrie miroir*

1995

1. S. TABACHNIKOV – *Billiards*

1994

0. J.-P. RAMIS – *Séries divergentes et théories asymptotiques*

Société Mathématique de France

ABONNEZ-VOUS
A LA REVUE
PANORAMAS ET SYNTHÈSES

La série Panoramas et Synthèses publie, en français ou en anglais, des textes de 100 à 150 pages environ faisant le point sur l'état présent d'un sujet mathématique. Dans une présentation soignée, les auteurs (Ramis, Tabachnikov, Voisin, Demailly, Illusie, Bertin, Peters, Zinsmeister, Kassel, Rosso, Turaev, ...) s'attachent à mettre en évidence les difficultés, à donner un parfum des démonstrations et un aperçu de l'histoire récente du sujet. Les textes, destinés à des mathématiciens professionnels non spécialistes, doivent être utilisables par des étudiants de doctorat.

Déjà dans la collection :

- **Séries divergentes et théories asymptotiques,** *J.-P. Ramis*
- **Billiards,** *S. Tabachnikov*
- **Symétrie miroir,** *C. Voisin*
- **Introduction à la théorie de Hodge**
  J. Bertin, J.-P. Demailly, L. Illusie, C. Peters
- **Formalisme thermodynamique et systèmes dynamiques holomorphes**
  M. Zinsmeister
- **Quantum groups and Knot invariants**
  Christian Kassel, Marc Rosso, Vladimir Turaev
- **Espaces de modules de courbes, groupes modulaires et théorie des champs**
  X. Buff, J. Fehrenbach, P. Lochak, L. Schneps, P. Vogel
- **Algorithme de Schur, espaces à noyau reproduisant et théorie des systèmes,** ***D. Alpay***

Tarifs abonnements 1999

Prix membre : 260 FF (Europe) ; 300 FF (hors Europe)
Prix public : 360 FF (Europe) ; 400 FF (hors Europe)

Renseignements, commandes

Maison de la SMF, BP 67, avenue de Luminy,
13274 Marseille cedex 9, France
Tél : 04 91 83 30 25, Fax : 04 91 41 17 51
e-mail : smf@univ-mrs.fr, Url : http://smf.emath.fr/

Imprimé en France. - JOUVE, 18, rue Saint-Denis, 75001 PARIS
N° 274485N. - Dépôt légal : Novembre 1999